"大国三农"系列规划教材

U0219600

普通高等教育"十四五"规划教材

普通高等教育农业农村部"十三五"规划教材

有机农业概论

Principles of Organic Agriculture

第2版

杜相革　乔玉辉◎主编

中国农业大学出版社
China Agricultural University Press

内 容 简 介

本书由 10 章和 7 个附录组成,从不同的层次全面介绍了有机农业产业链各环节的技术和要求。第 1～2 章从有机农业起源和概念层面详细总结了 20 年来世界和中国有机农业发展现状和发展动态,并结合专业阐述了有机农业发展的理论和实践基础;第 3 章从有机标准层面解读了中国有机产品标准,并与发达国家标准进行了详细的比较;第 4～9 章从技术实施层面详细介绍了有机种植、有机畜禽养殖、有机水产品养殖、有机蜜蜂养殖、有机产品加工和有机产品标识及市场销售的最新的研究成果和实践案例;第 10 章从有机产业链全程管理层面介绍了我国有机产品的管理体系和认证体系。最后,将有机产品认证、证书和标识的规范性要求作为本教材的附录。

图书在版编目(CIP)数据

有机农业概论/杜相革,乔玉辉主编. －－2 版. －－北京:中国农业大学出版社,2022.8
ISBN 978-7-5655-2660-2

Ⅰ.①有…　Ⅱ.①杜…②乔…　Ⅲ.①有机农业－概论　Ⅳ.①S-0

中国版本图书馆 CIP 数据核字(2021)第 237145 号

书　　名	有机农业概论　第 2 版
作　　者	杜相革　乔玉辉　主编

策划编辑	梁爱荣	**责任编辑**	梁爱荣
封面设计	李尘工作室		
出版发行	中国农业大学出版社		
社　　址	北京市海淀区圆明园西路 2 号	**邮政编码**	100193
电　　话	发行部 010-62733489,1190	**读者服务部**	010-62732336
	编辑部 010-62732617,2618	**出 版 部**	010-62733440
网　　址	http://www.caupress.cn	**E-mail**	cbsszs@cau.edu.cn
经　　销	新华书店		
印　　刷	运河(唐山)印务有限公司		
版　　次	2022 年 8 月第 2 版　　2022 年 8 月第 1 次印刷		
规　　格	185 mm×260 mm　　16 开本　　13.0 印张　　330 千字		
定　　价	42.00 元		

图书如有质量问题本社发行部负责调换

第 2 版编委会

第1版编委会

主　　编　杜相革　　王慧敏

编写人员（按姓氏拼音排序）

常　云（中国国际贸易促进会经济信息部）

杜相革（中国农业大学）

刘志琦（中国农业大学）

孙志永（中国农业大学）

王慧敏（中国农业大学）

王瑞刚（中德有机农业发展项目）

肖兴基（国家环保总局有机食品发展中心）

杨永刚（国家环保总局有机食品发展中心）

第 2 版前言

由于人口的迅速增长和工业化程度的提高,中国自然资源承受着巨大的压力。水土流失和农用化学物质的污染已成为最为严重的农村环境问题之一。在这种态势下,有机农业就成为保障食品安全、保护农村生态环境和促进农业可持续发展的有效方法。

有机农业是以有机生产方式从事种植、养殖和加工的综合生产体系。有机农业起源于发达国家,它不仅是一种全新的生产模式和管理方式,还是一种全新的农业生产理念:推广采用国际标准,加强农业质量标准体系,创建农产品标准化生产基地。要使众多的生产者转变观念,接受并践行有机农业思想,提高土壤质量和农产品安全质量,实现"绿水青山就是金山银山"的绿色发展理论,必须从教育者做起。大学是培养高等人才的摇篮,大学生既是新思想、新观念和新技术的接受者,也是新思想、新观念和新技术的传播者,编写本教材的目的在于通过培养高层次的有机农业人才,使有机农业思想深入人心,这对促进农业产业结构调整、全面提高我国农产品的质量、增加农民收入、保护和改善我国生态环境、造福子孙后代具有重要的现实意义和深远的历史意义。

本教材从有机农业的产生、现状、发展目标展望有机农业的发展前景;以生态学和市场经济学为基础,在有机农业标准的指导下,论述了有机种植、有机畜禽养殖、有机水产品养殖和有机蜜蜂养殖的生产原则和技术;根据市场需求和发展动向,阐述了有机产品进入市场的渠道和方法;根据有机农业标准和检查认证的程序,探讨了有机食品质量保障体系的建立和管理。本教材从始至终贯穿有机农业的思想和生态学观点,突出有机农业的特点;借鉴国外的有机农业技术,并与中国的具体实践和传统经验相结合,形成了符合中国国情的有机农业生产体系。

有机农业概论(第 2 版)是国内首部将有机农业种植、养殖、加工和销售、标识、认证、监管融为一体的"技术＋管理"的高等教材。

教材基于世界和我国有机农业发展和实践的动态变化,从研发、技术和管理多层次展示了有机产业的最新技术和要求,做到理论与实践的融合。注重系统性、科学性、前瞻性和实用性,不仅可作为全国高等院校的教学用书,同时也可作为全国有机产品生产企业、加工企业、销售企业、行业管理部门的参考书。

本教材由 13 位老师完成,其中杜相革编写了第 6 章及第 1、4、5、7、9 章部分内容并负责统稿;乔玉辉编写第 1、3、5、9、10 章部分内容;董民编写了第 2 章及第 5、10 章的部分内

— 1 —

容;刘志琦编写了第 3、4、8、10 章部分内容;闫硕编写了第 4、7、8 部分内容,其他老师参与了第 4 章部分内容的编写。

由于我国专门从事有机农业研究的机构较少,再加上编者的水平和时间的限制,本教材难免存在疏漏和不足之处,真诚希望有关专家和读者指正。

编者
2021 年 9 月

第1版前言

由于人口的迅速增长和工业化程度的提高,中国自然资源承受着巨大的压力。水土流失和农用化学物质的污染是最为严重的农村环境问题之一。发展有机农业是一种能够防治水土流失、保护农村环境和向社会提供优质无污染食品的有效方法。

有机农业是以有机生产方式从事种植、养殖和加工的综合生产体系。有机农业的思想起源于发达国家,它不仅是一种全新的种植模式和管理方式,还引进一种全新的思想:推广采用国际标准,加强农业质量标准体系,创建农产品标准化生产基地。要使众多的生产者转变观念,接受并建立有机农业思想,必须从教育者做起。大学是培养高等人才的摇篮,大学生既是新思想、新观念和新技术的接受者,也是新思想、新观念和新技术的传播者,因此,编写本教材的目的在于通过培养高层次的有机农业人才,使有机农业思想深入人心,这对调整农业产业结构、全面提高我国农产品的质量、增加农民收入、迎接加入WTO挑战、保护和改善我国生态环境及造福子孙后代具有重要的现实意义和深远的历史意义。

本书为面向21世纪课程教材,介绍了有机农业概念、理论基础、生产、加工、贸易、标准、检查认证和质量保证的全过程,不仅可以作为植保、农学、园艺、资环、土壤和畜牧等专业的必修课教材,还可作为农业院校的其他专业如经济、管理、生物等专业的选修课教材,适合全校范围开设的选修课教材。

本书编写的层次:从有机农业的产生、现状、发展目标展望有机农业的发展前景;以生态学和市场经济学为基础,在有机农业标准的指导下,论述了有机农业种植业、畜禽养殖、水产养殖和特种农产品的生产原则和技术;根据市场需求和发展动向,阐述了有机产品进入市场的准则和方法;根据有机农业标准和检查认证的程序,探讨了有机食品的质量保障体系的建立和管理。本书从始至终贯穿有机农业的思想和生态学观点,突出有机农业的特点,借鉴国外的有机农业技术并与中国的具体实践和传统经验相结合,形成符合中国国情的有机农业生产体系。

全书共分11章:第1章绪论,论述了有机农业的产生、概念、目标和发展前景;第2章有机农业的理论基础,论述了生态学理论、经济学理论在有机农业中的应用和作用;第3章有机产品的标准,论述了有机标准的产生、作用、标准完善及结构框架;重点介绍了最具权威性的欧盟法规和我国有机产品的标准。第4章种植业,阐述了有机农业基地选择和

— 1 —

建设的原则和技术、土壤培肥的理论和技术、病虫草害的诊断识别技术、综合预防技术和生物防治(含天敌和生物源农药)技术;第5章畜禽养殖技术,对有机养殖业的原则、技术要求和方法进行探讨;第6章水产品养殖技术,介绍了水产品养殖的要求和方法。第7章特种农产品的生产,主要介绍蜜蜂的饲养、茶叶的种植、食用菌的栽培和野生产品的采集等的要求和技术;第8章有机产品的加工,从加工厂的选址、加工厂的卫生条件、原料的收购和贮藏、加工过程中防止污染的措施、加工产品的出入库和加工记录等质量保证程序进行了阐述;第9章有机产品的贸易,根据市场的需求和有机产品进入国际市场的途径和方法,论述了有机产品的市场需求和准则;第10章有机产品的检查与认证,介绍了有机产品检查的程序、检查的关键问题和基本要求;第11章有机产品的质量和质量保证体系,阐述了有机产品质量的概念、内容和含义,介绍国外有机产品质量保证体系的组织管理模式和我国有机农业组织管理的形式和方法。

参与本书编写工作的有杜相革(第2、5、6、7、8章和第4、10章的部分内容);王慧敏(第4章病害部分);肖兴基(第1章);王瑞刚(第11章);杨永刚(第3章);常云(第9章);刘志琦(第4、10章部分内容)编写。全书由杜相革统稿。

中国农业大学出版社孙勇、赵中等同志为教材的出版工作付出了辛勤的劳动和积极的努力,在此深表感谢!

作为我国有机农业第一本正式出版的专业书籍,由于我国专门从事有机农业的机构较少,国外资料收集有限,再加上编者的水平和时间的限制,本书可能存在疏漏和不足之处,真诚希望有关专家和老师指正。

编者
2001 年 3 月

目　录

第1章 绪 论

1.1 有机农业起源与发展

1.1.1 美国

1909 年,美国农业部土地管理局局长 F. H. King 途经日本到中国,他考察了中国农业数千年兴盛不衰的经验并于 1911 年编著了《四千年的农民》一书,奠定了有机农业的萌芽。中国传统农业的经验和措施,成为有机农业的奠基石,是中国 5000 年农耕文化对世界有机农业的贡献,因此,虽然"有机"概念来源于国外,但有机农业的精髓源自中国传统的农耕文化,值得我们传承和发展。

自 20 世纪初开始,风蚀严重损害大平原上的土壤,在《肮脏的三十年代》,部分受损平原被称为"尘暴区"。一群在土壤保护、景观发展与生态领域的科学家,开始了防治水土流失的农业可持续发展方式。他们创建了《土地》(The Land)杂志,其目的是让生态与农业领域的人们对此问题产生兴趣。其中对早期的有机农业运动产生重要影响的是爱德华·H. 福克纳和路易斯·布罗姆菲尔德;其他成员包括著名的生态学家保罗·西尔斯和阿尔多·利奥波德;美国农业土壤保护服务部门的第一负责人休·H. 奈特(尼尔森,1997)。

政治家和兼职农民爱德华·H. 福克纳(1886—1964)在《农夫的愚蠢》(福克纳,1943)这本书中看到了侵蚀问题的根源。他拒绝使用铧式犁,因为翻土效应破坏了土壤表层和土壤结构。相反,他赞成犁地采用"垃圾覆盖系统",把有机残留物的表面层(所谓的层状堆肥)与免耕土壤栽培相结合,以防止水土流失。在俄亥俄州的宜人山谷,小说家路易斯·布罗姆菲尔德(1898—1956)在 20 世纪 40 年代尝试了可持续农业(布罗姆菲尔德,1949;比曼,1993),他的马拉巴尔农场成为有机农业的样板。他把有机农业与"杰斐逊的农业理想国"相互联系,小型有机农场被定义为"可持续发展社会的细胞"。

1940 年,美国的 Jerome Irving Rodale(1898—1971)买下了位于宾州库兹镇的一个有 25.5 hm² 土地的农场——"罗代尔农场",从事有机园艺的研究,1942 年创建了《有机园艺和农作》杂志(现名《有机园艺》),有机农业的实践开始了。在 20 世纪 40～50 年代,在城市的美国食品改革运动中也出现了类似的"农业理想国"。其活动内容类似于德国的生活改革运动,活动的内容有关素食改革,回归到了对土地的主动性和有机栽培。

1.1.2 奥地利

1921 年,奥地利科学家鲁道夫·斯坦纳(Rudolf Steiner)创立了生物动力农业体系(biodynamic agriculture,BD),目前已在 65 个国家推广应用。生物动力农业是有机农业的最早形式,它不是传统农业的朴素回归,而是现代农业的科学提升,包含精准农业、高效农业和循环农业的内容和结果。他认为地球上的生物是在整个宇宙生态环境中发生、存在和发展的,生物动力就是生物在这种条件下形成的一种特殊的内在力量。生物动力农业是研究农业领域、生物内部和外界动力的发生、发展、转换、平衡以及相互作用表现和过程规律的学科。因此,生物动力农业的概念可以这样描述:生物动力农业是有机农业的特殊形式,生物动力农业生产调控技术体系是一个完整的科学技术体系,是把农场看作一个活的有机体,在封闭的生产环境中进行,注重种植、养殖平衡,种子和其他生产资料不依赖于外界,协调碳氮、碳水循环关系,培肥地力,保持土壤结构的稳定性和当地生物多样化。

1.1.3　印度

印度开始有机农业的时间是 1933 年。农业科学家阿尔伯特·霍华德(1873—1947)和医生罗伯特·麦卡里森(1878—1960)致力于有机农业研究。在印度新德里,霍华德曾研究植物育种和植物保护。在印度印多尔的农业研究站里,他开发了被称为"印多尔过程"的好氧堆肥技术。利用城市有机残留物进行堆肥,并用它们来保持土壤肥力(康福德,1995)。霍华德在研究了植物育种、植物保护、土壤学、堆肥的技术后,开始审视整个农场,强调了整个农场作为农业研究的出发点和基本单元。通过重新整合不同农业研究的学科,探讨土壤、植物、动物与人类的健康关系。认为腐殖质丰富的土壤是有机农业的关键,土壤肥力是动植物健康的前提。他的名著《农业的证言》(*An Agricultural Testament*,霍华德,1940)总结了他的经验。

1.1.4　英国

在 20 世纪 40 年代,夏娃·贝尔福(1898—1990)创立了英国的有机农业组织、土壤协会和《大地》杂志(鲍尔弗,1943)。她发起了第一个关于有机农业的长期实验——霍利实验,进行了30 年的有机农业和常规农业系统对整体农业水平影响的比较研究。1951 年,受霍华德的概念影响,农民兼动物饲养员弗伦德·赛克斯(1888—1965)和中医纽曼·特纳(1913—1964)发展了有机农业的概念,类似于在德国的发展。基于对土壤肥力生物学上的理解,开发了有机土壤管理理念,这个理念强调免耕栽培、有机土壤覆盖、绿色施肥和绿色草地轮作(特纳,1951;赛克斯,1959)。乔治·斯特普尔顿(1882—1960)曾从事草地培育工作,他的研究领域是多元化草坪的建立和培养、草地植物育种和饲料质量的改进与提高(穆尔科利尔,1999)。

1.1.5　瑞士

瑞士的第一个有机农场是 1920 年 Mina Hofstetter 建立的(Vogt,2000)。Hofstetter 深受德国改革运动的影响,与自然农耕的先驱 Ewald Könemann 和 Julius Hensel 关系密切。Hensel 实验用不同的岩石粉末做自然肥料消除矿质源营养的负面影响。结果显示,岩石粉末作为长期肥料和有机可接受的药剂,通过使害虫和病菌失水和机械地干扰它们来防治叶片上的害虫和病菌。1932 年瑞士第一个生物动力农场建成。5 年之后,生物动力农业联盟建立瑞士多纳赫的 Rudolf Steiner 文化中心——歌德堂。19 世纪 20 年代末在歌德堂里 Rudolf Steiner 开创生物动力农业的科研工作,Lili Kolisko 和 Ehrenfried Pfeiffer 负责实施。关于这项工作的第一报告发布于 1931 年,位于多纳赫的 Kolisko 和 Pfeiffer 的花园和实验室标志着瑞士有机农业研究的开始。

1.1.6　澳大利亚

在 1980 年初,澳大利亚不存在有机认证。有机农业对两类群体比较有吸引力。一类是与今天有机农业标准一致的、采用传统耕作方式的农民。这类农民大部分比较分散,他们不知道还有和他们一样从事有机种植的农户。并且他们中的很多人在进行传统耕作时,遇到很多问题,比如自身健康问题、农作物或者牲畜健康问题,他们认为需要采取一些改变来解决这类问题。随后,人们对有机农业有了普遍的认识,他们发现自己属于公认的有机食品行业。早在 1980 年前,自然活力农业就受到了 Bob Williams 和 Alex de Podolinski 领导阶层的高度认可。后来,从事自然活力农业的农户组成了一个联盟,该联盟由自然活力研究所的掌管人 Alex de Podolinski 领导。另一类群体基于地区或国家的有机园艺组织,如新南威尔士的 Henry Doubleday 研究联盟以及南澳大利亚的土壤联盟。由于距离较远,这些联盟运作相对独立,对于有机农业和自然动力农业并未引起关注。

在此背景下,有机农业相互合作并且统一各方面力量的需求突显出来。在悉尼附近的 Henry Doubleday 大学,由澳大利亚可持续发展农业联盟提出了这一需求,并且第一次在农业领域发展形成一个硕士研究生培养工程。1983 年,Sandy Fritz 提议面向全国 13 个有机农业组织建立一个协会,这一提议得到有机农业组织积极回应。一些文章被编入有机及可持续发展杂志。1984 年,在有机农业年会及其他几个交流会上,Fritz 提出整合所有资源,建立一个包含有机农业生产者、消费者、贸易商及研究人员在内的国家联盟。

当我们审视今天的有机农业时,它闪耀着有机农业先驱者们活动和思想的光芒。我们看到许多重要的基本原则和方法仍然适用。然而,有机农业已经改革和发展了几十年,有机的概念也在演变,以响应不断变化的技术、政治、经济和社会环境。

1.2　有机农业概念和特征

1.2.1　有机农业概念

"有机"源自英文单词"organic",是指活的植物或动物等生物有机体,将这种以植物、动物有机体为核心的生产方式称为"有机农业"。在欧洲,"有机产品"也被称为"生物产品(biological product)""生态产品(ecological product)","有机农业(organic agriculture)"也被称为"生物农业(biological agriculture)"等。虽然有机农业有相对统一的理念和思想,但由于各国的政治、经济、文化和农业发展的背景不同,对有机农业有不同的理解和关注点,这种差异可以从有机农业的定义得到验证。

欧洲把有机农业描述为"一种通过使用有机肥料及适当的耕作和养殖措施,以达到提高土壤的长效肥力的系统"。有机农业生产中仍然可以使用有限的矿物物质,但不允许使用化学肥料;要通过自然的方法而不是通过化学物质控制杂草和病虫害。(生态系统的完整性)

美国农业部把有机农业定义为:一种完全不用或基本不用人工合成的肥料、农药、生产调节剂和畜禽饲料添加剂的生产体系。在这一体系中,尽可能地采用作物轮作、作物秸秆、畜禽粪肥、豆科作物、绿肥、农场以外的有机废弃物和生物防治病虫害的方法来保持土壤生产力和可耕性,供给作物营养并防治病虫害和杂草。(主要特征)

中国有机农业概念:遵照有机生产标准,在生产中禁止采用基因工程获得的生物及其产物,禁止使用化学合成的农药、化肥、生长调节剂、饲料添加剂等物质,遵循自然规律和生态学原理,协调种植业和养殖业的平衡,采用一系列可持续发展的农业生产技术,维持生态系统持续、稳定、平衡的农业生产体系。这些技术包括选用作物抗性品种,建立包括豆科植物在内的作物轮作体系,利用秸秆还田、施用绿肥和动物粪便等措施培肥土壤,保持养分循环,采取物理的和生物的措施防治病虫草害,采用合理的农艺措施,保护环境,防止水土流失,保持生产体系及周围环境的基因多样性等,建立持续、有效的质量管理体系。(生产体系与管理体系的有机结合)。

我们对有机农业的理解是"遵照特定的农业生产原则,在生产中不采用基因工程获得的生物及其产物,不使用化学合成的农药、化肥、生长调节剂、饲料添加剂等物质,遵循自然规律和生态学原理,协调种植业和养殖业的平衡,采用一系列可持续发展的农业技术以维持持续稳定的农业生产体系的一种农业生产方式"。

这个定义中以下关键词的掌握,有助于理解有机农业的内涵和外延。

■ "不使用化学合成……" 因为化学合成在生产过程中大量消耗能源(石油)并对环境产生一定的污染,所以常规农业又称"化学农业"或"石油农业",是对生态不友好的。特例是通过微生物作用和天然来源并具有相同功能的物质不在此序列中,例如有机肥发酵过程中产生的抗生素、生长促进剂等微生物的代谢产物,矿物源产品如硫酸铜、石硫合剂等。

■ "转基因和基因工程" 转基因是更为我们耳熟能详的概念,有机农业是禁止采用基因工程技术,如转基因的种子和功能性微生物等,因为这些产品不是自然杂交,而是人为创造的,未经自然选择的新物种,因此可以理解为转基因的种子相当于人工合成的种子,与人工合成的化学农药和肥料具有异曲同工之处。另外,对于转基因的附属物如栽培食用菌经常会用到的棉籽壳、玉米芯等,如果棉花和玉米是转基因的,那么棉花和玉米的附属物也不能用在有机农业上;同样道理,在养殖中也是禁止的,如豆粕等。虽然转基因对环境和生物多样性的影响有多种多样的猜测,那么在有机农业中我们可以理解为,转基因种子就是一个人工合成的种子;转基因植物的附属物,它具有转基因的成分;从生态环境和生物多样性角度来说,转基因植物可以通过花粉污染或者影响当地的物种,对当地的生物多样性造成影响,这些影响可能难以控制。

■ "可持续发展的农业技术" 是指对土地、空气和水源等自然资源的保护,保持合理的密度和产量,不是掠夺式的索取。不再人为引入污染物,如化肥、农药、重金属等,生产过程中不对空气和水源造成污染,合理利用水源,实施"双减一节"的减化肥、减农药和节约水资源,才能从基础上保证绿水青山。除了对环境保护外,可持续农业技术还包括可以不断为人类提供稳定数量和质量的优质农产品,保证粮食数量安全(人均 400 kg)和质量安全("三品一标")。

■ "协调种植业和养殖业的关系" 是为了养分的内部循环和转换,建立内部循环体系,发展循环经济。有机农业理论认为一个农场对外部资源如肥料依赖过大,或者向外部输出的产物太多,不管是产品还是废弃物,都说明这个农场是不健康的,没有形成一个良性的生态循环。农场的肥料应尽量采用本农场产生的生活垃圾、农业废弃物或收集树叶等堆肥来培肥土壤,减少对生产区外的依赖和影响,建立内部循环体系,将可利用的资源成分利用,实施循环再生机制,落实"生态文明实施总体方案"。因此,在国家标准中也规定了每公顷土地从外界输入的有机氮肥不得超过 170 kg。

■"全面发展的有机体"和"物种的多样性" 涵盖了动物、植物、微生物的有机协同,也包括家养和野生动植物之间的平衡发展关系。作为有机农业的思想源泉,生物动力农业推荐的比例是:每 60 hm² 农场除种植外,对应饲养 12 头奶牛、4 匹马、6 头猪、10 只绵羊和 120 只蛋鸡,因此有机农场应该是种植养殖并存的农场,可以给予种植物足够的有机肥源,同时也为养殖的动物提供足够的饲料,用一句通俗的话说,农场产出的饲料能够养活这些动物,动物排出的粪便能够保证土壤有机肥的数量。对于生物多样性的保护,实际上我们可以通过建立天敌的栖息地、有机生产区域隔离带、田间林带和林网等方式实现。

有机农业因其对环境的贡献和资源可持续发展理念得到世界的广泛认同,并且正在成为一种发展趋势。

1.2.2 有机农业的特征

(1)可调控的生态系统 有机农业的一个重要原则就是充分发挥农业生态系统内部的自然调节机制。在有机农业生态系统中,采取的生产措施均以实现系统内养分循环,最大限度地利用系统内物质为目的,包括利用系统内有机废弃物质、种植绿肥、选用抗性品种、合理耕作、轮作、多样化种植、采用生物和物理方法防治病虫草害技术等。有机农业通过建立合理的作物布局,满足作物自然生长的条件,创建作物健康生长的环境条件,提高系统内部的自我调控能力,以抑制病虫草害的暴发。

(2)与自然相融合的农耕系统 有机耕作不用矿物氮源来施肥,而是利用豆科作物固氮的能力来满足植物生长的需要。种植的豆科作物用作饲料,由牲畜养殖积累的圈肥再被施到地里,培肥土壤和植物。

尽最大可能获取饲料及充分利用农家肥料来保持土壤氮肥的平衡。利用土壤生物(微生物、昆虫、蚯蚓等)使土地固有的肥力得以充分释放。植物残渣、有机肥料还田以及种植间作作物有助于土壤活性的增强和进一步的发展。土地通过多年轮作的饲料种植得到休养,农家牲畜的粪便被充分分解并释放出来。这样,自我生成的土壤肥力并不依赖于代价昂贵且耗费能源生产出来的化肥,有机耕作的目的在于促进、激发并利用这种自我调节,以期能持续生产出健康的高营养、高价值的食品。在种植中通过用符合当地情况的方式进行轮作,适时进行土壤耕作,机械除草及使用生物防治等方法(例如种植灌木丛或保护群落生态环境)来预先避免因病害或过度的虫害对作物造成的危害。

(3)种植和养殖平衡的营养系统 根据土地承载能力确定养殖的牲畜数量。通常来说,牲畜承载量是每公顷一个成熟牲畜单位,因为有机生产标准只允许从外界购买少量饲料,这种松散的牲畜养殖方式,保护环境不受太多牲畜或人类粪便的硝酸盐污染,它帮助一个农场的形成并使人们可以采取符合牲畜需要的养殖方式。以上述标准进行的牲畜养殖通常情况下只产生土地能接受的粪便量,饲料和作物的种植处于一种相互平衡且经济的关系。

1.3　有机产品概念和特征

1.3.1　有机产品的概念

有机产品包括按照有机产品(organic product)标准生产、加工和销售的供人类消费、动物食用的产品。包括有机食品、有机纺织品、有机饲料、有机皮革、有机化妆品和有机林产品等。

有机产品是按照有机生产方式生产的一类产品,在不同的语言中有不同的名称,国外最普遍的叫法是organic food(有机食品),其他语种也叫作生态食品或生物食品等。

1.3.2　有机产品的特征

有机产品的特征如下:①原料必须来自已经建立或正在建立的有机农业生产体系(又称有机农业生产基地),或采用有机方式采集的野生产品;②产品在整个生产过程中必须严格遵循有机食品的生产、加工、包装、贮藏、运输、销售和管理体系等要求;③生产者在有机食品的生产和流通过程中,有完善的跟踪检查体系和完整的生产、加工、销售的档案记录;④必须通过独立的有机食品认证机构的认证检查。

1.3.3　有机产品的关联度

我国处于有机农业发展的初级阶段,特别是在有机食品与绿色食品并存的中国,正确理解有机农业和有机食品的概念,有助于有机农业的健康发展。

1. 源于有机农业体系

有机产品是有机农业的输出形式,因此有机产品必须出自有机生产体系,并且严格按照有机生产标准生产并经过认证机构的评估以后,才可称之为有机产品。

2. 出自良好的产地环境

生产有机产品需要对产地环境进行环境评估和监测,也就是说符合产地环境标准的基地才能够进行生产,因此也就保证了有机产品的安全性。尽管在目前的标准中,产地环境标准仍然采用的是国标,没有专门的有机产品产地环境标准,但是通过环境的监测,我们可以确保在源头上本底环境的清洁和污染程度最低。但这并不意味着有机产品一定没有污染。由于片面强调有机产品的无污染特性,过分强调生产基地的环境质量标准,一些生产者通常选择边远无污染的贫困地区作为有机生产基地,而忽视在发达地区逐步建立有机生产体系。但从发挥有机农业在减轻农用化学物质污染方面的作用来分析,在这些物质使用量较大的地区开展有机生产,更具有环境保护意义。

3. 是安全食品的最高级形式

在我国现阶段食品安全等级划分中,从低级到高级分别是无公害农产品(2019年7月停止认证)、绿色食品和有机产品,最根本的区别在于它们所执行的标准及对投入品的来源和数量的管控不一样,所以有机产品是食品安全里面最安全的产品,也是安全等级最高的产品。安全等级高并不意味着没有污染,应该说,食品是否有污染物质是一个相对的概念,自然界中不存在绝对不含任何污染物质的食品。只不过,有机食品中污染物质的含量要比普通食品低。过分强调有机食品的无污染特性,只会导致人们只重视对环境和终产品的污染状况的关注。

4.化学农药残留不得检出(在检出限以下)

在食品安全中,大家仍然关心的是化学污染,也就是化学农药残留的污染,在有机生产过程中由于从源头上禁止使用化学合成的物质和材料,在生产过程中也不允许掺入任何人工合成的物质和成分,因此从整个生产过程中保证有机产品的安全性和完整性,所以在终产品检测中,我们要求有机产品里的化学污染物质不得检出,不得检出的评判标准是在检出限值以下。

1.4 有机农业发展概况

1.4.1 世界有机农业的发展

20世纪70年代后,一些发达国家伴随着工业的高速发展,由污染导致的环境恶化也达到了前所未有的程度,工业污染已直接危及人类的生命与健康。这些国家认识到有必要共同行动,加强环境保护以拯救人类赖以生存的地球,确保人类生活质量和经济健康发展,从而掀起了以保护农业生态环境为主的各种替代农业思潮。

20世纪90年代后,特别是进入21世纪以来,实施可持续发展战略已得到全球的共同响应,可持续农业的地位也得以确立,有机农业作为可持续农业发展的一种实践模式和一支重要力量,进入了一个蓬勃发展的新时期,无论是在规模、速度还是在水平上都有了质的飞跃。这一时期,全球有机农业发生了质的变化,即由单一、分散、自发的民间活动转向政府自觉倡导的全球性生产运动。主要表现在:首先,国际有机农业运动联盟组织进一步扩大。国际有机农业运动联盟(简称IFOAM),于1972年11月5日在法国成立。成立初期只有英国、瑞典、南非、美国和法国5个国家的代表。经过50多年的发展,目前,IFOAM组织已经发展成为当今世界上最广泛、最庞大、最权威的一个拥有来自120个国家和地区800多个集体会员的国际有机农业组织。全世界不同程度从事有机农业生产的国家和地区已多达180多个。其次,有机农业生产的规模空前增加。

国际有机农业运动联盟与瑞士有机农业研究所(Research Institute of Organic Agriculture,FiBL)致力于全球范围有机产业发展的研究和数据统计分析,并于每年2月在德国纽伦堡举办的国际有机食品博览会(Biofach)期间公布最新统计的全球有机农业发展数据。在2020年2月17—19日召开的Biofach展会上,IFOAM与FiBL联合发布了《世界有机农业概况与趋势预测(2020)》(*The World of Organic Agriculture Statistics and Emerging Trends 2020*)。

2020年以后,世界范围暴发了新冠病毒肺炎疫情,对人们的生产和生活方式产生了巨大影响,同样也影响到有机农业的发展,因此,世界有机农业发展采用了2019年的数据,中国有机农业发展采用了2020年的数据。

1.世界有机农业概况

2019年,全球有机农业用地(包括耕地和牧场)面积为7230万hm²以上,占总农业用地面积的 1.5%(图 1-1)。拥有最多有机农业用地的地区依次为大洋洲(3588 万 hm² 以上)、欧洲(1652 万 hm² 以上)、拉丁美洲(829 万 hm² 以上)、亚洲(591 万 hm² 以上)、北美洲(约 365 万 hm²)和非洲(约 203 万 hm²)。有机农业用地占比最高的是大洋洲(49.6%),其次是欧洲(22.9%)和拉丁美洲(11.5%)(表 1-1)。

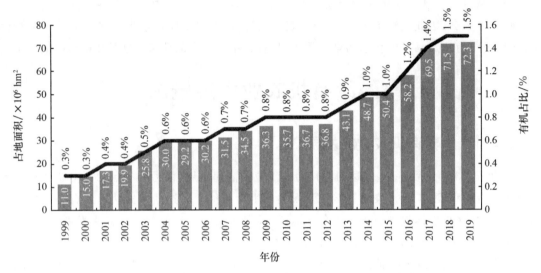

图 1-1   1999—2019 年全球有机农业用地面积和占比发展情况

(数据来源:FiBL 调查)

2019 年全球有机农业持续发展。根据最新的全球有机农业调查,来自 187 个国家和地区的数据显示,全球有机农业用地、有机销售额持续增长,达到历史新高。由 2019 年数据统计得出,全球有机农业用地面积约 7230 万 hm²,相比 2018 年增长 1.1%,占全球农业用地面积的 1.5%(表 1-1)。其中以澳大利亚有机农地面积最大,列支敦士登有机农业用地占比最高。全球有机生产者数量达到 310 万人,与 2018 年相比,生产者增长了 12.5%。在国际市场年销售额达到了 1064 亿美元(表 1-2)。

表 1-1   2019 年有机农业用地面积和有机农业用地占比

地区	有机农业用地面积/hm²	有机农业用地面积占比/%
非洲	2030830	2.8
亚洲	5911622	8.2
欧洲	16528677	22.9
拉丁美洲	8292139	11.5
北美洲	3647623	5.0
大洋洲	35881053	49.6
全球	72285656	100.0

(数据来源:FiBL 调查)

表 1-2 2019 年世界有机农业关键指标和主要国家/地区

指标	世界	主要国家/地区
提供有机认证数据的国家和地区	187 个国家/地区	
有机农地	2019 年:7230 万 hm² 1999 年:1100 万 hm²	澳大利亚:3570 万 hm² 阿根廷:370 万 hm² 西班牙:240 万 hm²
有机农地占比	2019 年:1.5%	列支敦士登:37.9% 萨摩亚:14.5% 奥地利:26.1%
野生采集和其他非农业用地有机面积	2019 年:3510 万 hm² 1999 年:410 万 hm²	芬兰:460 万 hm² 赞比亚:320 万 hm² 纳米比亚:260 万 hm²
有机生产者	2019 年:310 万人 1999 年:20 万人	印度:136.6 万人 乌干达:21 万人 埃塞俄比亚:20.4 万人
年有机营业额	2019 年:1064 亿美元 1999 年:151 亿美元	美国:447 亿美元 德国:120 亿美元 法国:113 亿美元
年人均消费	2017:12.8 美元	瑞士:338 欧元 丹麦:344 欧元 瑞典:265 欧元
已制定法规的国家	2019:108 个国家	

(数据来源:FiBL 调查)

2.各大洲有机农业发展

1)欧洲

截至 2019 年底,欧洲有 1652 万 hm² 以上有机农业用地(其中欧盟为 1460 万 hm²)由 43 万以上生产者(其中欧盟为 34.4 万人)进行有机管理。有机农田比 2018 年增加了 97 万 hm²。有机农业占地面积较大的前 3 个国家依次是西班牙(235 万 hm² 以上)、法国(224 万 hm² 以上)、意大利(约 200 万 hm²)。有 12 个国家有机农地占比超 10%,其中列支敦士登占比最高(37.9%),其次是奥地利(26.1%)(图 1-2 至图 1-3)。2019 年 12 月,欧盟委员会公布了一个新的关于有机增长战略的协议——欧洲绿色协议,目标是让欧洲成为第一个现代、经济资源节约、实现碳中和的大陆。

2)北美洲

在北美洲,2019 年有约 365 万 hm² 有机农业用地。其中,232 万 hm² 以上在美国,130 万 hm² 在加拿大。美国有机食品市场取得了新的突破,有机食品的销售额达到了 447 亿美元,较 2018 年增长 4.5%。美国销售的食品近 6% 是有机食品。

在美国,新冠病毒肺炎疫情大流行对有机产业造成了巨大的影响。当购物者寻找健康、清洁的食物来养活家人时,有机食品成为家庭消费的首选。随着餐厅关闭,消费者对有机新鲜产品的需求大幅增长,有机农产品网络销售平台在其分析中估计 2020 年新鲜农产品销售额出现

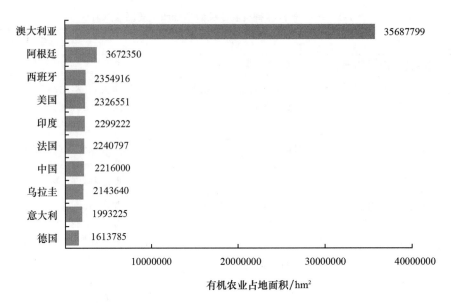

图 1-2　2019 年有机农业用地较大的 10 个国家

（数据来源：FiBL 调查）

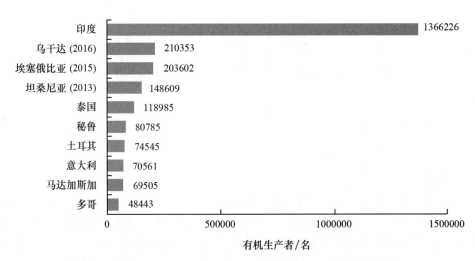

图 1-3　2018 年有机生产者数量较多的 10 个国家

（数据来源：FiBL 调查）

两位数的增长。在 2020 年前 3 个季度中,新鲜水果和蔬菜的销售额平均同比增长 18%。

　　3)大洋洲

　　大洋洲包括澳大利亚、新西兰和太平洋岛屿上的各州。共有 18000 多名有机生产者,管理着 3588 万 hm² 以上的有机农业用地,占该地区农业用地的 9.7%,是世界有机农业用地的一半。该地区 99% 以上的有机土地位于澳大利亚(3570 万 hm²,其中大部分是广阔的牧场),其次是新西兰(近 8.9 万 hm²)和萨摩亚(超过 4.1 万 hm²)。有机农地占比依次是萨摩亚(14.5%)、澳大利亚(9.9%)、斐济(5.5%)、瓦努阿图(4.5%)、所罗门群岛(3.5%)和法属波利尼西亚(3.4%)。大洋洲有 4 个国家全面实施了有机农业法规,12 个国家有国家标准,但没有完全执行。

在澳大利亚,由于多年的干旱、炎热的夏季温度和大量的热负荷(如干燥的落叶),超过1000 万 hm² 的丛林被焚毁。对于一些受灾严重的地区来说,重建其有机农地需要很多时间,还有一些地区已经失去了整个果园和本地茶树种植园。由于干旱和许多牲畜生产者短缺饲料,2020 年对有机干草和牲畜饲料的需求增大。

4)亚洲

2019 年,亚洲有机农地总面积超过 591 万 hm²。印度有 136.6 万名以上有机生产者,是亚洲有机生产者最多的国家。亚洲有机农地面积较多的依次是印度(约 230 万 hm²)和中国(超 220 万 hm²)。东帝汶有机农地占比最高(8.5%)。亚洲有 21 个国家全面实施了有机农业法规,7 个国家正在起草立法(图 1-3)。

2020 年,为庆祝国际有机农业联盟(IFOAM)成立 50 周年,IFOAM 亚洲地区扩大了亚洲有机农业地方政府(ALGOA)的网络活动。ALGOA 主动与国际生态区网络和其他欧洲伙伴合作,启动了全球有机区联盟(GAOD),第六届 ALGOA 峰会见证了这一历史性的时刻。另一项重要活动是,亚洲有机青年论坛于 2020 年 9 月推出了全球青年有机网络,主动将有机青年网络扩展到全球。

5)非洲

2019 年,非洲拥有 200 多万 hm² 的认证有机农地。与 2018 年相比,非洲报告的有机农地面积增加了 17.7 万 hm²,增长了 9.5%。非洲至少拥有 85 万名有机生产者。突尼斯是有机种植面积最大的国家(2018 年 28.7 万 hm²),乌干达 2016 年的有机生产者数量最多(超 21 万名)。在该地区总农业用地中有机农地份额最高的国家是圣多美和普林西比,有机农地占比24.9%。非洲的大多数有机产品均以出口为主,主要作物有咖啡、橄榄、可可、坚果、油籽和棉花。非洲有 5 个国家全面实施了有机农业法规,5 个国家正在起草立法。有 6 个国家正在草拟法规,但没有完全执行。

在非洲,EOA(Ecological Organic Agriculture)在 2020 年实现了几项成就。地理覆盖范围扩大,卢旺达成为其组织的第九个成员国家。EOA 指导东非和西非 9 个国家的所有参与伙伴都采用了以价值为导向的市场发展办法。EOA 目前的一个重要项目是建设一个旨在促进非洲引入有机农业的创新战略的非洲有机农业知识中心。

6)拉丁美洲和加勒比海地区

2019 年,拉丁美洲有 22.4 万名有机生产者管理了近 830 万 hm² 的有机农地,占世界有机农地的 11.5% 和该地区农业用地的 1.2%。有机农业占地面积较大的国家依次是阿根廷(约367 万 hm²)、乌拉圭(约 214 万 hm²)和巴西(130 万 hm²)。有机农地占比较高的国家依次是乌拉圭(15.3%)、法属圭亚那(11.3%)和多米尼加共和国(5.5%)。许多拉丁美洲国家仍然是咖啡、可可和香蕉等有机产品的重要出口国。在阿根廷和乌拉圭,温带水果和肉类是关键的出口商品。该地区有 19 个国家全面实施了有机农业法规,有 2 个国家正在起草立法。巴西拥有拉丁美洲最大的有机产品市场,和亚洲一样,对于有机食品的需求也来自不断增长的中产阶级,人类不断追寻健康、营养的食物。

2020 年智利和巴西签订执行了关于有机产品的谅解备忘录,墨西哥主管当局也在与其主要贸易伙伴美国、加拿大和欧盟沟通制定等效协议。

1.4.2　我国有机农业的发展

我国是一个具有悠久农业生产历史的大国,几千年来一直采用可持续的农业土地利用方式,很多优良的传统农业技术可以直接运用到有机农业生产中;我国现代仍然有很多地区特别是山区、边远和贫困地区的农民很少使用或不使用化肥和农药,这些地区的农地相对比较容易转换成有机农业生产基地。

我国生物品种繁多,且绝大多数动植物品种未经过基因重组,很多农副产品可以通过有机生产方式转换成为有机食品。

由于生态农业的迅速发展和较为普遍的推广,我国现已建立了很多生态农业建设基地,并积累了丰富的生态农业技术,其中大多数技术适合在有机农业生产中运用。由于我们国家刚刚进入从温饱到小康的质量转变过程,过去30年的现代农业技术都是围绕着高产栽培技术,有机生产技术和技术体系基本上是空白。因此,技术体系的建立与产业的规模、产品的质量相关。

随着我国综合实力的不断提高,我国秉承特色大国外交战略,高举和平、发展、合作、共赢的发展旗帜,着力于加强与其他国家的友好合作,实现合作共赢的愿望。通过大力推进"一带一路""走出去"等发展战略,在促进贸易便利化、助推中国有机产品"走出去"、深化合作交流、提升中国有机产品质量、树立"中国有机绿色品牌"形象、对接沿线国家需求、服务经贸便利往来等方面发挥了巨大作用。中国有机产业应把握机遇,迎接挑战,在新的时代,踏上新的征程,进一步提高我国特色农业、有机农业在国际的竞争力和影响力。

我国有机产品数据的统计指标来源于认证,2006年9月国家认监委开发的中国食品农产品认证信息系统正式运行,国家认证认可行政主管部门利用其作为食品农产品信息系统采集和发布的平台,我国主要是通过有机认证制度对有机产品进行管理和监督,并获得认可的认证机构对生产企业进行有机产品认证,将获得认证的有机产品信息上报到中国食品农产品认证信息系统。

截至2020年年底,国内经认监委(CNCA)批准,按照批准书规定的范围、依据《有机产品　生产、加工、标识与管理体系要求》(GB/T 19630—2019)开展认证业务的有机产品认证机构有72家。在中国境内依据国际有机产品标准开展认证业务的境外认证机构为14家(其中4家经CNCA批准在中国境内成立了认证机构,其余6家采取与境内认证机构分包合作的方式开展业务)和2家国内认证机构。

截至2020年12月31日,我国共有13318家生产企业获得了依据《有机产品》(GB/T 19630)标准颁发的认证证书,共计21094张(含转换期证书),我国的32个省(自治区和直辖市)均有分布(图1-4和表1-3)。

2020年,我国按照中国有机产品标准生产的有机植物面积408.65万 hm²,包括有机(含转换)作物生产面积243.5万 hm²,野生采集生产面积165.15万 hm²。有机植物总产量为1555.3万 t,包括有机作物产量1502.2万 t,野生采集产量53.1万 t(表1-3)。

2020年,我国有机作物种植面积排在前5位的省份分别是黑龙江省(54.24万 hm²)、辽宁省(35.09万 hm²)、内蒙古自治区(27.70万 hm²)、贵州省(22.83万 hm²)和云南省(11.11万 hm²)。上述5个省份有机种植面积占全国有机种植面积的62.12%。

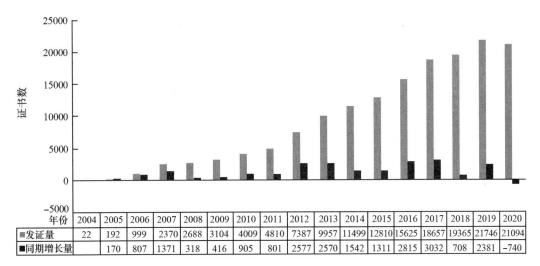

图 1-4 2004—2020 年中国有机产品认证证书的数量变化

表 1-3 2013—2020 年我国有机产品生产与销售概况

	中国标准*							
	2013 年	2014 年	2015 年	2016 年	2017 年	2018 年	2019 年	2020 年
认证机构	23	23	24	31	45	64	68	72
证书数量	9957	11499	12810	15625	1833	18955	2174	21094
获证企业	6051	8792(66)	10949	10106	11835	12226	13813	13318
有机种植面积/万 hm²	128.7	112.4	92.7	180.1	302.3	313.5	220.2	408.65
有机种植产量/万 t	706.8	690.3	572.9	1053.8	1329.7	1298.6	1213	1555.3
野生采集/万 hm²	143.5	82.2	59.7	81.2	126	445.8	155	165.15
野生采集产品产量/万 t	59.7	61.3	23.7	34.6	50.1	37	32.1	53.1
畜禽总产量/万 t	106	105.8	107	334	400.7	518.2	294.8	513.24
水产品总产量/万 t	31.6	29.4	30.3	47.98	52.7	60.1	56.12	55.3
加工产品产量/万 t	286.4	257.3	259.3	422	668	701.5	550.64	479.75
有机标签备案数量/亿枚	8.14	10.56	15.04	17.44	19.81	19.10	21.2	27
有机产品核销产量/万 t		43.2	54.8	62.7	68.68	69.94	80.98	95.98
有机产品销售额估值/亿元	200～300	302	357.8	559.03	606.67	631.47	678.21	701

2020 年,我国按照中国有机产品标准进行生产的有机家畜中,羊、牛、骆驼数量最多,其中有机羊近 472.82 万只,有机牛近 165 万头,有机骆驼近 461 万头。从产量上来看,有机畜禽及其产品总产量为 194.01 万 t,其中有机牛的产量为 28.15 万 t,有机羊的产量为 32.28 万 t,有机猪的产量为 1.00 万 t,有机鸡的产量为 0.21 万 t;另外还有马、驴、鸭、鹅等畜禽的生产,但其

总生产量所占的比例较小。在畜禽产品中,2020年的生产总量为326.88万t,其中有机牛乳是主要的畜禽产品,为319.32万t。2020年水产品的总产量为55.32万t,其中水生植物产品(主要是指海水生产的海带和紫菜等)有39.1万t,占认证水产品总产量的70.63%;其次为淡水鱼11.6万t,占20.97%。

2020年加工类有机产品总产量为479.75万t。其中,谷物磨制品产量最高,为115.96万t,占总产量的31.7%;其次乳制品,产量为81.26t,占总产量的16.93%;排在第三位的是饲料,产量为63.61万t,占总产量的13.26%。这三类产品的产量占总产量的61.89%。饮料、食用油,油脂及其制品、酒类的产量在10万~50万t,占比为4.5%~9.3%,剩余的有机产品产量不足10万t,占比低于2%。

2020年中国有机产品总出口贸易额为9.75亿美元,总贸易量为49.13万t。初级农产品出口贸易量为26.82万t,初级产品贸易额为2.44亿美元;加工产品的贸易量为22.31万t,贸易额为7.31亿美元,没有畜禽产品出口。我国有机产品共出口到30多个国家和地区,这些国家主要分布在欧洲,如英国、德国、荷兰、意大利、法国、瑞典、瑞士、丹麦、西班牙、荷兰等。其次是亚洲,如日本、韩国、新加坡和泰国等国家,以及北美洲的加拿大和美国等国家,大洋洲的澳大利亚和新西兰等国家。另外,我国的有机产品也出口到了非洲、南美洲。

从获得中国标准有机产品认证证书的区域分布来看,位列前7位的省份分别是黑龙江、四川、云南、贵州、安徽、江西和浙江,证书数量均超过了1000张,其中黑龙江的有机证书最多,达2116张,占2020年我国签发的有效认证证书数量的10.27%;上述7个省的发证量占总量的47.58%(表1-4)。

表1-4 2020年中国标准有机产品认证证书分布情况   张

省份	发证数	省份	发证数	省份	发证数
黑龙江	2116	湖北	656	上海	286
四川	1429	吉林	640	重庆	153
云南	1349	福建	640	宁夏	151
贵州	1334	河北	612	西藏	144
安徽	1320	陕西	580	青海	130
江西	1253	湖南	561	海南	106
浙江	1001	新疆	513	天津	40
江苏	792	广西	417	台湾	9
山东	784	河南	385	香港	13
内蒙古	742	山西	380	澳门	0
广东	717	北京	372		
辽宁	694	甘肃	291	总计	20600

我国有机获证企业分布格局与证书分布格局大体相似,黑龙江的有机产品获证企业数量最多,为1091家,约占2020年中国标准获证企业数量的8.36%,其次是四川、安徽、云南、江西、浙江,这几个省份的有机产品获证企业均在600家以上(表1-5)。

表 1-5　2020 年中国标准获证有机企业情况　　　　　　　　　　　　　　家

省份	获证企业数	省份	获证企业数	省份	获证企业数
黑龙江	1091	河北	425	上海	209
四川	1063	内蒙古	406	宁夏	104
安徽	1012	福建	394	重庆	92
云南	940	辽宁	377	青海	90
江西	845	吉林	365	西藏	84
浙江	690	湖南	355	海南	54
山东	552	新疆	319	天津	30
江苏	517	广西	262	台湾	5
广东	487	北京	247	香港	6
贵州	459	山西	245	澳门	0
湖北	439	河南	236		
陕西	439	甘肃	214	总计	13053

综合有机认证证书和获证企业的综合信息，2017—2020 年排在全国前 15 位的省份包括黑龙江、贵州、四川、江西和云南等（表 1-6）。

表 1-6　2017—2020 年中国有机标准获证数量和有机企业列前 15 位的省份

2017 年			2018 年			2019 年			2020 年		
省份	证书数	企业数	省份	证书数	企业数	省份	证书数	企业数	省份	证书数	企业数
黑龙江	2078	1101	黑龙江	2205	1169	黑龙江	2367	1231	黑龙江	2116	1091
贵州	1209	574	贵州	1404	552	贵州	1539	573	四川	1429	1063
四川	1201	902	四川	1211	911	四川	1464	1119	云南	1349	940
江西	1054	747	安徽	1179	827	江西	1297	882	贵州	1334	459
浙江	922	627	江西	1144	785	安徽	1293	951	安徽	1320	1012
安徽	877	590	浙江	900	637	云南	1192	807	江西	1253	845
山东	849	621	云南	866	568	浙江	983	681	浙江	1001	690
云南	803	547	吉林	790	475	山东	852	594	江苏	792	517
吉林	788	480	山东	774	570	吉林	752	445	山东	784	552
辽宁	739	469	内蒙古	714	401	广东	749	500	内蒙古	742	406
内蒙古	729	420	辽宁	676	426	江苏	742	505	广东	717	487
江苏	672	475	江苏	669	454	辽宁	736	461	辽宁	694	377
新疆	630	415	湖北	642	440	内蒙古	730	418	湖北	656	439
广东	593	408	广东	555	372	山西	635	258	吉林	640	365
湖北	590	382	新疆	547	368	福建	629	402	福建	640	394

1.5　有机农业的目标和意义

1.5.1　有机农业的目标

（1）生产优质产品　生产足够数量的优质食品、纺织品、饲料和其他产品；

（2）保持健康的土壤　提倡应用因地制宜的栽培、生物和机械方法维持和增加土壤的长期肥力及生物活性，反对依靠外来投入物质；

（3）培育健康的生物　通过整个生产体系中的土壤、植物和动物达到与自然循环和生命系统的和谐运行；

（4）创建文明的环境　通过可持续生产体系与保护植物和野生动物的栖息地，保持和提高农场及其周围环境的农业和自然的生物多样性、物种多样性和基因多样性；

（5）节约农业水资源　促进合理利用、保护水资源及其中所有生物；

（6）再生再利用　在生产和加工体系中尽可能使用可再生资源，尽量避免产生污染和废弃物；使用可生物降解、能循环使用的可再生的包装材料；物质循环体系协调种植业和养殖业间的平衡；

（7）动物福利　提供足够的生活条件和空间，让动物能展示其基本的自然习性；

（8）区域发展　鼓励培育当地和地区的生产和销售；

（9）人为关爱　使从事有机生产和加工的每一个人都能享受满足他们基本需求的生活条件和一个安全的、有保障的、健康的工作环境；

（10）社会责任　支持建立一个完整的生产、加工和销售产业链，对社会公正，对生态负责；

（11）传递信任　承认有机生产和加工体系对其内部和外部有更广泛的社会和生态影响；

（12）农耕传承　承认传统农业体系和地方传统知识的重要性，对其加以保护并从中学习有益之处。

1.5.2　发展有机农业的意义

2020年是全面建成小康社会目标启动之年，是全面打赢脱贫攻坚战的收官之年。"十三五"规划目标任务胜利完成，我国经济实力、科技实力、综合国力和人民生活水平跃上新的大台阶，全面建成小康社会取得伟大历史性成就，中华民族伟大复兴向前迈出了新的一大步，社会主义中国以更加雄伟的身姿屹立于世界东方。2021年中央一号文件指出，各级农业农村部门要以习近平新时代中国特色社会主义思想为指导，全面贯彻党的十九大和十九届二中、三中、四中全会及中央经济工作会议、中央农村工作会议精神，认真落实《中共中央、国务院关于抓好"三农"领域重点工作确保如期实现全面小康的意见》，紧扣打赢脱贫攻坚战和补上全面小康"三农"短板重点任务，坚持新发展理念，坚持稳中求进工作总基调，以实施乡村振兴战略为总抓手，深化农业供给侧结构性改革，推进农业高质量发展。

党的十九大报告指出，建设生态文明是中华民族永续发展的千年大计。必须树立和践行绿水青山就是金山银山的理念，坚持节约资源和保护环境的基本国策；形成绿色发展方式和生活方式，坚定走生产发展、生活富裕、生态良好的文明发展道路。发展有机农业对落实乡村振兴战略、确保农业可持续发展、提升农业发展水平、深化农业供给侧结构性改革、促进农民增收和解决"三农"问题意义重大。

近几年,我国有机产品认证发展迅速,获证企业数量、有机认证证书数量、发放有机码数量等均有所增加,中国有机认证的国际影响力不断提升,有机产品产值和销售额呈稳步增长态势。当前,越来越多的地方政府和市场主体投身于有机产业,政府及监管部门也不断增强对有机产业的关注与重视。

有机农业是传统农业、创新思维和科学技术的结合,有利于保护我们所共享的生存环境,也有利于促进包括人类在内的自然界的公平与和谐共生。近年来全球有机产业蓬勃发展,中国有机产业与贸易的发展也再创新高。2020 年,《农业农村部关于落实党中央、国务院 2020 年农业农村重点工作部署的实施意见》中指出:加强绿色食品、有机农产品、地理标志农产品认证和管理。2021 年中共中央、国务院印发了《关于全面推进乡村振兴加快农业农村现代化的意见》(2021 年中央一号文件),意见中明确要求:加强农产品质量和食品安全监管,发展绿色农产品、有机农产品和地理标志农产品,试行食用农产品达标合格证制度,推进国家农产品质量安全县创建。

《中华人民共和国国民经济和社会发展第十四个五年规划和 2035 年远景目标纲要》(以下简称《"十四五"纲要》)提出,坚持绿水青山就是金山银山理念,坚持尊重自然、顺应自然、保护自然,坚持节约优先、保护优先、自然恢复为主,实施可持续发展战略,完善生态文明领域统筹协调机制,构建生态文明体系,推动经济社会发展全面绿色转型,建设美丽中国。此外,我国还出台了加快推进生态文明建设、供给侧结构性改革、乡村振兴战略等多部政策法规文件,各级地方政府也纷纷响应国家号召,制定当地的农业发展政策及鼓励措施,这些政策措施都与有机农业的基本原理和理念高度契合,对有机产业的进一步发展起到了推动和促进作用。

1. 加强和实施生态文明建设

立足"十四五"发展目标,我们要深入践行绿水青山就是金山银山理念,推动经济社会发展全面绿色转型,加快构建现代环境治理体系和生态文明体系。农村是自然资源的富集地,守好农村的自然生态资源,树立生态红线意识,严守生态功能保障基线、环境质量安全底线、自然资源利用上线。农村生态文明建设,既是全面推进乡村振兴的重要内容,也是加强生态文明建设的重要举措。立足国情,实事求是,按照既定部署处理好生态保护与经济发展以及发展与安全的关系,才能有序有效推进生态文明建设和乡村振兴。

习近平总书记指出,要全面推动绿色发展。绿色发展是构建高质量现代化经济体系的必然要求,是解决污染问题的根本之策。有机农业以健康、生态、公平、关爱为原则,尊重自然界发展规律,强调经济、社会和生态效益的统一发展,体现了生态文明绿色发展、循环发展、可持续发展的理念,是遵照特定的生产原则,在生产中不采用基因工程获得的生物及其产物,不使用化学合成的农药、化肥、生长调节剂、饲料添加剂等物质,遵循自然规律和生态学原理,协调种植业和养殖业的平衡,保持生产体系持续稳定的一种农业生产方式。因此,有机产品可以实现从田间到餐桌的全过程质量把控,提升产品质量,保护生态环境,实现农业的可持续发展,不断满足人民日益增长的优美生态环境需要,对促进经济、社会和生态的共同发展具有重要意义。

加强生态文明建设,要在充分考虑农村生态文明建设特殊性的基础上,把中央要求与地方实际结合起来,将生态文明建设与经济、政治、文化、社会和党的建设统一起来,系统推进。同时,还要因地、因事、因时制宜,运用文化、法律、道德和经济等多种手段推进农村生态文明建设。有机农业可作为生态文明建设的着力点,通过施用农家肥和有机质培肥地力,采用生物方法、物理方法防治病虫草害,不施用人工合成的农药和肥料,避免化肥带来的土壤板结和地下水污染及富营养化,并禁止秸秆焚烧,建立生态平衡,注重利用农业内部物质的循环利用,提高农业资源的利用率,减少对环境的污染,禁止采用基因工程等对生物遗传多样性有严重影响的各种繁殖方法,禁止过度放牧,保护天敌栖息地等措施保护生态环境,确保环境清洁安全。有机产业体现了生态文明绿色发展、循环发展、可持续发展的理念,是落实习近平总书记绿水青山就是金山银山的绿色发展观的重要着力点。

2. 实施乡村振兴战略

民族要复兴,乡村必振兴。党的十九大报告提出实施乡村振兴战略,强调坚决稳住农业农村这个基本盘,坚持农业农村优先发展的战略思想,推动加快补齐农业农村短板,按照"产业兴旺、生态宜居、乡风文明、治理有效、生活富裕"的总要求,推动城乡一体、融合发展,推进农业农村现代化。2021年中央一号文件指出:全面建设社会主义现代化国家,实现中华民族伟大复兴,最艰巨最繁重的任务依然在农村,最广泛最深厚的基础依然在农村。要坚持把解决好"三农"问题作为全党工作重中之重,把全面推进乡村振兴作为实现中华民族伟大复兴的一项重大任务,举全党全社会之力加快农业农村现代化,让广大农民过上更加美好的生活。

进入新发展阶段,乡村振兴到了全面推进、全面实施的关键时期,要以更有力的举措,汇聚起更强大的力量,推动乡村振兴由顶层设计到具体政策举措全面实施,由示范探索到全面推开,由抓重点工作到"五大振兴"全面推进。通过全面推进乡村振兴,加快补上农业农村现代化短板,赶上全国现代化的步伐。实施乡村振兴战略,产业兴旺是关键,只有产业得以发展,农民才能持续增收,农村才留得住人,乡村振兴战略才能有效推进,农民生活富裕才有保障。但任何产业的发展都不能以破坏生态环境为代价,大力发展有机产业既能保护生态环境,构建人与自然和谐共生的乡村发展新格局;又能确保乡村发展的最大优势,深化农业供给侧结构性改革,推动农业从增产导向转至提质导向,为建设现代化农业经济体系奠定坚实基础,有力保障乡村振兴战略的落实。

《"十四五"纲要》指出,要坚持农业农村优先发展,全面推进乡村振兴。优化农业生产布局,建设优势农产品产业带和特色农产品优势区。推进粮经饲统筹、农林牧渔协调,优化种植业结构,大力发展现代畜牧业,促进水产生态健康养殖。推进农业绿色转型,加强产地环境保护治理,发展节水农业和旱作农业,深入实施农药化肥减量行动,治理农膜污染,提升农膜回收利用率,推进秸秆综合利用和畜禽粪污资源化利用。完善绿色农业标准体系,加强绿色食品、有机农产品和地理标志农产品认证管理。强化全过程农产品质量安全监管,健全追溯体系。建设现代农业产业园区和农业现代化示范区。通过发展有机产业,充分发挥乡村自然资源优势,可以落实乡村振兴战略的要求,能够使农业结构得到根本性改善,加快农业农村现代化建设。

3. 巩固拓展脱贫攻坚成果

"十三五"时期,现代农业建设取得重大进展,乡村振兴实现良好开局。农业现代化稳步推进,粮食年产量连续保持在6500亿kg以上,农民人均收入较2010年翻了一番多。新时代脱贫攻坚目标任务如期完成,决战脱贫攻坚取得全面胜利,9899万农村贫困人口实现脱贫,2020年11月全国832个贫困县全部摘帽,易地扶贫搬迁任务全面完成,消除了绝对贫困和区域性整体贫困,创造了人类减贫史上的奇迹,也标志着我国进入全面建成小康社会阶段。《"十四五"纲要》指出,要实现巩固拓展脱贫攻坚成果同乡村振兴有效衔接,严格落实"摘帽不摘责任、摘帽不摘政策、摘帽不摘帮扶、摘帽不摘监管"要求,建立健全巩固拓展脱贫攻坚成果长效机制。我国的贫困县,主要分布在贫困人口集中的中西部少数民族地区、革命老区和边疆地区,通过实施欠发达地区特色种养业提升行动,因地制宜发展有机产业,可以提高农产品附加值,带动农民增收,从而巩固拓展脱贫攻坚成果。

欠发达地区发展有机农业具有独特的优势,一是欠发达地区地理条件差异大,资源类型丰富,适合发展区域性的特色有机产业;二是由于当地工业不发达和农业生产方式落后,欠发达地区总体上污染程度较低,具有发展有机生产的巨大潜力;三是欠发达地区乡村旅游资源丰富,很多地区生态环境好,绿水青山较多,具有发展休闲、养生和观光旅游的良好条件;四是城镇化的发展和居民收入水平的提高,对安全优质的有机农产品的需求日益强烈,对休闲、养生旅游的需要也日益增加,这些都为欠发达地区发展有机农业奠定了基础。

此外,2021年中央一号文件还提出健全乡村振兴考核落实机制,将巩固拓展脱贫攻坚成果纳入乡村振兴考核。并提出到2025年,农业农村现代化取得重要进展,农业基础更加稳固,粮食和重要农产品供应保障更加有力,农业生产结构和区域布局明显优化,农业质量效益和竞争力明显提升,现代乡村产业体系基本形成,有条件的地区率先基本实现农业现代化。脱贫攻坚成果巩固拓展,城乡居民收入差距持续缩小。坚持发展有机农业,可以使农村生产生活方式绿色转型取得积极进展,化肥农药使用量持续减少,农村生态环境得到明显改善;乡村建设行动取得明显成效,乡村面貌发生显著变化,乡村发展活力充分激发,乡村文明程度得到新提升,农村发展安全保障更加有力,农民获得感、幸福感、安全感明显提高。

4. 深化供给侧结构性改革

《"十四五"纲要》在指导方针中提到,要坚定不移贯彻创新、协调、绿色、开放、共享的新发展理念,坚持稳中求进工作总基调,以推动高质量发展为主题,以深化供给侧结构性改革为主线,以改革创新为根本动力,以满足人民日益增长的美好生活需要为根本目的,统筹发展和安全,加快建设现代化经济体系,加快构建以国内大循环为主体、国内国际双循环相互促进的新发展格局,推进国家治理体系和治理能力现代化,实现经济行稳致远、社会安定和谐,为全面建设社会主义现代化国家开好局、起好步。习近平总书记曾强调,新形势下农业的主要矛盾已经由总量不足转变为结构性矛盾,推进农业供给侧结构性改革,是当前和今后一个时期我国农业政策改革和完善的主要方向。我们要认真贯彻落实总书记的重要指示精神,坚持以新发展理念为引领,着力推进农业供给侧结构性改革,加快提升农业质量效益和竞争力。

目前,我国农业生产大而不强、多而不优的问题仍然比较突出,由于供求结构失衡,一些地方出现了农民增产不增收的现象。随着新型城镇化快速推进,城乡居民农产品消费需求正从吃饱向吃好、吃得安全、吃得营养健康快速转变,多元化、个性化的需求显著增多。近年来,我国农业生产成本持续较快上涨,而国际农产品价格持续下跌,国内外农产品价差越来越大,玉米、棉花、糖料等进口规模不断扩大,"洋货入市、国货入库"的问题突出,呈现出生产量、进口量、库存量"三量齐增"的现象。推进农业供给侧结构性改革,需要发展高产、优质、高效、生态、安全农业,推进农村一二三产业融合,从而提高农业效益,促进农民持续增收。有机产业的发展理念与深化供给侧结构性改革高度一致,发展有机农业可以在保护当前生态环境的基础上提高农产品的品质,适应消费结构升级的需要,促进农业转型升级,提升农业竞争力,通过转变农业生产方式和资源利用方式,修复生态、改善环境、补齐短板、实现绿色发展。

5.促进行业和国际交流

随着消费者对健康和环境保护要求的不断提高,有机产品的需求明显上升,有机产品生产消费迅速增长,全球有机产业的不断扩大,在市场需求的推动下,有机产业展会及有机产业协会、联盟等组织应运而生,引领有机产业的健康发展。近年来,国内外多地每年都会举办大型有机展会、论坛等,吸引大批业内人士及观众参加。

由德国纽伦堡国际博览集团和中国检验检疫科学研究院共同主办的第十四届 BIOFACH CHINA 中国国际有机产品博览会,受到年初突如其来的疫情影响延期至 2020 年 7 月 1—3 日于上海世博展览馆 3 号展馆举行。作为亚洲颇具影响力的有机产品贸易盛会,本届展会吸引了来自全球 6 个国家和地区的 146 家海内外企业参展。展出产品除各类有机食品、有机饮料和有机调味品外,还包括有机母婴用品、有机纺织品等。由于受到疫情的影响,展会各项数据较前一年峰值相比均有所回落,为期 3 天的展会总共吸引了来自 16 个国家和地区的 10172 人次专业观众到访。该博览会目前已成为亚洲有机行业发展的风向标,是有机生产商们展示企业产品、提升品牌形象的场所。

由国家市场监督管理总局、中国检验检疫科学研究院、阿拉小优全国母婴连锁机构、致臻有机、BIOFACH CHINA 亚洲国际有机产品博览会组委会和中婴网共同发起的"中国有机母婴产业联盟"(以下简称联盟)在第十四届 BIOFACH CHINA 中国国际有机产品博览会同期举办了联盟成立大会,同时举办了"第二届中国有机母婴产业发展论坛",邀请了包括 IFOAM 亚洲、政府相关主管领导、行业专家、有机品牌、渠道商、专业媒体等各领域的多位专家深入探讨母婴有机市场特性,搭建有机产品与母婴渠道沟通平台,推动有机母婴产业健康、快速发展,近 200 位嘉宾参加了会议。2021 年 2 月 17—19 日,在享誉全球的 BIOFACH 纽伦堡有机展线上特展中,联盟创始会员、纽伦堡会展(上海)有限公司通过总部的线上平台进行宣讲,向世界宣布"中国有机母婴产业联盟"的成立,在新冠疫情肆虐的情况下,利用这种特殊的方式让全世界了解中国有机产业的发展,加强全球交流与合作。

思考题

1. 如何理解有机农业的概念?
2. 发展有机农业的目标是什么?
3. 为什么说有机农业是实施绿色发展产业?
4. 有机产品与有机农业的关联度是什么?
5. 简述有机农业对乡村振兴的意义?

第2章　有机农业理论和实践基础

2.1　理论基础

有机农业是社会经济过程和自然生态过程相互联系、相互交织的生态经济有机体。在这样复杂的系统中,如何协调经济与生态的关系,保证有机农业持续稳定发展,是真正从事有机农业研究和生产需要解决的问题。

有机农业生态经济系统包括农业生态系统、农业经济系统和农业技术系统,这些系统按照各自的组织原理,使复合农业生态经济系统结构合理、功能健全,物质流、信息流和价值流均能正常流动,系统最稳定,净生产量最大,并且能够永久维持。这样的生态系统就称之为良性生态经济系统,是有机农业生产追求的最终目标。

在生态经济系统中,经济增长与生态的稳定程度之间存在一种协调发展的作用机制,即以技术作为中介和手段,既要重视技术的发展水平和进步程度,又要掌握运用技术开发利用自然资源的方式和程度;既能使生态系统的物质和能量资源得到充分的开发利用,以满足规模扩大和经济增长的需求,又不超越生态系统自我稳定机制所允许的限制,维持生态系统的动态平衡和持续生产力,实现经济、生态的协调发展。

2.1.1　生物学

生物包括植物、动物和微生物,植物、动物和微生物的有机生产过程符合生物学和标准的要求,都可以认证为有机产品。因此,对于生物学来讲:①在自然界中,任何一种植物、动物、微生物都可以被认定为有机产品;②确认植物、动物、微生物每种生物的基本依据是生物种间生殖隔离;因此在认证目录中,应将物种作为一个基本的单元,而不是俗名、异名和地方名字;③在有机产品生产中,我们所生产和认证的物种大部分为驯化栽培的种类,因此,不同物种的特性、环境适应性和商品性都将作为产品的属性而被考虑;④不同植物、动物和微生物的生物学属性和地理学属性将作为评价该产品优势的先决条件,即所谓的地理标志产品;⑤种质的差异是产品差异的核心,因为果实的品质都包含在种子里。

2.1.2　生态学

1.自然生态系统

生态系统是指在一定自然条件下,生物和非生物相互作用形成一个自然综合体。这个自然综合体具有一定的结构,各组成部分凭借这一结构进行物质循环、能量转换,并相互促进、相互制约。

生态系统组成包括生物组分和环境组分。生物组分包括生产者、消费者和分解者三大部分;环境组分包括阳光、空气、无机物质、有机物质和气候因素。

生态系统的结构包括形态(空间)结构、营养结构(食物链结构)和环境条件的动态结构。

1)空间结构

空间结构又分为垂直结构和水平结构。

(1)垂直结构　上层为自养层的绿色带,以绿色植物的茎、叶为主,进行光合作用,实现有机物质的合成和积累;中层为异养层的动物层,以食草动物、食肉动物和害虫为主体,完成有机物质的营养消费和能量转换;下层为异养层的棕色带,包括土壤、土壤微生物、沉积物、腐烂的有机物、植物根系等,完成复杂的有机物分解、利用和重新组合。

(2)水平结构　主要表现所有植物、动物的种群在水平结构上的分布状况,可分为均匀分布、聚集分布和随机分布3种。均匀分布指的是生物物种的分布是均匀的;聚集分布指的是生物物种的分布呈现团块或核心;而随机分布指的是物种在空间上的分布是彼此独立的,生物个体之间有一定的距离,其分布是不规则的,是生态系统平面格局的主要形式。

2)营养结构

生态系中,各种生物因子之间的最基本联系是食物联系,又叫营养联系。食物联系是生物物质循环与能量转换的基础,生物通过食物联系构成一个相互依存、相互制约的统一整体。

食物联系的起点是植物,植物从土壤中吸取水分和矿质营养,从空气中吸收二氧化碳,在太阳的辐射下,经过植物叶部的光合作用,合成有机物质。这些有机物质为植物提供生命活动所需的能量和热量。植食性动物自己不能制造营养物质,必须通过取食植物才能获得营养物质,同时又作为捕食性和寄生性天敌的营养来源,这样,植物、植食性动物、肉食性动物就形成了以植物为起点的彼此依存的食物联系的基本结构,我们称为"食物链"。在一个生态系中,有多条食物链彼此相互交织在一起,就构成"食物网"。通过食物链和食物网建立了生态系统的营养结构。

3)环境条件的动态结构

生态系统的组成和结构并非一成不变,而是随着时间的推移而变化。植物群落从草地—灌木—森林的变化过程与植物的动态结构变化相适应,动物群落的组成和结构也发生时间和空间的变化。

4)生态系统的特点

生态系统内的各个组分,按照一定的结构组合在一起,各自行使特殊的、不可替代的功能,构成多种多样的生态景观。生态系统的特点如下:①系统由有生命的和无生命的两种物质组成,不仅包括植物、动物、微生物,还包括无机环境中作用于生物的物理化学成分。②生态系统反映了一定地区的自然地理特点和一定的空间结构特点(包括水平结构与垂直结构)。③生物具有生长、发育、繁殖与衰亡的特性,生态系统按其演化的进程可分为幼年期、成长期和成熟期,表现为时间特征和定向变化(由简单到复杂)的特征,即有自身发展的演替规律。④生态系统有代谢作用即合成代谢和分解代谢,是生命系统所特有的,它通过复杂的物质循环和能量转换来完成。⑤生态系统具有复杂的动态平衡特征,系统内在生产者、消费者和分解者在生物种群的种内、种间及生物环境中起协调作用,维持生态系统的相对动态平衡,生态系统具有自然调控和人为调控的特点。

2. 农业生态系统

农业生态系统是相对自然生态系统（natural ecosystem）的概念而言的，它是人类以农作物为中心，人为建立起来的生态系统。农业生态系统是由所有栖息在栽培植物地区的生物群落与其周围环境所组成的单位，它因人类各种农业、工业、社会以及娱乐等方面活动的影响而改变，如：农田生态系统、森林生态系统、牧场生态系统等。农业生态系统是个十分复杂的生态系统，具有自然生态系统的特征，它由自然生态系统演化而来的，并在人类活动的影响下形成。因此，农业生态系统除保留自然生态系统的某些特征外，又有区别于自然生态系统的特点。

3. 有机农业生态系统

有机农业生态系统是吸收自然生态系统稳定、持续和相对封闭的物质循环的精华，又融合了农业生态系统经济和社会发展目标的综合生态系统。

有机农业生态系统有别于自然生态系统和农业生态系统，其区别与联系见表 2-1。

表 2-1　有机农业生态系统和自然生态系统、农业生态系统的关系

项目	自然生态系统	农业生态系统	有机农业生态系统
概念	在一定自然条件和土壤条件下，具有一定的生物群落，这些生物和非生物相互作用形成一个自然综合体，这个自然综合体常有一定的结构，各组成部分能凭借这一结构进行物质循环、能量转换，并相互促进、相互制约	以农作物为中心，人为地重新改建的一类生态系统，是由所有栖息在栽培植物地区的生物群落与其周围环境所组成的单元，它因人类各种农业、工业、社会以及娱乐等方面活动的影响而改变	以作物为核心，遵从自然生态系统的结构、功能、环境、作物和人类需求的系统
目标	自发地向着种群稳定、物质循环和能量转换与自然资源相适应的顶级群落发展；生物的组成、物质供应多少由自我决定，即所谓的自我施肥系统	在人类的控制下发展起来的，为获得更多的农产品、畜产品以满足人类生存需要，为了长期持续增产，人们向系统内输入大量的外来物质（肥料、农药等），是全施肥系统	在保护和增殖自然资源，保护与改造环境的同时，向系统输入与自然环境相容的物质，保证获得良好的产量和产品品质的补充肥料系统
结构与稳定性	生物物种，主要是自然长期选择的结果，生物种类多，结构复杂，系统的稳定性和抗逆性强，经济价值有高有低	生物物种是人工培育和选择的结果，经济价值高，但抗逆性差；生物物种单一，结构简单，系统的稳定性差，容易遭受自然灾害，为了防除灾害，不得不投入更多的劳力、资金、技术、物质和能量	选择适生性强的抗性品种，通过多样化种植，逐步建立稳定的生态系统，逐步减少人工物质的投入
调控的因素	通过自然力作用于系统内部的反馈作用来自我调节。食物联系是生物物质循环与能量转换的基础，生物通过食物联系构成一个相互依存、相互制约的统一整体	人工调控和自然调控结合，多属外部调控，如通过绿化荒山、改良土壤、兴修水利、农田基本建设，在技术上采取选育优良品种、作物布局、栽培管理、病虫害防治等措施提高系统的生产力，获得高额的产量	以自然力的自我调控为主，通过外部调控、内部协调提高系统的生产力

续表 2-1

项目	自然生态系统	农业生态系统	有机农业生态系统
开放性	封闭系统。所产生的有机物质基本上都保存在系统内,许多的矿质营养的循环在系统内取得平衡,是自给自足的系统	开放性系统,生态系统产生的大量有机物质输出系统外。要维持系统的输入输出平衡,必须有大量的有机与无机物质和能量的投入,否则,会造成系统内物质的枯竭,但大量投入有机和无机物质,会带来环境污染和生态恶化	半开放系统,充分利用系统内部的有机物和矿物质,在维持系统输入输出平衡的前提下,略有节余,系统持续稳定发展
生产效率	效率低	生物物种有高产优势,加上辅助能源、物质、资金、技术、劳力、管理的投入,其生产效率比自然生态效率高得多	生物物种有高产优势,加上合理的能源、物质、资金、技术、劳力、管理的投入,维持高效率
社会经济	受自然规律控制,生物具有生长、发育、繁殖与衰亡的特性,因而生态系统按其演化的进程可分为幼年期、成长期和成熟期,表现为时间特征和定向变化特征,即有自身发展的演替规律	受自然规律控制,也受社会经济规律制约,如社会制度、经济政策、市场需求、资金投入以及科学技术水平等	有机农业要走向商品化、专业化、规模化、社会化、现代化。谋求经济、生态、社会效益统一和增长,在遵循自然规律的基础上,满足社会需求

4. 物质循环

营养物质循环就是把人、土地、动植物和农场视为一个相互关联的整体,把农业生产系统中的各种有机废弃物,如畜禽粪便、作物秸秆和作物残茬等,重新投入农业生产系统内。也就是说,有机农业不是单一的作物种植,而是种、养、管结合,农林牧副渔合理配置,从而实现物质循环利用的综合农业系统。

有机农业要求建立一个相对封闭的物质循环体系。所谓封闭式,是指尽可能地减少外部购买,不使用化肥、农药,基本不从外界购买粪肥、饲料等。当然,封闭是相对的,它要求有机生产的全部或大部分投入物应来自有机农场,农场内的所有物质均得到充分合理的应用,做到"人尽其才,物尽其用",建设"美丽乡村"。

封闭式循环运动是有机农业理论的基础,它既符合生态规律,又符合经济规律,充分利用资源,保护生态环境,由于废弃物等得到充分利用,减少了外部有机肥购买、降低了生产成本、增加了农户的收入。

有机农业强调通过各种有机生产技术和措施,调节物质循环,使物质循环朝着健康、合理的方向发展。调节物质循环的原则是:①合理运用人工投入手段,防止盲目施用、开采和排放,施肥和灌水符合生产要求标准,且以供求平衡为目标。②稳定库存,保护生态系统的稳定机制。其库存主要包括水资源、植被资源、土壤 C、N 库。③充分发挥生物在养分循环调节中的主导作用:扩大养分的输入——生物固氮、提高根系的吸收能力、枯枝落叶的转换、畜禽粪便的利用。保蓄作用——植物对养分和水分的保蓄作用和能力。促进物质循环——微生物对有机物的分解作用,充分利用有机废弃物和提高综合应用效能。净化作用——处理废水、废物、垃圾和粪便,促进物质的再循环、再生和再利用。建立良好的物质循环系统是有机农业健康发展的物质基础(图 2-1)。

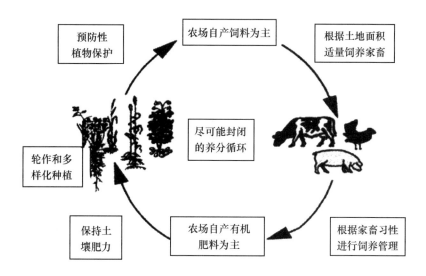

图 2-1　有机农业生态系统物质循环

5.生态平衡

生态平衡是指在一定的时间和相对稳定的条件下,生态系统内各部分(生物、环境、人)的结构和功能处于相互适应与协调的动态平衡状态。生态平衡是生态系统的一种良好状态,是有机农业生产追求的理想目标。

(1)生态系统的平衡标准　生态系统的平衡是一种相对动态平衡。生态平衡的标准应包括:①系统结构的稳定与优化:生物种类和数量最多、结构最复杂、生物量最大,环境生产潜力高效而稳定;②物流、能流收支平衡;③系统自我修复、自我调节功能强。

生物多样性是生态平衡的重要指标。只有增加植物多样性,才能增加生物多样性;食物链(食物网)是生态系统内部物质循环和能量流动的渠道,食物链越复杂,系统越稳定;在稳定的生态环境下,污染物的自然消解和零污染;实现经济与生态的有机结合。

(2)建立平衡生态系统的方法　①种植作物多样化:在一个有机生产基地,利用轮作和间作技术,在一定的空间和时间内,以绿色植物为先导,种植多种作物,建立多样化的种植模式,人工种植或保留有益植物,建立多样化的生态子系统;②镶嵌式开发环境:改造和利用沟渠、栖息地和隔离带等,种植有利于天敌生存的蜜源或者载体植物,建立开放可控的环境,控制病虫害发生和繁衍;③多样化的小生境:小生境或者小环境决定了生物种类的丰富程度和食物网络结构的复杂程度,物流、能流多渠道畅通,当遇到干扰时,一条途径中断,另一条途径补偿,系统会建立新的平衡。

2.1.3　有机农业经济、环保理论

有机农业是以保护和改善生态环境为前提,以经济效益为指标的农业生产方式。在这样的条件下生产出的产品(食品)比常规产品(食品)价值更高,也为生态环境的保护和改造提供了经济基础。随着公众对环保和食品安全认识的提高,有机农业在全球呈现蓬勃发展的势头。目前,世界有机食品(含化妆品)销售额超过 1000 亿美元,可以说,有机食品产业将成为增长最

快的行业之一,相关的有机产品如有机化妆品、纺织品等也将以较快的速度发展。

有机食品价高、利大,调动了种植者的积极性,也刺激了有机食品市场的发展。在中国市场上,有机蔬菜的价格是常规蔬菜价格的 10～15 倍,有机粮食是常规粮食的 2～3 倍,有机水果是常规水果的 3～5 倍。

生产者和消费者对有机食品的发展规模和发展速度起决定作用。一方面,生产者要考虑生产的投入和产出,当投入产出比达不到其预期目标时,生产者就有可能重新回到依赖化肥、农药维持产量和收益的常规农业生产;另一方面,消费市场是有机农业发展的真正内部驱动力,那些对有机食品报有极高消费欲的消费者刺激和带动了有机食品市场发展。

不同的国家和地区,有机食品的消费群体是不同的,但越来越多的消费者不仅能够理解有益于自然的生产方式,还愿意为以这种方式生产出来的产品支付较高的费用。

1. 有机农业的生产观

有机农业生产的主要特征之一是注重经济效益,在生态良性循环前提下,给农民带来经济实惠,同时使国家和地方受益。

有机农业的生产观认为:生产是人类为了提高物质生活和精神生活水平,在保护生态环境和自然资源的前提下,保持人类社会的健康发展,通过合理利用自然、改造自然、创造物质财富的过程。有机生产不仅规定了生产的实质内容,还强调指出污染人类生态环境和破坏生态资源的生产活动不是有机农业。保护环境、珍惜生产资料(如土地)是生产过程的有机组成成分。如果生产者、科学家和消费者能够达成共识,一起去谨慎地、逐步地向有机农业转变,那么,农业生产活动不仅无损于环境,还会有益于环境。

2. 有机农业的价值观

有机农业价值观认为:在不同生产组织模式下,所有能够被人们直接或间接利用的参与市场交换的资源和产品,这些商品可以是劳动产品,也可以是自然资源、自然产物,可以是有形的,也可以是物的使用权或所有权。有机产品的价值应包括资源个体价值和生态价值。资源和产品的价值通过价格体现出来,因此有机产品价格远远高于常规产品的价格。从有机的生产过程来看,有机产品的价值不只是产品价格的本身,还包含了对环境和生态的保护价值以及对人类可持续发展作用,有机农业的价值应该是一个综合的价格评价体系,因此将来在一定时间内,将有机农业作为生态环境保护和生态文明的组成部分并同时享受生态补偿,弥补有机产品价格的不足是非常必要的。

3. 有机农业的消费观

通常的消费是指生产消费和个人消费。生产消费是指生产过程中,工具、原料和燃料等生产资料和劳动力的消耗。个人消费是指人们为了满足个人生活需要,而消耗的各种物质资料和精神产品,它注重于有形物质(如粮食、原料、劳动力)和精神产品(如文化、教育)的消费。

有机农业的广义消费观:人们除了满足个人生活所需的各种物质外,还应注意有益于人类健康生存(如食物营养、美味和食品安全)和发展回归自然的生态消费。它包括满足物质资料生产和自然资源消费、自然景观的消费、维持生存和促进新陈代谢的消费。因此,有机农业的发展,不仅要为人类提供优质的农产品和畜产品,而且还要为农业的可持续发展和人类文明提供优美的环境,满足人们生理、心理和精神的全面需求。有机农业的发展和市场消费是建立在市场经济和市场供求关系基础之上,目前有机产品的生产规模虽然排在了世界前列,达到 400

多万 hm^2,但是产品的销售并没有呈现同步增长,在市场上专门销售的有机产品专卖店和融合常规产品的销售渠道并没有建立起来,有机产品的市场销售额与产值差异较大,所以在将来需要建立生产与销售的同步发展机制,贯穿上下游产业链。

4. 有机农业的环保观

真正的有机生产活动不仅无损于环境,还会有益于环境。

(1)从源头上控制污染 有机农业生产禁止使用化肥和农药,杜绝了化肥和农药对土壤、水源、地下水、生态环境和产品(食品)的污染,有机农业实践本身就是一种环境保护措施。

(2)促进有害污染物的降解 有机农业虽然重视本底环境的清新良好,但在有轻度污染的城郊结合处开发有机产品(食品),经过 2~3 年转换期的改造,使环境条件达到有机产品(食品)的生产要求,相比仅仅是利用和保护现有环境条件的生产而言,其对环境保护的贡献有更为深远的意义。

(3)合理利用畜禽粪便,保护农村生态环境 有机农业生产强调以有机肥作为土壤培肥的主要手段,充分、合理地利用有机肥,可解决农村环境和畜禽粪便的污染问题。

(4)农业废弃物综合利用 有机农业提倡利用秸秆还田来保持和增加土壤有机质含量,将禁止焚烧的指令性行为逐步转变成为变废为宝的自觉行为。在种养结合的农场,秸秆经过过腹还田,既发展了养殖业,又综合利用了农田废弃物,充分体现了经济与环保的有机结合。

(5)持续性保护生态环境,山水林田湖草沙冰一体化发展 有机农业要求建立良好的生态环境和保持生态平衡,这有利于水土保持、蓄水保肥。

(6)保护生物多样性和遗传多样性 有机农业强调通过多样化的种植、天敌栖息地的保护和隔离带的设置等措施,增加和保护有机生产体系的生物多样性;通过多品种的合理种植,保护有机生产体系的遗传多样性。无论是生物多样性还是遗传多样性,其生物物种的来源必须是传统品种和自然杂交的改良品种,禁止使用转基因的品种和转基因生物。

综上所述,有机农业是保护和改善农田生态环境的有效途径;是一种现代的、符合自然要求的、采用新的科学知识(即生物学、生态学、经济学和环境学)的农业生产方式。这种生产方式的主旨和特征是从整体论的观点出发来考虑问题和实施行动,以维护环境、节省能源的方式来生产出健康的食品。

2.2 实践基础

2.2.1 传统农业技术与实践

传统农业主要是相对于"原始农业""近代农业"和"现代农业"的概念而划分的。

传统农业是指沿用长期以来积累的农业生产经验为主要技术支持的农业生产模式。生产过程中以精耕细作、农牧结合、小面积经营为特征,不使用任何合成的农用化学品,利用有机肥、绿肥培肥土壤,以人、畜力进行耕作,采用农业和人工措施或使用一些土农药进行病虫草害防治。传统农业是外界物质投入低,有高度持续性的农业类型。

随着研究的深入和实践的发展,人们越来越觉得许多曾被认为原始或不正确的农业技术,恰恰是经得起考验的、适应性强的、生态上具有合理性的农业措施。传统农业不是落后农业,在没有化肥和农药的条件下,从事传统农业的农民积极寻找有效的办法,而传统农业的科学家则建立起了食物生产系统与环境相协调的农作体系,其主要原理包括以下几个方面。

(1)时空多样性和连续性 为了保护土壤,保持稳定的食物生产和长时间的植被覆盖,传统农业更多采用多熟制,它可以保证稳定和多样化的食物供应以及食品所提供的多样化的丰富营养。多作增加了田间作物生存的时间,为天敌等有益生物提供了适宜的生存环境。

(2)空间和资源的最佳利用 多作使得不同生长习性的作物共同组成一个生态系统,既有利于充分利用土壤中的养分、水分,又可充分利用光能,从时间和空间上都能高效地利用自然资源。

(3)养分循环 有机生产者经常通过保持养分、能量、水分和废弃物等物质在系统内部的闭合循环来维持土壤肥力。通过从农田外收集有机物质(如粪便和森林落叶)来培肥土壤,或者采取休闲、轮作以及粮豆间作等途径来维持土壤肥力。

(4)作物保护 不同作物和不同品种的间作、套种、混种不仅有利于控制病虫害的发生,还有利于控制杂草的生长。栽培技术如增加覆盖、调整播期和成熟期、利用抗性品种、应用植物杀虫剂和驱虫剂,使多作系统的病虫害危害减少到最小。

根据这些原理,人们研究出了许多传统农业技术,并在实践中加以应用(表2-2),它为有机农业的发展奠定了基础。

表 2-2 传统农业技术的应用实例

环境压力	目标	技术措施
空间有限	环境资源和土地资源的最大利用	间作、农林业系统、多层次种植、家庭花园、垂直作物带、农场区划种植、轮作
陡坡	控制土壤侵蚀 保持土壤水分	梯田、等高种植、有生命或无生命的拦截设施、地面覆盖、平整土地、连续种植和休闲覆盖
土壤肥力下降	保持土壤肥力和有机物质循环	休闲、间作或轮作豆科作物、收集枯枝落叶、增施沤肥、绿肥、休闲田放牧、人粪和家庭废物还田、积肥、冲积沉积物的利用、水生杂草和泥炭的利用、带状种植豆科植物等
洪水泛滥、水分过多	发展综合农业	发展基塘农业、开沟排水
水过多	开渠或直接利用有效水	通过开渠和拦坝控制洪水、开挖凹田降低地下水位、浅水灌溉、抽水灌溉
降水无保证	有效水分的最佳利用	利用耐旱作物和耐旱品种、地面覆盖、利用雨季结束时混播短季作物
高温或辐射量大	改善小气候	减少或增加遮荫、调整株距、间苗、种耐荫作物、增加密度、地面覆盖、建树篱栅栏、调整行向、除草、浅耕、最少耕作、间作、农林系统、带状种植
病、虫、草、鼠害	保护作物,将有害生物量减到最低	多种种植、增加天敌、人工捕捉、释放天敌、间作、轮作、种植抗性品种、围栅栏、种绿篱、采集和利用杀虫抑菌植物和驱避植物

2.2.2 现代农业技术与实践

现代农业技术是有机农业发展最坚强的技术支撑,凡是有利于保护环境、有利于食品安全和可持续发展的技术,如栽培技术、生物防治技术、土壤培肥技术、加工技术等都可成为有机农业的技术组合的一部分;化学合成产品技术、转基因技术被拒之于有机农业的大门之外。

　　由此可见,有机农业是以现代科技为背景,在吸收传统农业经验的基础上,以生物学、生态学原理为指导进行科学试验,在试验中探索解决问题的办法,在研究中不断发展的新兴农业生产体系。有机农业生产技术是随着生物学、生态学、土壤学的发展而发展,是在对自然规律本质认识的基础上,对人与自然关系重新认识的结果,是传统经验与现代科技有效结合的综合技术体系(图 2-2)。

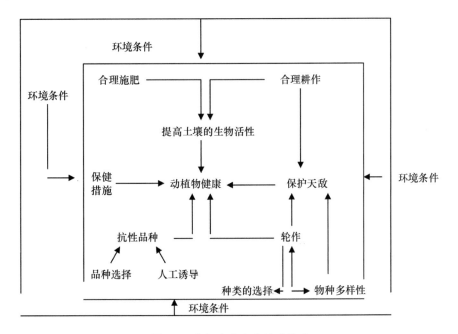

图 2-2　有机农业生产技术集成

思考题

1.为什么说有机农业是生态和经济的统一体?

2.有机农业与传统农业的根本区别是什么?

第3章 有机产品标准与法规

3.1 有机产品标准产生与发展概况

3.1.1 标准产生的背景

早在20世纪20年代,科学家们就意识到重视和保护农业环境的必要性,当时一些环保人士提出了有机农业的生产方式,并在一定范围内得到人们的响应,有机食品作为有机农业生产的产品,也随之出现了。

在20世纪初期,生产者和消费者的联系比较直接,有机产品的品种和数量十分有限,其销售只局限于当地市场。很多情况下农民与其产品的消费者互相认识,消费者可以走进农场,直接与农民交流,向他们询问生产过程,直接向农民购买自己需要的有机产品。生产者只要成为有机农业协会的会员,并声明反对常规农业生产方式,就能被接受为有机生产者,并没有严格的标准和检查认可体系。

随着有机农业的发展,有机生产者开始形成网络,有机生产技术逐步发展,改善产品品质的试验和研究不断深入。同时,越来越多的产品加工与开发部门加入有机农业行列,这大幅度提高了有机商品的市场竞争力。通过环境友好方式生产的安全产品,逐渐受到消费者的青睐,消费有机食品正在进入主流消费市场,不再被当成简单地回归传统。一些国家的政府甚至开始对进行有机农业转换的生产者提供补贴。尽管当前社会对于有机产品的总体态度是支持的,但"有机"的定义对于消费者而言仍模糊不清,有机耕作的方法因地区而异,术语和标准不统一,也出现了非有机产品冒充有机产品的欺骗行为。制定统一的标准,对该行业进行规范成为迫切的需要。

随着20世纪80年代有机农业的快速增长,有机产品市场也随之逐渐扩大,这样就不可避免地出现了跨地区直至跨国贸易,继续沿用过去小范围内供需双方见面协商的模式已远远不能满足有机产品贸易的需要。那么,如何让异地的购买者相信某产品是来自有机生产体系,如何使消费者知道从市场上选择的产品是有机产品呢?

问题的根本就在于如何在生产者与消费者之间建立一座信任的桥梁,认证机构因而逐渐发展起来。认证机构是一种中介机构,是独立的、公正的、权威的第三方。认证机构的主要职能就是替消费者对有机生产进行监督,同时替有机生产者证明其产品是有机产品。认证与有机农业本身一样,是一个过程,它起始于标准。有机标准是有机产品认证机构实施认证行为的主要依据,也是认证机构决定能否给予认证的重要参考。

3.1.2 有机产品标准的作用

标准是人们针对科学、技术和经济领域中重复出现的事物和概念,结合生产实践,经过论证、优化,由有关各方充分协调后为各方共同遵守的技术性文件。它是随着科学技术的发展和生产经验的总结而产生和发展的。可以说,每项标准都集中了过去、现在的知名专家和学者的科研成果,是某个领域科学技术的高度浓缩与概括,是某项生产技术长期经验高度结晶。它来自生产,反过来又为生产服务。标准又是一种技术规范,它是以人们已掌握的科学技术理论、原理和方法去指导、约束、限制人们在社会生产中的技术性活动;它指导人们如何使自己生产的产品符合要求;它还告诉人们在某项生产活动中的工作程序、工作要求、工作方法,指出哪些是正确的,哪些是允许的,哪些是禁止的。制定标准的目的是帮助和促进人们掌握科学的生产技术,避免由于不科学的技术行为造成的不良后果。

从标准的制定和管理上看,标准可分为国家标准、行业标准、地方标准和企业标准四类。

从法律效力上看,标准可分为强制性标准和推荐性标准,《中华人民共和国产品质量法》(2018 版)第九条规定国家推行的产品质量认证制度就是法律性行为。在依照产品质量认证制度的规定进行产品质量认证的过程中,作为认证用的产品标准,不管是强制性标准还是推荐性标准,对实行认证的生产企业都有强制执行性质,企业生产的产品必须符合该产品标准。如果消费者购买了有认证标志却不符合产品标准的产品,可以依法起诉,要求该生产企业"赔偿损失"。

1. 有机产品标准是有机产品质量认证和质量控制体系的基础

质量认证通常又称合格认证。国际标准化组织(ISO)给"合格认证"的定义是:"由可以充分信任的第三方证实某一经鉴定的产品或服务符合特定标准或其他技术规范的活动。"质量控制体系认证的国际规范称谓是质量体系注册,指由可以充分信任的第三方证实某一经鉴定的产品生产企业,其生产技术和管理水平符合特定的标准的活动。可见,无论是质量认证,还是质量控制体系认证,都必须有可依据的标准。

2. 有机产品标准是有机生产的技术和行为规范

有机产品标准不仅对有机产品的生产过程、技术要求、许可使用的生产资料有具体的要求,而且对有机产品生产者、管理者的行为和责任也进行了规定。

有机产品标准不仅要求产品质量达到有机产品的产品标准,而且为产品达标提供了先进的生产方式和生产技术指导。例如,根据土壤肥力状况,为作物生产提供有机肥、微生物肥、无机(矿质)肥和其他肥料配合施用的比例、数量和方法;为保证有机产品的质量及安全的卫生品质,提供一套经济有效的杀灭致病菌、降解硝酸盐的有机肥处理方法和一套从整个生态系统出发的病虫草害综合防治技术。在产品加工上,为保证产品不受二次污染,提出了一套非化学控制害虫的方法和产品添加剂使用准则;为保证产品加工生产不污染环境,提出了一套废弃物排放处理措施。有机产品标准促使有机产品生产者应用先进技术,提高生产水平。

3. 有机产品标准是维护生产者和消费者利益、保证产品质量和规范经营行为的法律依据

作为质量认证的依据,有机产品标准对接受认证的生产企业来说,属于强制执行标准。企业生产的有机产品和采用的生产技术都必须符合有机产品标准的要求。消费者据此标准判定和购买有机产品,当消费者的权益受到伤害时,有机产品标准是裁决的技术和法律依据。工商行政管理部门也将依据有机产品标准打击假冒有机产品的行为,保护有机产品生产者和消费者的利益。

4.有机产品标准是与国际同步发展的标志性文件

我国的有机产品标准是参照国际标准和国外先进标准制定的。有机农业在全球范围内是一个不断发展,不断进步,不断完善的一个新兴产业,因此对于标准来讲,也是不断在更新。对于我们国家来说,我们处于有机农业发展的初步阶段,我们的一些标准在体系、技术和管理与国际上还有一定的差距,因此我们国家标准的制定和修改过程中,也伴随着国际上有机产品标准的变化而变化,因此对于我们国家标准尺度的把握在于既符合中国的国情,又与国际上的变化相一致,因此,我们国家在 2005 年制定第一部有机产业标准以后,在 2011 年重新修订了标准,在 2019 年又进行了第三次修订。

3.1.3 标准发展概况

就本质而言,有机产品标准是把有机农业思想、方法和原理格式化。因此,学习和掌握有机产品标准,首先要理解有机生产的基本概念、原则、目标和方法。

1.民间有机产品标准

与其他行业有所区别的是,有机农业和有机产品的标准化起源于民间团体。英国土壤学会早在 1967 年就制定了协会的标准,这可能是世界上第一个有机标准。

20 世纪 70 年代,美国各地的农民团体开始把有机农业的原则具体化到标准中。一些团体建立了他们自己的认证体系,以向购买者证明贴有有机标签的产品是按照他们的标准生产的。1973 年成立的美国加州有机农民协会(CCOF)也为有机产品制定了标准。有机物质评估研究所(Organic Materials Review Institute,OMRI)开始就是由 CCOF 资助成立的,目前已成为美国政府制定有机农业中允许使用的投入物质名单时的主要技术支持单位。日本也是如此,日本自然农法国际研究中心(MOA)在 1987 年 5 月公布了《自然农法技术推广纲要》作为有机农法的标准。

1972 年全球性民间团体国际有机农业运动联盟(IFOAM)的成立给有机农业和有机产品标准化带来了新的契机。

1978 年,IFOAM 制定并首次发布了关于有机生产和加工的基本标准,该标准对协调世界范围内有机农业的基本原则发挥了巨大作用。该标准每 2 年修订一次,成为许多民间机构和政府在制定他们自己的规则或法规时遵循的主要依据,它对于欧盟有机标准的制定也发挥了重要影响。

1992 年 IFOAM 设立了 IFOAM 认可计划,制定了认可准则,对认证机构的标准和认证程序进行审核。世界范围内有许多知名的有机认证机构申请 IFOAM 认可。

2.政府有机产品标准

20 世纪 90 年代,随着有机产品市场的兴起和国际贸易的增加,各国政府开始关注有机产品生产和销售的规范化和标准化,美国、欧盟、法国、西班牙、丹麦以及日本的一些地方政府率先制定了有机法规。

1)欧盟有机农业条例

1991 年欧盟制定了 EU Regulation EEC 2092/91《关于有机农产品生产和标识的条例》,

并随后在 1992 年发布了 Regulation EEC 2078/92。前者规定了有机产品生产和加工的要求，后者则更多着眼于促进环境保护和可持续性生产方法。通过 EEC 2078/92，使有机农业得到财政支持成为可能，因为有机农业生产方法体现了对于环境的关注。

EEC 2092/91 对有机农产品的生产、标识、检查体系、从第三国进口以及在欧共体内部自由流通等进行了规范。该条例自发布后，经过了 20 余次的修订或补充。

在 1999 年 7 月，欧盟对该条例做了重大的补充：①增加了有机畜禽生产、有机蜜蜂和蜂产品生产的标准（EEC 1804/2019）；②增加了对基因工程生物及其产品的控制。澳大利亚、阿根廷、以色列等国家敏锐地意识到欧洲有机产品市场的潜力，随即各自制定了相应的国家有机产品标准，并获得欧盟的等同性认可，从而成功进入欧盟有机产品第三国名单。

EEC 2092/91 是第一部区域性的法规，而且欧盟是有机产品最大消费市场之一。欧盟内部和以外的企业如果希望进入欧洲市场，就必须符合该法规的要求。因此它对于以后制定的有机法规和标准的内容产生了重大影响。EEC 2092/91 虽然不是世界上第一部有机产品法规，但它或许是目前为止对有机农业运动影响最大的法规。

在后来标准修订中，2008 年 EEC 2092/91 条例被（EC）No. 834/2007 条例取代；到 2018 年 8 月 30 日，欧洲议会和理事会通过关于有机产品的有机生产和标注的欧盟 2018/848 号条例并废除理事会条例（EC）No. 834/2007。

2）美国有机农业法规

美国在联邦有机法规制定前，已有 28 个州施行了"有机食品法"，其中以 1974 年即开始施行的俄勒冈州为最早。加利福尼亚州在 1979 年制定有机食品法，后来在 1982 年、1990 年又分别修订。美国联邦政府在 1990 年制定了国家"有机食品生产法"，而且根据该法要求于 1991 年设立了国家有机标准局，负责制定有机产品标准。但是由于美国农业部和民间有机运动存在重大的分歧，公众在 1997 年 12 月 16 日才见到了该标准的草案，经过反复讨论修改，于 2000 年 12 月 21 日在《联邦注册》（Federal Register）上发布了最终标准"NOP"，该标准于 2002 年 8 月 20 日正式实施。

3）联合国食品法典委员会标准

除欧洲联盟委员会以外，其他国际机构也对欧洲的有机农业法规发生了重要影响。这其中包括国际有机农业运动联盟（IFOAM）、联合国食品法典委员会（Codex Alimentarius Commission）和国际标准化组织（ISO）。

Codex 是联合国粮农组织和世界卫生组织联合成立的一个机构，专门负责 FAO/WHO 食品标准计划，其目的是保护消费者健康和食品的公平贸易。通过 FAO 和 WHO，食品法典委员会制定了大量的指南和行为准则。关于有机产品生产和销售的指南制定于 1999 年（Codex Alimentarius Commission，2003）。ISO 虽然没有制定有机农业标准，但是，ISO Guide 65 为有机认证机构提供了认可的框架。尽管不是直接负责为欧盟制定有机农业政策，上述机构还是为许多欧洲政策提供了框架基础。

4）日本有机农产品法规（JAS）

日本政府也很早开始关注农业的可持续发展问题，1984 年颁布的"地方增进法"，虽然是为了增加耕地生产力和稳定农业经营，但其中主张利用堆肥来改良土壤，这与有机农业有关。

农林水产省于 1993 年 4 月制定并施行"有机农产品等青果物特别表示准则",力图规范有机农产品的标识,但是米、麦的标识还未包括在内,此准则的重点只放在消费者的健康安全上,与生产者关系不大。由于该指导方针不具备强制力,所以致使标识使用、管理仍处于较为混乱的状况。鉴于消费者和生产者对独立认证的有机产品的期望日益迫切,日本农林水产省基于修正的 JAS(关于农林物资规格化和质量标志规范化的法律),于 2001 年制定了有机农产品及有机农产品加工食品的 JAS 规格(标准)。

JAS 法特别规定了对有机食品小包装业者和进口有机农产品的认证标准。在有机农产品的流通中,小包装(例如将箱装转为小包装)会导致包装形态的变化。这时,贴在原来包装、发货单等处的有机 JAS 标志会因小包装化而丢失。为了使小包装后的农产品能作为有机农产品流通,就有必要重新贴上有机 JAS 标志。进口农产品也必须接受日本的标志管理,未贴日本有机 JAS 标志的产品,必须删除"有机"标识,否则不允许在日本销售。

5)中国有机产品标准

有机产品在我国是从 20 世纪 90 年代初才开始起步的,当时欧盟进口商在我国寻求有机食品的供应,启动了我国有机产品的开发,因此我国的有机产品标准制定起步也较晚。国家环境保护总局于 1994 年成立了有机食品发展中心(OFDC),从事有机产品标准和管理条例的起草和研究制定工作。通过多年的探索,国家环境保护总局在 2001 年发布了环境保护行业标准《有机食品技术规范》(HJ/T 80—2001)。该标准是以 FAO/WHO《有机食品生产、加工、标识和销售指南》(CAC/GL 32—1999)、IFOAM《有机生产与加工基本标准》为主要依据,并参考有关国家和地区的有机生产标准和条例,结合我国农业生产和食品加工行业的有关标准制定而成的。

2003 年前,我国由于没有制定和实施有机产品认证的国家标准,因而,各个认证机构执行的认证标准也就各不相同,OFDC 执行的是根据 IFOAM 基本标准制定的有机产品认证标准,有机茶认证中心执行的是自行制定的有机茶标准,中绿华夏最初执行的则是 AA 级绿色食品标准。外国有机认证机构在中国开展认证工作时则各自执行各国或各地区的标准,欧盟批准的认证机构执行的是欧盟 EEC 2092/91 法规(标准),美国批准的认证机构执行的是美国国家有机标准(NOP),而日本批准的认证机构执行的则是日本有机农业标准(JAS)。虽说这些标准在原则要求方面(禁止使用合成的农用化学品,禁止转基因技术及生物,转换期、缓冲带、轮作、销售量控制等)是基本一致的。然而,在认证过程的执行标准上实际存在着差异,导致认证活动中出现了明显的混乱现象。

国家认证认可监督管理委员会(CNCA)在接管有机产品认证的监管权后,其下属的中国认证机构国家认可委员会(CNAB)为开展对有机认证机构的认可工作,即开始了《有机产品生产与加工认证规范》的制定工作,多次召集各方面专家对今后将要执行的规范进行讨论。由于 OFDC 在申请 IFOAM 国际认可过程中,根据国际专家的咨询意见并针对中国的实际情况,对 OFDC 有机认证标准进行了多次修改,其实施的新版标准既符合国内实际情况,又做到了与国际基本接轨,因此成为制定该规范的主要依据。2003 年 8 月由中国认证机构国家认可委员会作为国家标准蓝本的《有机产品生产与加工认证规范》正式实施。

2003 年底,国家认监委(CNCA)组织环保、农业、质检、食品等行业的专家开始了"有机产品国家标准"的起草工作。在起草过程中,起草小组的成员始终坚持从有利于发展国内和国际有机产品市场出发,既考虑到我国的实际情况,又在一定程度上借鉴了 IFOAM 基本标准、联合国食品法典 CAC 标准、欧盟的 EU 2092/91 法规(标准)以及美国的 NOP 标准等,经过一年多反复讨论与修改,最终形成了标准草案,并通过了专家组的评审。在经过认真修改后,该标准由国家质量监督检验检疫总局和国家标准化管理委员会于 2005 年 1 月 19 日共同正式发布,并于 2005 年 4 月 1 日起正式实施。国家标准的发布和实施是我国有机产品事业的一个里程碑,标志着我国有机产品事业又迈上了一个新的台阶。

2011 年,根据有机农业发展的实际和国际有机食品标准的变化,国家对有机产品标准进行了第一次修订,完善了标准的内容,科学规划了指标;于 2019 年进行了第二次修订,形成一个整体标准即《有机产品　生产、加工、标识与管理体系要求》。

当前,世界有机产业步入了法制化轨道,有机产业得以迅速发展,各国制定有机产品法规和标准的步伐进一步加快。有机产品的国际贸易增长迅速,有机产品被越来越多消费者认可。

3. 标准发展

有机产品标准的发展经历了从观念到立法(制定法规和标准)的漫长过程,这段发展历程中的重要节点见表 3-1。

表 3-1　有机产品标准发展历史的重要节点

重要事件	发展阶段
1924 年 Rudolf Steiner 进行关于农业的系列演讲	有机农业观念和原则的形成
1924 年 Demeter 生物动力农业协会成立	
1940 年 Albert Howard 爵士出版《农业圣典》(*An Agricultural Testament*)	
1942 年 J. I. Rodale 出版了第一期《有机耕作和园艺》杂志(*Organic Farming and Gardening*)	
1943 年 Eve Balfour 女士出版了《有生命的土壤》(*The Living Soil*)	
1946 年英国土壤学会在英国成立	
1967 年英国土壤学会制定了第一个有机标准	有机标准的制定私人认证机构的发展 有机法规萌芽 市场启动
1972 年 IFOAM 成立	
1974 年美国俄勒冈州发布有机法规	
1979 年美国加利福尼亚州通过了第一项有机食品法	
1980 年 IFOAM《有机生产与加工基本标准》出版	
1985 年法国通过有机法规	
1990 年美国通过有机产品生产法	认证的专业化 国际有机产品贸易发展
1991 年欧盟法规 EEC 2092/91 通过	
1992 年 IFOAM 建立认证认可体系	
1999 年联合国《有机食品生产、加工、标识和销售指南》通过	
1999 年欧盟有机畜禽法规发布	
2000 年日本有机法规发布	
2000 年美国国家有机标准发布	

续表 3-1

重要事件	发展阶段
2002 年美国国家有机计划(NOP)生效(开始实施)	中国统一认证市场,建立本国自己的标准,外来标准的认证处于市场状态,没有纳入监管范围
2005 年中国有机产品标准	
2008 年欧盟废除的有机生产理事会条例(EEC)2092/91,并于 2007 年 6 月 28 号发布有机生产和标注理事会条例(EC)No.834/2007	
2010 年推出 IFOAM 新的有机保障体系	
2011 年中国有机产品国家标准修改并实施 GB/T 19630—2011	
2018 年欧洲议会和理事会,2018 年 8 月 30 日,通过关于有机产品的有机生产和标注的欧盟 2018/848 号条例并废除理事会条例(EC)No.834/2007	
2019 年中国《有机产品　生产、加工、标识与管理体系要求》(GB/T 19630—2019)标准修订	

3.2　国外有机产品标准和法规

具有代表性的国际标准有两项:一是 IFOAM《有机生产与加工基本标准》(IBS),二是联合国食品法典委员会标准《有机食品生产、加工、标识和销售指南》。

3.2.1　IFOAM《有机生产与加工基本标准》(IBS)

有机农业(也被称为"生物农业""生态农业",在其他语言中亦有其他表达形式)是一个完整而系统的方法,它基于一系列可产生一个可持续的生态系统、安全的食品、良好的营养、动物福利和社会公正的过程。因此,有机生产不是一种仅包含或排除某种投入物的生产系统。

有机产品的生产者和加工者希望能获得认证机构的认证,认证所遵循的标准符合或超过 IFOAM 基本标准要求。这就要求有一个定期检查和认证的体系,该体系应能确保有机认证产品的可信度,有助于帮助消费者建立对有机产品的信任。

IFOAM 基本标准反映了有机生产和加工方法的现状。这些标准不应该看作为一个最终的表述,而是一项持续的工作,在全球范围内促进有机生产措施的开发和采纳。IBS 标准最早发布于 1978 年,IFOAM 每 2 年对该标准评审一次(2002 年后改为每 3 年评审一次),并重新发布。

IFOAM 标准不是直接的认证标准,是协调世界范围内有机农业的基本标准,是许多民间机构和政府机构制定标准的重要依据,包括了植物生产、动物生产以及价格等内容,涉及有机产品生产的全部环节。

IFOAM 国际有机认可服务公司(简称 IOAS),成立于 1997 年,总部设在美国,在欧洲和澳大利亚设有办事处。IOAS 在 IFOAM 授权下采用 IFOAM 基本标准和 IFOAM 认可准则,对认证机构和标准制定机构进行认可服务。认可的依据是 IFOAM 制定的有机生产和加工认证机构认可要求。目前,全世界已有 32 家以上的认可机构参与 IFOAM 的认可工作中。

IFOAM 只开展与认证机构认可相关的工作,其成员是来自世界各地的有机农业领域内的专家,精通有机农业和有机食品。为了能在世界范围内真正保障有机产品的质量,IFOAM对从事有机产品认证的机构进行资格评定,保证世界各地有机认证的一致性,从而确保有机产品市场的公正性、统一性和有序性,使生产者、加工者和贸易者都能够有章可循,同时也使消费者对获得认可的认证机构认证的产品产生信任感。

获得 IFOAM 认可的认证机构,必须遵循 IFOAM 基本标准。

IFOAM 基本标准也可作为非 IFOAM 认可的认证机构和标准制定机构制定标准时的参照。

3.2.2 《有机食品生产、加工、标识和销售指南》

1. 原则

(1)本导则的制定是为了提供满足有机食品生产、标识要求的统一方法。

(2)本导则的目标是为了保护消费者在市场上免受欺诈,以及不符合实际的产品说明的误导:①保护有机产品的生产者,防止用其他农产品来替代有机产品;②确保有机生产的所有阶段包括生产、加工、贮藏、运输和市场销售都受到检查,并符合导则要求;③协调有机生产、认证、鉴定和标识的规定;④为有机食品控制系统提供国际导则,目的是为了促进对以进口为目的的国家系统等同性的认可;⑤为了保持和加强各国的有机农业系统以有利于对国家及全球的保护。

(3)该导则对农场的有机生产、加工、贮藏、运输、标志和市场各阶段都制定了相应的原则,对允许用于保持和调节土壤肥力、控制植物病虫害以及食品添加剂和加工助剂等方面的物质都提供了相应的提示。对于标识,"用有机生产的方法"等文字的使用只局限于在认证机构或组织的监督下,由操作者生产的产品。

(4)有机农业是对环境有益的众多方法论中的一种。有机生产系统是基于具体而详细的生产标准,目的是为了达到最佳的农业生态系统,也就是使社会、生态和经济都得到持续发展。如"生物的"或"生态的"等文字的使用也是为了更清楚地描述有机生产系统。有机食品生产要求有别于其他农产品生产,即生产程序是可以对内在系统的一种认同,并进行标识,才能成为有机产品。

(5)"有机"这个标识性词语可以解释为是按照有机生产标准生产并经过授权的认证组织或机构认证的农产品。有机农业基于对外部物质的最低投入,避免合成肥料和农药的使用。

由于目前普遍存在环境污染,有机农业操作不能保证农产品完全不受化学品残留的污染。然而,应尽量采用一些方法,使大气、土壤、水污染降低到最低限度。有机食品的操作者、加工者和零售商也要遵守此标准以保证有机农产品的完整性。有机农业的基本目标是保障相互依赖的土壤、植物、动物和人类的健康和生产力处于最佳状态。

(6)有机农业是一个整体的生产管理系统,可以促进农业生态系统的健康,包括生物多样性、生物循环和土壤生物活性。它强调优先使用管理措施,而非农场以外的物质投入,根据区域条件来要求与当地相匹配的生产系统。如果可能的话,可以通过文化的、生物和机械的方法在系统内实现其特定功能,而反对使用合成物质。一个有机生产系统应当设计为:①加强整个系统内的生物多样性;②提高土壤生物活性;③保持长期的土壤肥力;④使动植物废弃物得到循环以便养分归还到土壤,达到最低限度的使用非更新资源;⑤在当地的农业系统中使用可更新资源,促进土壤、水、大气的健康使用,并将农业操作中可能导致的所有形式的污染降低到最低限度;⑥在进行农产品处理时强调精细的加工方法,使所有阶段都保持有机生产的完整性和农产品的重要品质;⑦有机生产系统的建立需要一段时间的转换,转换期的适宜程度应根据具体的因素而定,如土地历史、作物类型和牲畜种类等。

(7)消费者和生产者之间的紧密联系是经过长期交往建立起来的。巨大的市场需求,逐步增加的产品经济利益,渐渐拉近了生产者和消费者之间的距离,促进了对外部控制和认证程序的引入。

(8)认证的重要组成是对有机管理系统的检查,对操作者的认证程序是基于对农业企业每年生产过程的描述,操作者要与检查机构进行配合,准备相关材料。同样,在加工水平上,也建立起相应的标准,这样可以对加工操作和植物条件进行检查和认证。检查工作由认证机构或组织担任,但检查和认证功能必须清楚地分开。为了保持他们的统一性,认证操作者和生产程序的认证机构或组织在经济利益上必须与被认证的操作者相互独立。

(9)除了一小部分农产品从农场直接与消费者进行交易外,大部分产品还是通过建立贸易渠道销售给消费者。为了将市场上的欺诈行为减少到最低限度,必须采取特殊措施以保证贸易和加工企业的产品可以进行有效的追踪。因此整个过程的标准,都需要参与部门采取相应的行动和措施。

(10)进口的要求和对食品的进口和出口的检查和认证一样,是基于等同性和透明性的原则的。在接受进口的有机产品时,国家通常需要评价检查和认证的程序和出口国家使用的标准。

(11)考虑到有机生产系统要持续参与,另外在本导则基础上有机原则和标准要持续发展,食品法典标志委员会(CCE)需要审查本导则的基础,CCFL 将邀请各成员国和国际组织提出建议以在每次 CCFL 会议前对本导则进行修订。

2. 特点

(1)食品法典委员会执行的是联合国粮农组织和世界卫生组织联合制定的食品标准,目的是为了保护消费者的健康和确保在食品贸易中的公平交易。食品法典(拉丁语,意思为食品法律或法规)是为统一国际行为而采用的食品标准的集成。同时在法典的操作和导则中也包含一些建议性的规定和其他一些推荐措施以实现食品法典的目标,食品法典的出版是为了促进并指导对有机食品定义和要求建立,并协调他们之间的关系,以促进国际贸易。

(2)有机农业发展的动力来源于消费者对有机食品的需求和积极的环境影响。无论对国内消费还是出口,有机农业的许多方面都是走向食品可持续生产系统的重要基础,包括在发展中国家也是如此。然而,对于消费者来说,可能会出现假冒的"有机"产品。该导则对有机产品进行定义和标识,是为了保护消费者和真正有机食品生产者的利益。

(3)本导则是国际方面官方协调有机产品要求做出的第一步。其作用主要表现在:该导则在帮助各个国家建立自己管理有机食品的生产、市场和标志的国家体制时,是很好的指导工具。考虑到技术进步和在实施时获得的经验,该导则应经常进行改进和更新。为了更好地保护消费者的利益并使其免受欺诈,也为了其他国家在实行这些标准时,对一些更严格的规定具有等同性,该导则不会对成员国制定更严格的实施措施造成贸易和技术的壁垒。

3.3　中国有机标准和法规

3.3.1　标准制定的原则

1. 以国际有机农业标准(IFOAM 和 CAC)为基础

IFOAM 是有机食品生产的民间机构,其目的在于促进全球有机农业的发展,从技术和可操作性角度,提出了有机食品生产的最低标准,作为各国和组织制定有机农业标准的基础标准。国际食品法典委员会(CAC)发布的《有机食品生产、加工、标识和销售指南》是规范全球有机农业生产、加工、标识和销售的综合标准。为促进中国有机农业的发展与国际接轨,促进有机产品和体系的国际认证,有机产品国家标准采用国际和国外先进标准为基础。

2. 参考其他国家的标准

为了促进和加快我国有机农业标准与其他国家的互认,在具体指标和物质投入表中,参考了欧盟委员会有机食品法规、美国有机食品生产法规(NOP)等标准,保证了标准的国际性和先进性。

3. 结合中国有机农业生产的实际

在参考国际有机产品标准的基础上,我国有机产品标准是建立在原国家环保总局发布的《有机(天然)食品标志管理章程》《有机(天然)食品生产和加工技术规范》和原国家环保总局有机食品发展中心发布的《OFDC 有机认证标准》以及中国认证机构国家认可委员会发布的《有机产品生产和加工认证规范》等基础上,符合我国国情。

3.3.2　标准的框架

《有机产品　生产、加工、标识与管理体系要求》(GB/T 19630—2019)是在 GB/T 19630—2011 版基础上将其 4 个部分即第 1 部分(生产)、第 2 部分(加工)、第 3 部分(标识与销售)和第 4 部分(管理体系)合并为一个整体标准,并重新修改了标准的名称(表 3-2)。

生产部分主要包括:基本要求、植物生产、野生植物采集、食用菌栽培、畜禽养殖、水产养殖、蜜蜂养殖和包装贮藏和运输的有机生产通用规范和要求。

加工部分主要包括:有机产品加工的基本要求、食品和饲料、纺织品的规范和要求。

标识与销售主要包括:标识,有机配料百分比的计算,中国有机产品认证标志,销售等规范和要求。

管理体系主要包括:基本要求、文件管理、资源管理、内部检查、可追溯体系与产品召回、投诉和持续改进等规范和要求。

表 3-2 GB/T 19630—2019 附录

附录 A(规范性附录)有机植物生产中允许使用的投入品;
附录 B(规范性附录)有机动物养殖中允许使用的物质;
附录 C(资料性附录)评估有机生产中使用其他投入品的指南;
附录 D(规范性附录)有机畜禽养殖中不同种类动物的畜禽舍和活动空间;
附录 E(规范性附录)有机食品加工中允许使用的食品添加剂、助剂和其他物质;
附录 F(规范性附录)有机饲料加工中允许使用的添加剂;
附录 G(资料性附录)评估有机加工添加剂和加工助剂的指南;
附录 H(规范性附录)有机纺织品中使用染料的重金属和其他污染物含量指标。

3.3.3 标准特点

(1)涵盖一个大农业体系 《有机产品 生产、加工、标识与管理体系要求》不仅包含种植业方面的要求,还包括了畜牧、水产品、蜜蜂等方面的要求;不仅包括生产过程的要求,还延伸到收获、加工和包装、标签等方面的要求。所以,《有机产品 生产、加工、标识与管理体系要求》是控制从农业(包括粮食、饲料和纤维)、畜牧、水产的田间生产到加工成最终消费产品的一个完整的、基础性的指导法规。

(2)将技术和管理融为一体 《有机产品 生产、加工、标识与管理体系要求》框架分为有机生产过程控制和管理体系控制两大部分,明确了管理体系对有机产品生产的统领作用,从而丰富了世界有机农业的内容。

(3)将建设健康、环保和安全有机结合 《有机产品 生产、加工、标识与管理体系要求》强调以健康的生态系统为基础,以良好的操作为规范;在保证有机生产基地本底(土壤、水等)环境条件良好的情况下,重视生产过程中对环境的保护;设定了评估由于不可避免的因素(土壤本身和外来物质的漂移)对最终产品安全指标造成风险的最低限值。

(4)符合国情,与国际接轨 《有机产品 生产、加工、标识与管理体系要求》充分考虑到中国几千年农业发展的传统经验和实践,遵循国家相关法律法规,保证标准的实用性;在国际标准有争议和敏感的具体环节(如人粪尿、集约化生产的畜禽粪便、烟草茶、食品添加剂等)保持与国际标准的一致性。

3.4 标准的主要内容

3.4.1 植物生产

1. 通则(表 3-3)

表 3-3 标准通则

标准序号	题目	内容
4	通则	
4.1	生产单元范围	边界应清晰,所有权和经营权应明确,并且已按照管理体系的要求建立并实施了有机生产管理体系

续表 3-3

标准序号	题目	内容
4.2	转换期	由常规生产向有机生产发展需要经过转换,经过转换期后播种或收获的植物产品或经过转换期后的动物产品才可作为有机产品销售。生产者在转换期间应完全符合有机生产要求
4.3	基因工程生物/转基因生物	不应在有机生产体系中引入或在有机产品上使用基因工程生物/转基因生物及其衍生物,包括植物、动物、微生物、种子、花粉、精子、卵子、其他繁殖材料及肥料、土壤改良物质、植物保护产品、植物生长调节剂、饲料、动物生长调节剂、兽药、渔药等农业投入品 同时存在有机和非有机生产的生产单元,其常规生产部分也不得引入或使用基因工程生物/转基因生物
4.4	辐照	不应在有机生产中使用辐照技术
4.5	投入品	4.5.1 生产者应选择并实施栽培和(或)养殖管理措施,以维持或改善土壤理化和生物性状,减少土壤侵蚀,保护植物和养殖动物的健康 4.5.2 在栽培和(或)养殖管理措施不足以维持土壤肥力和保证植物和养殖动物健康,需要使用有机生产体系外投入品时,可以使用附录 A 和附录 B 列出的投入品,但应按照规定的条件使用。在附录 A 和附录 B 涉及有机农业中用于土壤培肥和改良、植物保护、动物养殖的物质不能满足要求的情况下,可以参照附录 C 描述的评估准则对有机农业中使用除附录 A 和附录 B 以外的其他投入品进行评估 4.5.3 作为植物保护产品的复合制剂的有效成分是表 A.2 列出的物质,不应使用具有致癌、致畸、致突变和神经毒性的物质作为助剂 4.5.4 不应使用化学合成的植物保护产品 4.5.5 不应使用化学合成的肥料和城市污水污泥 4.5.6 获得认证的产品中不得检出有机生产中禁用物质

2. 植物生产(表 3-4)

表 3-4　标准(植物生产)

标准序号	题目	内容
5	植物生产	
5.1	转换期	根据作物的生命周期(一年和多年)分为 24 个月和 36 个月
	平行生产	规定了一年生和多年生作物不同要求,一年生作物不得存在平行生产
5.3	产地环境要求	水、土、气的检测报告和评价报告;是中国有机标准的特殊点
	缓冲带	目的要求为主,取消隔离带的宽度,除了飘移外还要考虑到渗透
5.5	种子和植物繁殖材料	对一年生作物要求严格,种苗必须是有机方式培育;多年生作物没有要求
5.6	栽培	规定了轮作、间作对生物多样性和土壤的要求,明确节水灌溉方式
5.7	土肥管理	规定了土壤肥力保持和提高的耕作措施;补充土壤肥力的肥料来源、处理方式和使用方式等要求
5.8	病虫草害防治	规定了补充防治的原则、技术和允许使用的物质的要求

续表 3-4

标准序号	题目	内容
5.9	其他植物生产	包括设施栽培和芽苗菜生产;设施栽培主要是规定了自然因素不足的补充措施;基质的循环利用和土壤可耕性的替换措施;芽苗菜生产的特殊性(没有转换期和种子是唯一的养分来源)
5.10	分选、清洗及其他收获后处理	明确了处理的方法是简单物理和机械加工,简单的生物措施,避免与加工概念和产品混淆 规定了设备、器具、水和病虫害控制的措施,对病虫害防治的投入品和使用方法控制应该更加严格
5.11	污染控制	规定了外源的灌溉水、肥料、大型设备和地膜等可能污染因素的管理要求
5.12	水土保持和生物多样性保护	预防水土流失、沙化、盐渍化;保护天敌栖息地和秸秆利用等要求

3.野生植物采集(表 3-5)

表 3-5　标准(野生植物采集)

标准序号	题目	内容
6.1	边界	野生植物采集区域应边界清晰,并处于稳定和可持续的生产状态
6.2	转换期	野生植物采集区应是在采集之前的 36 个月内没有受到任何禁用物质污染的地区
6.3	缓冲带	野生植物采集区应保持有效的缓冲带
6.4	采集量	采集活动不应对环境产生不利影响或对动植物物种造成威胁,采集量不应超过生态系统可持续生产的产量
6.5	持续保持	应制定和提交有机野生植物采集区可持续生产的管理方案
6.6	采后处理	野生植物采集后的处理要求

4.食用菌栽培(表 3-6)

表 3-6　标准(食用菌栽培)

标准序号	题目	内容
7.1	缓冲带	设置缓冲带或物理屏障的要求;《生活饮用水卫生标准》(GB 5749—2022)
7.2	菌种	规定了菌种的性质和来源以及处理方法的要求
7.3	基质	规定了基质的要求
7.4	土培	规定了与土壤接触食用菌栽培要求
7.5	接种位	接种和涂料的要求
7.6	病原菌	病菌和杂菌的要求
7.7	消毒	清洁消毒和病虫害控制要求
7.8	采后	采后处理要求

3.4.2　有机养殖

有机养殖与常规养殖的区别不仅在于动物养殖过程中,不受周围环境不良影响,按照有机养殖的方式(吃有机饲料)外,还要考虑为动物提供符合其生理需求、天然习性和福利的生活条件,即最大限度满足动物福利的要求。

有机养殖包括畜禽(鸡、鸭、鹅、猪、马、羊、牛等)陆地养殖动物,还包括鱼、虾、蟹等水里生存的动物(水产养殖)及半自由生活和取食的蜜蜂,因此,有机养殖分为畜禽养殖、水产养殖和蜜蜂养殖 3 大部分(表 3-7)。

畜禽养殖主要以人工可控的环境、饲料和动物管理为主,体现人文关心动物、满足动物福利的理念,在保证畜禽健康生长的同时,满足动物生理和行为的要求(密度、活动场所等);水产养殖的主要生活场所是水,因此对水的来源、水质有更高的要求,再加上水域的不可分割性和可观察性,对水生动物管理不同于畜禽动物养殖。

蜜蜂是个特殊的具有积极意义的养殖对象,在蜜蜂养殖中,除了获取一些蜂产品外,更主要的作用是为植物传粉,增加生物多样性和遗传多样性,促进农业丰产增收。最典型的例子就是种植有机草莓的规定动作就是熊蜂授粉。

蜜蜂是自营生计的动物,在正常情况下,不需要人类的管理和补充食物,蜜蜂自由采集花蜜和花粉,自己寻求水源。因蜜蜂以采集花粉和花蜜为食,花粉和花蜜的来源是关键,由于现在蜂农大多采用移动式养殖,即在不同的季节,跟随蜜源和作物的花期而转场养蜂,可能会接触众多的非有机蜜源,使有机的完整性受到不同程度的影响,因此,目前停止了蜂产品的有机认证,但在标准中保留了对有机蜜蜂生产和管理的要求。

表 3-7　有机养殖标准内容

标准内容	畜禽养殖	水产养殖	蜜蜂养殖
转换期	转换期	转换期	转换期
平行生产	平行生产	平行生产	
养殖场所	饲养条件	养殖场的选址 水质	采蜜范围 蜜源
动物引入	畜禽的引入	引入	蜜蜂引入
饲养	饲料	养殖	蜜蜂的饲喂
疾病防治	疾病防治 非治疗性手术	疾病防治	疾病和有害生物防治 蜂蜡和蜂箱处理
繁殖	繁殖	繁殖	蜂王和蜂群的饲养
运输屠宰	运输和屠宰	捕捞 水生动物的宰杀 鲜活水产品的运输	蜂产品收获与处理 包装、贮藏和运输
有害生物防治	有害生物防治		
对环境影响	环境影响	环境影响	

有机生产部分(植物生产与有机养殖)相关附录:

附录 A(规范性附录)有机植物生产中允许使用的投入品

附录 B(规范性附录)有机动物养殖中允许使用的物质

附录 C(资料性附录)评估有机生产中使用其他投入品的准则

附录 D(规范性附录)畜禽养殖中不同种类动物的畜舍和活动空间

3.4.3 有机加工

有机加工包括有机食品(饮料)、有机饲料和有机纺织品的加工(表 3-8),有机食品和饲料加工由于对工艺和卫生的要求近似,在标准中没有严格区分;有机纺织品加工主要从环保的角度进行了规定,因为有机纺织品的原料和成分简单,但在工艺中会产生对环境不利的排放物质。

表 3-8　有机产品加工标准内容

标准内容	有机食品	有机饲料	有机纺织品
	通则	通则	通则
配料、添加剂和加工助剂	有机配料在终产品中所占的质量或体积不少于配料总量的95%	有机配料在终产品中所占的质量或体积不少于配料总量的95%	100%的有机原料
	同一种配料不应同时含有有机、常规或转换成分	同一种配料不应同时含有有机、常规或转换成分	
	水和食用盐不计入配料比例	水和食用盐不计入配料比例	
加工	采用机械、冷冻、加热、微波、烟熏和微生物发酵等处理方法	采用机械、冷冻、加热、微波、烟熏和微生物发酵等处理方法	采用适宜的生产方法,尽可能减少对环境的影响
	采用提取、浓缩、沉淀和过滤工艺	采用提取、浓缩、沉淀和过滤工艺	不应使用对人体和环境有害的物质,使用的助剂均不得含有致癌、致畸、致突变、致敏性的物质
	水、乙醇、动植物油、醋、二氧化碳、氮或羧酸溶剂	水、乙醇、动植物油、醋、二氧化碳、氮或羧酸溶剂	加工过程中能耗应最小化,尽可能使用可再生能源
	不应采用辐照处理	不应采用辐照处理	采用有效的污水处理工艺,确保排水中污染物浓度不超过GB 4287—2012的规定
	不应使用石棉过滤材料或可能被有害物质渗透的过滤材料	不应使用石棉过滤材料或可能被有害物质渗透的过滤材料	制定并实施生产过程中的环境管理改善计划
	可使用机械类、信息素类、气味类、黏着性的捕害工具、物理障碍、硅藻土、声光电器具,防治有害生物	可使用机械类、信息素类、气味类、黏着性的捕害工具、物理障碍、硅藻土、声光电器具,防治有害生物	浆液应易于降解或至少有80%可得到循环利用
	消毒剂:乙醇、次氯酸钙、次氯酸钠、二氧化氯和过氧化氢	消毒剂:乙醇、次氯酸钙、次氯酸钠、二氧化氯和过氧化氢	染料和染整应使用植物源或矿物源的染料;限定了染料中的重金属类含量的阈值
	不应使用硫黄熏蒸	不应使用硫黄熏蒸	制成品加工过程(如砂洗、水洗)不得使用对人体及环境有害的助剂

续表3-8

标准内容	有机食品	有机饲料	有机纺织品
包装	简约、再生、无毒材料	简约、再生、无毒材料	—
贮藏	常温、低温； 独立存放； 无病无虫	常温、低温； 独立存放； 无病无虫	—
运输	清洁，防污染	清洁，防污染	—

3.5 中国有机产品标准与 IFOAM 标准的比较

3.5.1 IFOAM 标准的突出点

1.范围

IFOAM 有机标准涵盖了社会公正性的相关条款，比较详细地规定了有机生产操作者应遵守的公正性要求。

2.植物生产

在植物生产部分，IFOAM 有机标准明确禁止对土壤进行热杀菌。

3.畜禽生产

IFOAM 有机标准对于常规畜禽的引入要求要严格一些，哺乳类动物要求从母畜怀孕开始一直到销售都需要按照有机方式养殖。对于禽类引入龄统一为小于 2 日龄，与中国有机标准的引入龄相比，这些要求都要更加严格。

对于母畜的引入，IFOAM 有机标准规定"每年最多可为农场内同种成年动物的 10% 非有机母畜必须是未生育过的。在特殊情况下，可给予 10% 以上的例外"。由此可见，对常规母畜引入的要求，与中国有机标准相比，IFOAM 有机标准也更加严格。中国有机标准规定可引入常规种公畜，引入后应立即按照有机生产方式饲养。IFOAM 有机标准对种公畜的要求同母畜的要求，要比中国有机标准更加严格。

关于平行生产，IFOAM 有机标准要求"如果存在平行生产，操作者应持续努力使整个农场纳入有机管理，例如在常规操作的基础上增加有机操作的规模，或在常规操作中采用有机操作方法"。中国有机标准对有机畜禽养殖的平行生产无向有机转换的要求。

关于饲料及饲料添加剂的相关规定，IFOAM 有机标准规定为反刍动物必须在整个放牧季节放牧，在气候和土壤条件不允许放牧的放牧季节，可以用有机新鲜饲料喂养反刍动物。有机饲料所包含的新鲜饲料不得超过放牧季节饲草量的 20%。不得损害动物福利。两个标准相要求的侧重点不同。

对于哺乳动物幼畜的喂养，中国有机标准规定在无法获得有机奶的情况下，可以使用同种类的常规奶，哺乳期至少需要：①牛、马属动物、骆驼，3 个月；②山羊和绵羊，45 天；③猪，40 天。IFOAM 有机标准未对可以饲喂同种类常规奶进行放宽，哺乳期至少需要：①小牛和马驹：3 个月；②仔猪：6 周；③羊羔和小羊：7 周。两个标准相比较，IFOAM 标准更加严格。

对于畜禽疾病预防不同点体现在使用常规兽药以后,中国有机标准规定应经过该药物的休药期的2倍时间(若2倍休药期不足48 h,则应达到48 h)之后,这些畜禽及其产品才能作为有机产品出售。IFOAM有机标准要求为法律规定休药期期限的两倍或至少为14天,以较长者为准。相对来说,IFOAM规定更为严格。

对于非治疗性手术,中国有机标准还允许在仔猪出生后24 h内对犬齿进行钝化处理以及剪羽,IFOAM有机标准对两种操作没有做出放宽。相比之下,IFOAM有机标准更为严格。

4.水产品生产

中国有机标准与IFOAM有机标准均对有机水产养殖做出了转换期的规定,但转换期的时间长度有所不同,中国有机标准规定非开放性水域养殖场从常规生产过渡到有机生产至少应经过12个月的转换期,所有引入的水生生物至少应在后2/3的养殖期内采用有机生产方式养殖。IFOAM有机标准规定水产生物的转换期应至少为一个生命周期或一年,以较短者为准。IFOAM有机标准要求水生动物从出生开始就以有机方式养殖,中国有机标准未对水生动物引入龄做出明确要求。

5.有机产品加工

IFOAM有机标准禁止使用含纳米材料的成分。提取溶剂要求不同,IFOAM有机标准在附件4中列出了有机加工过程允许使用的提取溶剂,规定提取溶剂应为有机生产的或食品级物质(因为提取的溶剂有一部分会残留在最终产品中)。中国有机标准允许使用的提取溶剂包括水、乙醇、动植物油、醋、二氧化碳、氮或羧酸,未要求提取溶剂应是有机来源的。

6.标识与销售

对于多种成分产品,IFOAM有机标准规定所有成分应按其重量百分比在产品标签上列出——必须清楚哪些成分获得有机认证,哪些未获得认证。所有添加剂应列出其全名(与我国现在的标签法一致,标明100%的成分)。如药草和/或香料占产品总重量的比例少于2%,则可列示为"香料"或"香辛料",而不注明百分比。中国有机标准没有对多种成分产品的具体规定。

3.5.2 中国有机产品标准的突出点

1.范围及基本要求

国家认证认可监督委员会发布了《有机产品认证目录》,只有在该目录中列出的产品,才可以申请中国有机产品认证。但是该目录可以经过评估不断更新,最近更新的目录于2019年11月发布。

对于转基因疫苗的规定,中国有机标准要求不应使用基因工程疫苗(国家强制免疫的疫苗除外),但IFOAM标准对使用转基因疫苗没有限制,相比之下中国有机标准更加严格。相比IFOAM有机标准,中国有机标准对平行生产的规定更为严格,表现在:①一年生植物不应存在平行生产;②多年生植物仅在满足特定条件的情况下方可允许平行生产。IFOAM有机标准对产地环境质量并没有明确的要求。

《有机产品 生产、加工、标识与管理体系要求》(GB/T 19630—2019)中4.1.5.6条规定"有机产品中不应检出有机生产中禁用物质",包括任何含量级别的检出都是不允许的。IFOAM有机标准没有明确规定不得检出有机生产的禁用物质。

2.作物生产

中国和 IFOAM 有机标准在作物生产转换期方面的差异比较大,相比 IFOAM 有机标准,中国有机标准更为严格,主要表现在:

(1)无论是一年生作物、草场还是多年生的作物,中国有机标准规定的转换期时间更长。

(2)转换期的追溯,中国标准要求最低进行 12 个月的转换,IFOAM 有机标准没有明确要求。

(3)中国标准规定转换期的产品不应作为有机产品销售,只能作为常规产品销售,但 IFOAM 有机标准规定经过 12 个月转换后的产品可以作为"转换"产品销售。

对于轮作要求,相比 IFOAM 标准,中国标准更加细致,准确要求了轮作作物的品种数量(3 种以上)。

对于人粪尿的使用,中国有机标准规定"不应在叶菜类、块茎类和块根类植物上施用人粪尿;在其他植物上需要使用时,应当进行充分腐熟和无害化处理,并不应与植物食用部分接触";IFOAM 有机标准规定"处理人类排泄物的方式应降低病原体和寄生虫的风险,不得在与土壤接触的可食用部分的一年生作物收获后 6 个月内施用",未限制在特定品种蔬菜上使用。

相对于中国有机标准,IFOAM 标准对于人工光源和能源来源有更详细的要求,表现在:①人工光只允许用于植物繁殖,作为阳光的补充,可将白天最长延长至 16 小时;②应该使用降低能源消耗的技术,用于照明和控制气候的能源应该来自可再生资源。

中国有机标准对收获后处理做出了明确规定"植物收获后在场的清洁、分拣、脱粒、脱壳、切割、保鲜、干燥等简单加工过程应采用物理、生物的方法。必要时,应使用附录 E 中列出的物质进行处理;用于处理常规产品的设备应在处理有机产品前清理干净。对不易清理的处理设备可采取冲顶措施"。IFOAM 有机标准中没有对收获后处理做出明确规定。

3.食用菌生产

相比 IFOAM 有机标准对食用菌生产的要求,中国有机标准要求更加细致,有更多针对食用菌栽培的专用条款,表现在:

(1)在同一生产单元内,不应存在平行生产。IFOAM 有机标准没有强制规定。

(2)规定可以使用来自有机生产单元的农家肥和畜禽粪便;当无法得到来自有机生产单元的农家肥和动物粪便时,应按照附录 A 表 A.1 的要求使用土壤培肥和改良物质,但不应超过基质总干重的 25%,且不应含有人粪尿和集约化养殖场的畜禽粪便。IFOAM 有机标准对此并没有明确规定。

(3)食用菌栽培(土培和覆土栽培除外)可以免除转换期。土培或覆土栽培食用菌的转换期同一年生植物的转换期。IFOAM 有机标准对此并没有明确规定。

(4)木料和接种位使用的涂料应是食品级的产品,不应使用石油炼制的涂料、乳胶漆和油漆等。IFOAM 有机标准对此并没有明确规定。

4.畜禽生产

中国有机标准对畜禽转换期规定相比 IFOAM 有机标准要更加严格一些,但结合前面畜禽引入龄的要求,中国有机标准对转换期的这些要求是必要的补充。

中国有机标准规定畜禽日粮中的常规饲料的比例不得超过总量的 25%(以干物质计),IFOAM 有机标准没有对日粮中常规饲料的比例做出明确规定,两个标准相比较,中国标准更加严格。中国有机标准规定饲喂常规饲料应事先获得认证机构的许可,IFOAM 有机标准没有做出明确规定,两个标准相比较,中国标准更加严格。在饲料添加剂方面,中国有机标准在附录 B.1 中标准更加明确列出了允许使用的添加剂,IFOAM 没有明确规定品种。

对于圈舍及放养区域,两个标准不同的地方在于:①中国有机标准在附录 D 表 D.1 中明确列出了不同动物圈舍和活动空间的具体数值(来自欧洲标准),IFOAM 有机标准仅给出了描述性规定,没有明确的数值要求。②中国有机标准规定肉牛最后的育肥阶段可采取舍饲,但育肥阶段不应超过其养殖期的 1/5,且最长不超过 3 个月。IFOAM 有机标准没有明确要求(其实 IFOAM 是不允许的)。

中国与 IFOAM 有机标准均要求饲养的畜禽数量不超过其养殖范围的最大载畜量。应采取措施,避免过度放牧对环境产生不利影响。对动物粪便的处理进行了规定,对环境的影响进行了限制。中国标准要求对于养殖污染物的排放应符合《畜禽养殖业污染物排放标准》(GB 18596—2001)的规定,IFOAM 有机标准要求不得使土地退化或污染水资源。

5.水产品生产(不作为基础标准)

中国与 IFOAM 有机标准对水产养殖条件要求的差异体现在:

(1)中国有机标准要求有机生产的水域水质应符合《渔业水质标准》(GB 11607—1989)的要求,IFOAM 有机标准没有具体的指标要求,但要求水生环境健康;

(2)中国有机标准要求不应采取永久性增氧养殖方式,IFOAM 有机标准没有明确要求;

(3)中国有机标准要求可人为延长光照时间,但每日的光照时间不应超过 16 小时。IFOAM 有机标准没有明确要求。

(4)对饵料和添加剂要求的不同点表现在:

①中国有机标准明确规定了特殊情况下可投喂常规饵料的比例,但 IFOAM 有机标准未给出明确的比例规定。

②中国有机标准规定饵料中的动物蛋白至少应有 50%来源于食品加工的副产品或其他不适于人类消费的产品。在出现不可预见的情况时,可在该年度将该比例降至 30%。IFOAM 有机标准规定非有机水生动物蛋白和油的来源必须来自独立验证的可持续来源。

(5)对水生动物疾病防治的要求的不同点在于:

①中国有机标准要求水生生物在 12 个月内只可接受一个疗程常规鱼药治疗,使用过常规药物的水生生物经过所使用药物的休药期的 2 倍时间后方能被继续作为有机水生生物销售。IFOAM 有机标准无明确要求。

②中国有机标准要求禁止使用转基因疫苗,IFOAM 有机标准无明确要求。

③IFOAM 有机标准禁止对无脊椎动物使用化学对抗兽药和抗生素,中国有机标准无明确要求。

(6)对运输的要求 中国有机标准规定在运输前或运输过程中不应对水生动物使用化学合成的镇静剂或兴奋剂,IFOAM 有机标准没有明确要求。

6.有机产品加工

中国标准明确规定了有机食品加工厂应符合《食品生产通用卫生规范》(GB 14881—2013)的要求,并且应考虑到加工对环境的负面影响应降低到最小。对于配料的要求不同点体现在:

(1)中国有机标准要求可使用常规配料的比例应不大于配料总量的 5%,大于 5%的产品不获得认证。IFOAM 有机标准没有明确的比例要求为 5％，只有有机配料高于 95％时，产品方可标识为有机。

（2）中国有机标准规定水和食用盐应分别符合《生活饮用水卫生标准》（GB 5749—2022）和《食品安全国家标准　食用盐》（GB 2721—2015）的要求，IFOAM 有机标准没有明确要求，但要求对人健康无害，因此本质上一致。

（3）两个标准对于食品加工中使用的食品添加剂和加工助剂有差异。例如：中国有机标准允许使用的物质中，根据 IFOAM 标准：①仅可以用于加工助剂，不作为添加剂使用，比如二氧化硅、明胶；②不能使用的物质，如甘油、DL-苹果酸、乳酸钠、碳酸氢钠、硝酸钾、亚硝酸钠、胭脂树橙（红木素、降红木素）、硫黄、磷脂、结冷胶、罗汉果甜苷、碳酸氢钠。中国有机标准允许使用的加工助剂中，根据 IFOAM 标准：①仅用于添加剂不能用于助剂的有卡拉胶；②不能使用的物质有硅胶、盐酸、磷酸、碳酸氢钠。

（4）中国有机标准在附件中列出了饲料加工中使用的添加剂，IFOAM 有机标准没有列出详细的饲料添加剂，在动物营养部分给出了允许使用的饲料添加剂种类。

中国有机标准加工或贮藏场所遭受有害生物严重侵袭的紧急情况下，宜使用中草药进行喷雾和熏蒸处理；不应使用硫黄熏蒸。IFOAM 有机标准规定可以使用环氧乙烷、甲基溴、磷化铝等在附录中列出的物质进行熏蒸。

7. 标识、销售及管理体系

标识和销售部分的不同点主要体现在：

（1）IFOAM 有机标准规定有机成分比例为 70％～95％时，产品不能标注为"有机"，但可以使用"有机成分制造"等词语，必须注明有机成分的比例。中国有机标准规定不得对有机成分比例低于 95％的产品进行认证，也就无法提及任何有机相关信息。

（2）对于转换期的产品，中国有机标准规定只能作为常规产品销售，IFOAM 有机标准允许单一成分的植物产品作为有机转换产品销售。

（3）中国有机标准规定标识为"有机"的产品应在认证产品或者产品的最小销售包装上标注中国有机产品认证标志及其唯一编号、认证机构名称或者其标识。IFOAM 有机标准没有相关的要求。

（4）中国有机标准明确提出，对于散装或裸装产品，以及鲜活动物产品，应在销售专区的适当位置展示中国有机产品认证标志、认证证书复印件。不直接零售的加工原料，可以不标注。IFOAM 有机标准没有相关要求。

IFOAM 有机标准没有明确要求建立有机管理体系，但明确要求有机生产系统需要持续的有机生产实践，整个生产过程要保留记录证明，确保有机加工和搬运链的可追溯性，要求建立处理客户投诉的程序并在发生投诉时保留记录等。

3.6　中国有机产品标准与美国标准的比较

中美两国有机产品标准基本思路和框架是一致的，涉及有机生产链条的各环节，包括植物和植物产品、动物和动物产品、加工、包装、处理、贮藏和运输以及标识和要求等。其中关于有机产品的认证范围，国家认证认可监督委员会发布了《有机产品认证目录》，只有在该目录中列出的产品，才可以申请中国有机产品认证。美国有机标准认证的范围更加宽泛，可以申请有机认证的产品不仅包括用于人及动物使用的产品,也包括一些非食用的产品,比如有机木材、有机家具等产品,但美国标准没有水生动物的有机认证。因此,中美两国有机产品互认从有机标准涵盖的认证产品范围,即植物生产、畜禽养殖、野生采集、食用菌及加工、标识等几个方面进行比较。

1.植物生产

植物生产是有机生产中非常重要的一部分,也是目前为止认证的产品种类最多的一类。从内容设置上,中美两国标准均是从转换期、种子和繁殖材料、平行生产、产地环境、土肥管理、病虫害防治、收获后处理等方面进行控制,而且基本的要求是一致的,但细节的要求尤其是土肥管理和病虫害防治方面可以使用的物质上有部分差异(表3-9)。

表3-9 中美两国有机标准植物生产条款比较

项目	相似度	差异点描述
范围	＊＊＊＊	中国:认证产品必须在《有机产品认证目录》中 美国:非供人类或动物食用的产品也可以申请有机认证
转基因的规定	＊＊＊＊	中国更为严格,增加对平行生产中的常规生产单元明确要求不得使用转基因生物
平行生产	＊＊＊＊	中国:平行生产规定明确;一年生作物禁止平行生产 美国:没有明确规定,但要求采取必要措施避免对有机产品造成污染、替换的风险
产地环境	＊＊＊	中国:对环境条件(水、土壤、大气)提出了明确的要求 美国:没有明确规定,要求远离污染源,对灌溉水的氯化物水平无限制
转换期	＊＊＊	中国:一年生植物,播种前要求24个月转换期;多年生植物,收获前36个月转换期。对于撂荒和新开垦的土地也需要12个月转换期 美国:无论一年生植物还是多年生植物,均需在收获前经历36个月的转换期。对于撂荒和新开垦的土地可以直接认证
种子与繁殖材料	＊＊＊＊	美国的规定要更为严格,对于多年生植物,如果使用非有机生产的植物材料,只有在有机体系条件下管理超过一年,其生产的多年生植物材料可以标注"有机"字样进行销售
土壤养分管理	＊＊＊＊	允许使用的部分投入物不一致。如中国标准禁止使用未处理的人粪尿,但是允许使用腐熟和无害化处理的人粪尿,美国标准禁止使用
病虫草害管理	＊＊＊＊	允许使用的部分投入物不一致。比如中国标准允许使用鱼藤酮、氯化钙,而美国标准则禁止使用
收获后管理	＊＊＊＊	收获后管理的原则是一样的。但是允许使用的清洁剂和消毒剂有部分产品不一致

注:＊代表中美两国标准的相似度;＊＊＊＊代表完全一致

2.野生采集

野生采集是一类比较特殊的产品,人为投入很少。主要要求是采集区域必须明确界定、采集区域近3年内未受禁用物质污染、采集活动要保证物种的多样性及环境的可持续发展不受破坏、采集人员要接受培训并了解标准要求。中、美两国的有机农业标准要求和规定基本一致。

3.食用菌

食用菌栽培是一类比较特别的产品,栽培基质是一个关键因素。美国标准没有明确的食用菌栽培管理的要求,需要满足植物生产部分的相关要求即可,而中国有机标准对食用菌的规定更加细致,对食用菌的菌种、防止禁用物质污染的措施等进行规定,虽然美国有机标准并没有对这些内容单独列出,但是依据美国有机标准对植物及植物产品相关要求,这部分的规定同中国有机标准的要求是一致的。此外,对于食用菌栽培基质的要求,中国标准允许覆土栽培的食用菌需要根据植物生产的转换期进行相应转换,与美国标准的要求是一致的。但是对于基质栽培的食用菌,中国标准进行了明确的规定,虽然美国标准中没有提到基质栽培的食用菌,但是中国标准规定的栽培基质都是美国有机作物生产允许使用的物质,但是对于动物粪便的使用,美国标准有具体的堆制要求,而中国标准只需要充分腐熟即可。

4.畜禽养殖

畜禽养殖是有机生产中难度较大的一部分,目前,获得有机认证的畜禽养殖产品还不是很多。从内容设置上,中美两国标准均是从畜禽引入要求、转换期、畜禽营养(饲料来源、饲料比例、哺乳期、添加剂等)、疾病防控、饲养条件、运输和屠宰、粪便管理等方面进行控制,原则上要求一致。但中美两国在畜禽养殖的生产条件、养殖方式等方面存在较大差异,因此有机标准中关于畜禽引入、畜禽营养、疾病防控、饲养条件方面存在较大差异(表3-10)。

表 3-10　中美两国有机标准畜禽部分条款比较汇总表

项目	相似度	差异点描述
范围	＊＊＊＊	中国:《有机产品认证目录》
转基因的规定	＊＊＊	美国:没有禁止转基因的兽药产品,对平行生产中的常规生产单元没有要求不得使用转基因生物 中国:只有国家强制使用的免疫疫苗可以是转基因的
平行生产	＊　＊　＊　＊＊	中国:允许同一养殖单元同时以有机及非有机方式养殖同一品种或难以区分的畜禽品种 美国:做好预防措施,避免有机产品被污染、被替换即可
动物来源	＊	美国标准规定更加严格,除了禽类、奶类动物外,其他动物必须从畜禽妊娠期或孵化期最后的 1/3 时间开始进行持续的有机管理;中国标准对各种动物从常规引入的日龄都有明确的要求
转换期		中国:有明确的动物转换期,其中乳用畜的转换期 6 个月 美国:没有转换期的相关要求,但奶类动物除外,要求必须经过 12 个月转换
饲料及饲料添加剂	＊＊＊	中国:允许一定比例的常规饲料 美国:饲料中的农业产品必须来自有机单元;中美两国允许使用的饲料添加剂略有不同
疾病防治	＊＊	中国:对不同饲养周期允许使用的对抗疗法提出了规定,并且禁用转基因的兽药产品,兽药需要在兽医指导下使用。可以使用国家强制的转基因疫苗 美国:标准中明确列出了允许使用的合成的兽药物质,未禁止使用转基因的兽药和疫苗 中美两国对于养殖场所的清洁和消毒剂的规定略有不同

续表 3-10

项目	相似度	差异点描述
繁殖、运输和屠宰	＊＊＊＊	中国的规定要更明确细致
圈舍及放养区域	＊＊	中国:对室内、室外空间进行了相关规定 美国:要求天然放牧
粪便管理	＊＊＊＊	中国:养殖污染物的排放应符合《畜禽养殖业污染物排放标准》(GB 18596—2001)的规定

注:＊代表中美两国标准的相似度;＊＊＊＊＊代表完全一致

5.加工

有机产品加工主要从原料和辅料、加工方法、害虫控制、贮藏和运输、设备清洁等方面进行控制,以保证产品的有机符合性和可追溯性。从基本要求上,中美两国对于加工方面的要求基本一致,只是允许使用的辅料(食品添加剂和加工助剂)上有一定的差别,所以虽然具有较好的互认基础,但也具有一定的难度(表 3-11)。特别是需要关注加工产品中使用的非有机农业源配料。

表 3-11　中美两国有机标准加工条款比较

项目	相似度	差异点描述
范围	＊＊＊＊	中国:有机产品目录
平行生产	＊＊＊＊＊	
通则	＊＊＊＊	中国:对食品加工厂本身提出了要求,即《食品生产通用卫生规范》(GB 14881—2013)
配料	＊＊＊	美国:非有机农业源配料只可以在国家清单中列出 两国都列出了允许使用的添加剂及加工助剂,允许的物质及使用条件有差别
加工方法	＊＊＊＊	中国:明确列出了加工方法,并且限定了提取溶剂 美国:对加工用水或接触到食品的水中的氯化物有要求
有害生物防治	＊＊＊＊	中国:明确提出了有害生物防治的方法,禁止使用硫黄熏蒸,并且规定加工过程允许使用的消毒剂清单 美国:可经认证机构评估后使用不在国家清单中的物质
包装、贮藏和运输	＊＊＊＊＊	美国:对包装材料及包装方式没有明确要求 中国:对包装材料及包装方式有相关的法规规定

注:＊代表中美标准的相似度;＊＊＊＊＊代表完全一致

思考题

1.有机产品标准在有机产品质量监控过程中的地位和作用是什么?

2.欧盟、美国和日本有机产品标准的内容和特点是什么?

3.中国有机产品标准的内容和特点是什么?

4.中国有机产品标准与 IFOAM 基础标准和美国的 NOP 法规有何差异?

第4章 有机种植基本要求

4.1 选择和建立基地

4.1.1 有机基地的选择

土地是有机产品生产和认证的基本单元。基地是有机农业生产的基础,选择并建立一个良好的生产基地是保证有机产品质量的关键。

有机产品生产以生产基地为核心,必须满足以下要求。

(1)生产基地保持环境优良,要求在整个生产过程中对环境造成的污染和生态破坏最小,并建立良好的生态平衡(环境—作物—土壤—害虫—天敌)。

(2)对生产基地各地块上每种作物生产全过程的控制是有机产品的标准和全程质量控制的核心。

(3)有机产品出自有机农业生产基地,有机原料必须是出自已经建立或正在建立的有机农业生产体系,或采用有机方式采集的野生天然产品。

(4)在生产和流通过程中,必须有以土地为源头的完善的质量控制和跟踪审查体系,并有完整的生产和销售记录档案,包括生产操作记录、外来物质输入记录、生产资料使用和来源记录等。

(5)经过有机产品认证机构对生产基地的实地检查和认证。

(6)获得有机产品认证证书。

4.1.2 基地建设的原则

有机农业是按照生态学和生态经济学的观点和基本原理,把人类社会和自然看成一个完整的生态系统,使这个系统中的各部分协调持续发展。因此,在基地建设中应遵循以下原则。

1. 生物与环境的协同发展

生物与环境之间存在着复杂的物质交换和能量流动的关系。环境影响生物,不同的环境孕育了不同的生物群体(包括有益的和有害的);生物也影响环境,二者不断相互作用、协同进化。生物既是环境的占有者,又是环境的组成部分;既有独立的成分,又密切相融。生物不断地利用环境资源(生存物质),又不断地对环境进行补偿(分解动植物废弃物和残体,使之重新回到环境中),使生态系统保持一定的平衡,以保证生物的再生。有机农业遵循生物与环境协调发展的原理,从基地选择或开始建设时起,强调全面规划,整体协调,因地制宜,合理布局,优化产业结构。

2. 营养物质封闭式持续循环

有机农业将人、土地、动植物和农场作为整体,建立生态系统内营养物质循环,在这个循环中,所有营养物质均依赖农场本身。这就要求全面规划农场土地面积、种植结构、饲料种类和数量、饲养动物的数量、有机肥的数量和利用方式,从而保证营养物质的均衡供应和持续发展;充分利用生态系统中各元素之间的关系,设计多级物质传递、转换链,多层次分级利用,使有机废物资源化,减少污染,肥沃土壤。

3. 生态系统的自我调节机制

自然生态系统本身具有很强的抗干扰和自我修复的能力。有机农业生态系统是介于农田生态系统和自然生态系统的中间类型,需要在人为干预下,使之既具有农田生态系统的生产量,又具有自然生态系统的自我调节机制。合理安排作物的轮作,种植有利于天敌增殖的作物或诱集或驱避植物害虫的植物,协调天敌与害虫的比例,通过生态系统中的食物链(食物网)的量化关系,形成生态组合最优,内部功能最协调的生态系统。

4. 生态效益和经济利益统一

农业生产的目的是为了增加产出和经济收入。农业受自然生态环境的制约,因此改善生态环境可以促进农业生产,特别是有机农业的生产。有机农业生态系统是一个平衡的系统,该系统中物质的产出最多,投入最少,所以,有机农业是一种低投入、高产出的农业,是经济、生态和社会效益有机结合的产业。

4.1.3 生态环境质量评估

1. 环境条件

有机生产基地是有机产品的初级产品、加工产品、畜禽饲料的生长地,产地的生态环境条件直接影响有机产品的质量。因此,开发有机产品,必须合理选择有机产品产地。通过产地的选择,可以全面、深入地了解产地及产地周围的环境质量状况,为建立有机产品生产基地提供科学的决策依据,为有机产品的质量提供最基础的保障条件。

环境条件主要包括大气、水、土壤等环境因子,虽然有机农业不像绿色食品那样有一整套对环境条件的要求和环境因子的质量评价指标,但作为有机产品生产基地应选择空气清新、水质纯净、土壤未受污染或污染程度较轻、具有良好农业生态环境的地区;生产基地应避开繁华的都市、工业区和交通主干线,并且周围不得有污染源,特别是上游或上风口不得有有害物质或有害气体排放;农田灌溉水、渔业水、畜禽饮用水和加工用水必须达到国家规定的有关标准,在水源或水源周围不得有污染源或潜在的污染源;土壤重金属的背景值位于正常值区域,周围没有矿山,没有严重的农药残留、化肥、重金属的污染,同时要求土壤具有较高的土壤肥力和保持土壤肥力的有机肥源;有充足的劳动力从事有机农业的生产。

2. 生态条件

有机农业生产基地除了具有良好的环境条件外,基地的生态条件也是保证基地可持续发展的基础条件。

基地的土壤肥力及土壤检测结果分析:分析土壤的营养水平和制定有机农业的土壤培肥措施。

基地周围的生态环境:包括植被的种类、分布、面积、生物群落的组成;建立与基地一体化的生态调控系统,增加天敌等自然因子对病虫害的控制和预防作用,减轻病虫害的为害,减少生产投入。

基地内的生态环境：包括地势、镶嵌植被、水土流失情况和保持措施。若存在水土流失，在实施水土保持措施时，应选择对天敌有利，对害虫不利的植物，这样既能保持水土，又能提高基地的生物多样性。

隔离带和农田林网建立：应充分明确隔离带的作用，建立隔离带并不是为了应付检查的需要。隔离带能够起到与常规农业隔离的作用，避免常规农田种植管理中施用的化肥和喷洒的农药渗入或漂移至有机田块，所以，隔离带的宽度与周围作物的种类和作物生长季节的风向有关；隔离带的树种和类型（多年生还是一年生，乔木还是灌木，诱虫植物还是驱虫植物等）依具体情况而定。另外，隔离带是有机田块的标识，起到示范、宣传和教育的作用。

3. 种植历史

(1)种植作物的种类和种植模式。

(2)种植业的主要构成和经济地位。

(3)经济作物种植的种类、比例和效益。

(4)当地主要的病虫害种类和发生的程度。

(5)作物的产量。

(6)肥料的种类、来源和土壤肥力增加的情况。

(7)病虫害防治方法。

4.1.4　基地建设的内容

基地建设包括现状评估、制定总体规划、选择种植与加工模式、引进生产技术和建立质量管理体系。

1. 有机农业区域的现状评估

有机农业区域的现状评估是有机农业基地建设的基础。在区域现状评估过程中，要对生态系统、社会发展要素、经济基础做出系统的调查、分析和研究。生态系统内生物与非生物因素间相互依存、相互制约，是个有机的整体，若内部关系处理不好，就无法实现生态系统内部的良性循环；社会发展要素主要是人的要素，人是决定社会发展和进步的决定因素，有机农业发展在促进经济发展和物质生活水平提高的同时，更要不断提高人的素质。人的素质提高了，才能推动有机农业事业向前发展，才能促进社会的进步。经济基础是建设有机农业基地的物质基础，经济基础决定一个好的规划和思想是否能够实施。因此，在现状评估时，要从整体出发，明确现有的优势、不足和发展的潜力，抓住主要矛盾，为制订有机农业发展的总体规划提供科学的背景材料。

2. 有机农业发展的总体规划

有机农业生产基地是有机农业发展的基础，应将其放在核心的地位。制定有机农业发展规划是一项技术性很强的工作，要保证规划具有指导性、适应性、先进性和科学性。良好的有机农业发展规划应具备以下特征。

(1)具有整体性　根据生态经济发展原理，将自然生态、经济和社会综合考虑，注重协调发展。

(2)具有系统性　利用系统学的原理，将经济、生物、技术和人口素质等进行系统的有机结合，建立自然、社会、物质、技术等多元多层次的保障体系。

（3）具有配套性　有机农业既要生产足够高品质的有机产品，又要保护生态环境，必须建立长、中、短期相结合的阶段性发展目标和与之相适应的综合配套技术方案。

3. 种植与加工模式

（1）种植模式　种植模式的选定应建立在基地的实际情况和市场需求基础上。种植经营模式的产生、完善和发展，既要有稳定性，又要有相对可变性。所谓稳定性，是指主导产业是不变的；所谓可变性，是指某一商品的数量、种植规模受市场的需求而调节。种植经营模式的选择应遵循如下原则。

①系统组配原则：如发展有机蔬菜，必须以便利的交通条件和城镇近郊及购买能力较强为前提；发展有机畜牧业，必须抓好饲料粮基地和配套的加工厂，使种畜生产、防疫技术、产品加工等系统相组配，才能做到集约生产、规模效益、持续发展。

②量比合理的原则：综合考虑生产基地的自然条件、生产能力，根据市场供需变化的信息反馈，及时调整有机产品的生产规模和单位时间的产出量，避免原料不足或生产过剩而导致生产率下降。有机农业提倡种养结合，养殖的规模与饲料供给量、供给时间成正比，否则就会出现饲料不足而导致效益下降。

③互利的原则：系统的整体效益产生于系统各组分之间的交互作用。例如，在种植区域发展养殖业，种植业为养殖业提供饲料，养殖业为种植业提供足够数量的有机肥。

（2）加工设施建设　有机农业是朝着相对集约化、系统化、产业化方向发展。有机农业的进步和发展的有效衡量方法，不是单纯地计算产量和单位面积的产值与收益，而是把握与农业生产紧密相连的加工水平、加工能力、循环次数等综合效应。在抓好基地生产的同时，要围绕农业第一产业发展多层次、多途径的加工业。确定生产基地的加工建设应遵循如下原则。

①因地制宜的原则：在有机生产区域内建设工程，一定要根据本身的地理位置和发展目标，因时因地制宜，切忌只讲规模、讲花架子，不注重内在的技术含量和发展的创新点和增长点，导致规模越大，损失越大。无数的高新农业示范区、现代化农业示范区的失败都说明了这一点。

②综合效益的原则：实施一个项目，不能单纯地计算经济效益，应综合考虑。如建立一座沼气池，要综合考虑处理废弃物和减少环境污染的效益；经发酵后产生优质有机肥的直接效益和带给作物增产增收的潜在效益；沼气作为燃料的节能效益等。

③科学配套的原则：在有机生态系统中，任何部分和元素都不是孤立的，有机农业区域的工程技术一定要与生物技术相结合，才能发挥更大效益，才能做到可持续发展。

4. 建立有机农业生产的技术体系

有机农业生产的目标和任务是追求优质、高效和保护、改善农业生态环境、协调发展，达到经济、生态和社会效益的同步提高。要达到上述目标，只有在生物与环境关系协调的基础上才能实现。而构成和建立这种协调关系的主要途径就是研究生物怎样适应环境。有机农业是在总结自然界生物自身适应环境条件的规律，并继承传统农业精华的生物技术和结合现代生物技术基础上（排除基因技术），形成现代有机农业生产技术体系。有机农业生产技术体系的建立就是让植物、动物、微生物等生命体在生长、发育、繁殖过程中，与周围环境相互密切配合，最大限度地形成农业生产需要的物质，并把这种通过实践积累起来的经验和知识推广到生产实践中,产生更大的综合效益。有机农业生产技术体系包括以下 5 个方面。

(1)立体种养综合利用技术

①技术要点:主要是对时间与空间进行科学的综合利用。它是在传统耕作模式的连作、间作、套种、轮作换茬等技术的基础上,运用生态学上物种共生互惠的原理,对时间、空间和营养结构等多因子生态位进行组合,具有生态合理性、效益综合性的特点。

②操作模式:立体种养综合利用技术主要有两种模式。

■ 林农多层次平面套种模式。这是农作物耕作制度在组合对象上的拓展和延伸。以在果园的树行间种植小麦、豆类、花生、蔬菜、牧草和食用菌为例,该模式不仅起到果园保墒、固土,加速土壤有机质的腐熟,增加土壤团粒结构,提高土壤肥力水平和有机质含量的作用;而且还可以改善果园的小气候,创造有利于植物生长、天敌增殖和繁衍以及不利于蚜虫、红蜘蛛等害虫发生的环境条件,增加天敌的种类、数量及群落的丰富度和生物多样性,提高天敌控制害虫的效果。采用此模式要注意不同区域、不同气候、不同作物立体配置时的量比不同。

■ 山区或丘陵地区的"立体种养模式"。

a."杨梅—茶叶—作物—养鸡"模式。南方杨梅树下种茶叶,在杨梅和茶叶的行间种植一年生或多年生的草本植物,充分利用土壤不同层次的营养和地面以上的空间及阳光,形成乔、灌、草相结合的立体植物营养层次,合理利用资源,控制病虫害。在此系统中还可以散放养鸡,发展有机禽类。

b."果、林、茶—水库(池塘)—水产"模式。在水库或鱼池边栽种林、果、茶或粮食作物,库内或池内养鱼,水面养鸭,形成水库(鱼池)中的鱼、鸭与岸边林、果、茶共生互惠的综合效果。

(2)环境要素的调控技术　对农业生产来说,水、肥、气、光、热等是影响生物生长的主要环境因素。随着科学的进步,人们可以通过各种技术措施,对植物生长的环境进行调控,不仅拓宽了发展范围,而且打破了季节的限制,做到周年种植,周年生产,提高作物产量,增加了农民的收入。

①温度的调控:北方的日光型节能温室技术,利用太阳光能,增加温室内的温度。通过对温度的调控,可以生产反季节蔬菜,取得显著的经济效益。类似的还有地膜覆盖技术,形成较大的昼夜温差,有利于作物的生长。

②湿度的调控:湿度是诱发作物病害的最重要因素,人们可以采取各种措施来调节湿度,以减少病害的发生。如利用排风口、排风机等设施和技术,降低温室或连栋温室的湿度。通过渗灌、滴灌和暗灌,减少地表水分的蒸发;铺设地膜,减少水分蒸发,降低湿度。采取合理灌溉和合理密植,增加植物间的通透性,促进空气流动性。

③光的调控:光是植物进行光合作用的能源,它的波长、强度和辐射量,不但会影响植物正常的生理活动,而且也会影响病害和害虫的发生,因此,对光的调控主要用于光照较弱的保护地生产。

④气的调控:二氧化碳是植物进行光合作用的原料,大气中二氧化碳的存贮量是取之不尽的,但在保护地生产中,增施二氧化碳技术已成为提高品质和增加产量的重要措施。

(3)土壤的施肥与培肥技术

①培肥技术(土地的自养能力培养):土地既然是个生命体,就有其自身的新陈代谢、营养循环和能量流动,土壤微生物是完成土壤生命活动的物质基础,人类需要为其创造良好的土壤

环境(如通透性和酸碱度),以提高土壤的自养能力。

②施肥技术:旱地深耕后,要增施有机肥,推广秸秆还田、残茬覆盖、种植绿肥等生物技术,使土壤不断风化、培熟,改善土壤理化性状,增加土壤微生物的数量和活力,使土壤形成一个真正的生命体。

(4)病虫害防治技术　优化生态环境,减少病虫害为害的频率和程度,主要采取"一保二防"的策略。"一保"是运用多种生物技术保护物种和资源的多样性;"二防"是利用病虫害的预测预报技术和综合防治技术,预防为主,综合治理。

①间作、混作和轮作:调整耕作制度,发挥多物种间相克相生的作用,打乱病虫害的生活规律和生活周期,降低病虫害对寄主的适应性,减少其为害的时间与程度。

②建立天敌增殖、繁衍的环境:根据生物与环境相互协调的原理和天敌生存、繁衍与大环境、小生境的关系,利用有机田块的缓冲带、隔离带、诱集带、多物种的生态岛、田边的矮树丛和保护带乃至周围的植被景观,为有益的动物和天敌昆虫提供多样化的生存空间。

③病虫害生物防治技术:病害生物防治技术,包括抗性诱导技术和拮抗微生物。虫害生物防治技术,从途径上讲可分为天敌的保护、天敌的繁殖释放和天敌的引进;从方法上讲又可分为以虫治虫、以菌治虫。以虫治虫是指捕食性天敌对害虫的捕食和寄生性天敌对害虫的寄生;以菌治虫主要是指利用昆虫病原微生物及其代谢产物杀死害虫。

④天然药物防治技术:我国植物、动物资源丰富,可以用来防治病虫害的植物有140多个科,1300余种。实践证明,许多杀虫、防病植物对目前很多重要病虫害的防治效果很好,是将来替代化学农药的主要方向。

⑤物理防治和农业防治技术:物理防治是在病虫害与寄主之间的一道物理屏障,避免其接触寄主而产生为害的防治方法;农业防治主要是利用农业耕作措施,破坏病虫害的寄主环境,消灭越冬虫卵和病菌。

(5)废弃物资源的综合利用技术　有机农业强调在有机生产区域内建立封闭的物质循环体系,通过对生产基地的作物秸秆、藤蔓、枝叶、皮壳、畜禽粪便以及饼粕、酒糟、工业产品和畜禽制品的下脚料等的综合利用和减量化、无害化、资源化、能源化处理,将废弃物变成一种资源,使处理与利用统一起来。废弃物处理和利用的途径如下。

①沼气发酵工程:以沼气发酵工程技术作为"纽带",将种植业和养殖业有机地结合起来,形成多环结构的综合效应。

②堆肥技术:有机肥是种植业的基础,无论作物残体还是畜禽粪便都含有对作物和环境有害的物质和成分,必须经过无害化处理。高温堆肥和活性堆肥是无害化处理和提高肥效的重要措施和环节。废弃物的利用率、腐熟的速度、堆肥的质量、无害化程度是堆肥技术的衡量指标。

③微生物处理技术:作物残体含有碳水化合物、蛋白质、脂肪、木质素、醇类和有机酸等,这些成分通过微生物的作用,可以变成富含蛋白和氨基酸的动物饲料如青贮饲料,从而提高饲料的利用率。

④植物残体循环再生技术:食用菌以有机碳化合物为碳素营养,所以许多农产品加工中产生的废弃物均可作为培养食用菌的原料。

5. 建立有机农业生产的质量管理体系

(1)产品质量 有机产品的质量是通过生产过程的严格管理来实现的,不能单从外部形态和感官颜色上与常规产品相区别。因此,为了充分保证基地的生产完全符合有机农业的标准,保证有机产品在生产、收获、加工、贮存、运输和销售各个环节不被混淆和污染,在基地内要建立专门的内部质量管理机构。内部质量管理包括:基地规划生产的组织管理体系、技术咨询及指导的技术服务体系和生产资料供应的物质保障体系。

(2)人员培训制度 有机农业的生产管理包括对物的管理和对人的管理,生产者的业务水平、文化素质和对有机农业的认知程度将决定有机农业发展的进程。所以,在基地管理方案中人的管理比物的管理更重要。

培训是对人管理的开始,从事有机农业的生产和开发的管理者、具体技术的参与者、实施者,都必须了解和掌握有机农业的原理和方法,了解有机农业的标准,做到在思想上接受有机农业的理念,在行动上自觉按照有机农业的技术标准实施。

建立和实施三级培训制度,首先由有机农业专业家或专门从事有机农业研究的人员对基地的管理干部进行有机农业原理、标准、市场和发展概况的一般性培训,使之从宏观上了解和认识有机农业,这是第一层次的培训;第二层次是对基地技术人员进行专业技术培训,使之掌握有机农业生产技术的基本原理和方法,培训工作可根据种植作物的种类和地域分不同的专业;第三层次是对有机农业生产的直接从事者进行实际操作技能的培训,培训以实用技术和解决问题为主,可以只教方法,不求理论,关键在于提高实际操作能力。

4.2 有机农业从转换开始

1. 概念

有机农业转换是指在一定的时间范围内,通过实施各种有机农业生产技术,使土地全部达到有机农业生产的标准要求。

转换期的具体定义为:从有机管理开始直到作物或畜禽获得有机认证之间的一段时间。

2. 目的和意义

有机农业建立有机转换过程和有机转换期的目的在于:

(1)土地残留物质的分解和土壤肥力的培养 目前实施有机农业生产的土地,除了极少数为新开垦或多年的撂荒地之外,大部分均已开发多年,并有多年常规农业的种植历史。在常规农业生产中,已经向土地投入了大量的人工合成的化肥、农药和对土壤有害的物质(如除草剂和硝酸盐等),这些物质不可能在短期内全部消解,需要一段时间的土壤改良,使土壤达到有机农业生产的标准。

(2)生产技术的改进和完善 有机农业的最大特点是禁止使用各种人工合成的化学物质,这是对现代常规农业生产方式的全部否定;常规农业的生产技术是以提高产量为目的,而有机农业则要求在保证一定产量的前提下,追求有机农产品品质。因此,生产者在决定实施有机农业生产的时候,首先面临的是生产技术问题,生产者不但要彻底转变思想,而且要在具体操作上初步掌握有机农业生产技术,才能保证有机农业转换的顺利进行,这也需要一定时间的学习和实践经验的积累。

(3)环境建设 常规农业以化学防治为主要手段,与生态系统内及其周边的环境没有太大的关系,但有机农业是以农业防治和生物防治为基础,保护和利用自然天敌是有机农业生态系统良性循环的核心,也是实现低投入、高产出的主要技术和措施,因此必须经过一段时间的建设,才能逐步完善生态环境,建立生态平衡。

3.时间

由常规生产系统向有机农业的转换通常需要 24 个月或 36 个月的时间,其后种植的作物或收获的产品,才能作为有机产品。

对一年生作物,有机转换期为 24 个月,产品只有在达到有机产品标准全部要求的 24 个月,播种收获后的作物才能够以"有机产品"的名义出售。多年生作物的转换期为 36 个月,只有在达到有机产品标准全部要求的 36 个月后收获的产品才可以冠以"有机产品"的名义。

新开荒、撂荒多年没有农业利用的土地以及一直按传统农业方式耕种的土地,都要经过至少 12 个月的转换期才能获得有机产品的颁证。已通过有机认证的农场一旦回到常规生产方式,则需要重新经过相应的有机转换期后才有可能再次获得有机颁证。

4.原则

在常规农业生产向有机农业生产的转换过程中,不存在任何普遍的概念和固定的模式,关键是要遵守有机农业的基本原则。有机农业的转换,不仅是放弃使用化肥、合成农药和完全停止从外界购买饲料,更重要的是要把整个生态系统调理成一个尽可能封闭的、系统内各个部分平衡发展的、稳定的循环系统。

5.内容

(1)制定增加土壤肥力的轮作制度。

(2)确立能保证持续供应的肥料和饲料计划。

(3)制定合理的肥料管理办法和有机产品生产配套的技术措施和管理措施。

(4)创造良好的生产环境,以减少病虫害的发生,并制订开展农业、生物和物理防治的计划和措施。

6.计划

转换计划没有固定的模式,不同的转换计划各有不同,但应包括以下内容。

(1)对基地或企业的基本情况进行调查和分析,了解企业或实施有机区域的种植面积、耕作历史(包括种植的作物、施肥的种类和数量、病虫害的种类和防治方法)、养殖规模和生产的管理。明确转换的目标和理解有机农业概念。

(2)设计未来的农业体系的概貌和分析将要面临的主要问题。

(3)必须改进与有机农业思想和有机产品标准相违背的技术和物质。

(4)在专家的咨询、指导下,精心拟定一个详细的转换计划。其内容包括:作物的茬口安排,水土保持的措施,有机肥的堆制、施用,土壤耕作与深翻,灌溉的方式及影响,预防性的植物保护措施,直接性的植物保护措施,生态环境设计及利用,档案的格式、记录及保管。

4.3 植物营养与土壤健康

4.3.1 植物营养

植物营养是植物体与环境之间物质(养分)和能量的交换过程,也是植物体内物质(养分)运输和能量转换的过程。

1.植物必需的营养元素及其功能

植物生长和发育必需的营养元素主要有碳、氢、氧、氮、磷、硫、钙、镁、钾、铁、锰、钼、铜、硼、锌、氯、钠、钴、钒和硅。

(1)氮是植物合成蛋白质、氨基酸、核酸和形成光合作用叶绿素的重要元素。

(2)磷可以贮存和转运能量,它是核酸、辅酶、核苷酸、磷蛋白、磷脂和磷酸糖类等一系列重要生化物质的结构组分。

(3)钾主要起催化作用,如参与酶的激活(如淀粉合成酶和固氮酶的活化)、平衡水分、能量形成、同化物的转运、氮的吸收及蛋白质合成、活化。

(4)钙对细胞的伸长、分裂和细胞膜的构成及其渗透性起重要作用。

(5)镁是叶绿素分子中仅有的矿质组分,也是核糖体的结构成分,具有多种生理和生化功能,参与同磷酸盐反应有关的官能团的转移。

(6)硫在植物生长和代谢中有多种重要功能,参与蛋白质(如铁氧还蛋白)、叶绿素和其他代谢物的合成,形成植株的特征味道和气味。

(7)硼在植物分生组织的发育和生长中起重要作用,如分生组织新细胞的发育,正常受粉,坐果大小一致,豆科植物结瘤,糖类、淀粉、氮和磷的转运,氨基酸和蛋白质的合成,调节碳水化合物代谢。

(8)铁是血红素分子的结构组分,参与酶系统的构建。

(9)锰参与光合作用,特别是氧释放,也参与氧化还原过程、脱羧和水解反应。

(10)铜在植物营养中的作用包括参与有关酶系统的代谢过程。

(11)锌参与生长素代谢,促进细胞合成色素和稳定核糖体。

(12)钼是硝酸还原酶和固氮酶的必需组分,在植物对铁的吸收和运输中起重要作用。

(13)氯在光合作用光系统 II 的释氧过程中起作用,具有防病、渗透等作用。

(14)钴是微生物固定大气氮的必需元素,与血红蛋白代谢和根瘤菌中核糖核苷酸还原酶有关。

(15)硅是水稻、牧草、甘蔗和木贼属等植物所必需的,对细胞壁结构有作用,可提高抗病性、茎秆强度和抗倒伏能力。

2.植物营养诊断

1)形态诊断

植物缺乏某种元素时,一般都在形态上表现出特有的症状,即所谓的缺素症,如失绿、现斑、畸形等。由于元素不同、生理功能不同,症状出现的部位和形态常表现出一定的特点和规律。一些容易移动的元素如氮、磷、钾和镁等,当植物体内不足时,就会从老组织移向新生组织,因此缺乏症最初总是在老组织上出现。一些不易移动的元素如铁、硼、钙等,其缺乏症则常常从新生组织开始表现。铁、镁、锰、锌等直接或间接与叶绿素形成和光合作用有关,缺乏时一般都会出现失绿现象;而磷、硼等元素和糖类的转运有关,缺乏时糖类容易在叶片中滞留,从而有利于花青素的形成,常使植物茎叶带有紫红色泽;硼和开花结实有关,缺乏时花粉的发育和花粉管的伸长受阻,不能正常受精,就会出现"花而不实"。畸形小叶是因为缺乏锌致使生长素合成不足所致等。

植物的这种外在表现和内在原因的联系是形态诊断的依据。形态诊断不需要专门的仪器设备,主要凭目视判断,经验在其中起着重要作用。所以形态诊断在实践中具有重要的意义,尤其是对某些具有特异性症状的缺乏症。但是,当作物缺乏某种元素而不表现该元素的典型症状或者与另一种元素有着共同的特征时就容易误诊,因此形态诊断的同时还需要配合其他的检验方法。

2)化学诊断

分析植物、土壤的元素含量,与预先拟订的含量标准比较做出判断。一般来说,植株分析结果最能直接反映植物营养状况,是判断营养最可靠的依据。土壤分析结果与植物营养状况一般也有密切的关系,植物营养缺乏除了土壤元素含量不足外,还与外界环境影响下植株根系的吸收不良有关,因而会出现土壤养分含量与植物生长状况不一致的现象,所以土壤营养分析结果与植物营养状况的相关性不如植株分析结果可靠。但是土壤分析在诊断工作中仍是不可缺少的,它与植株分析的结果互相印证,使诊断结果更为可靠。

3)酶学诊断

酶测法的原理是:许多元素是酶的组成或活化剂,所以当缺乏某种元素时,与该元素有关的酶的含量或活性就会发生变化,故测定其数量或活性可以判断这种元素的丰缺情况。酶测法的特点是:

(1)灵敏度高 有些元素在植物体内含量极微(如铝),常规测定比较困难,而酶测法相对容易。

(2)相关性好 例如碳酸酐酶,它的活性与锌的含量曲线基本上是一致的。

(3)酶促反应的变化远远早于形态变异 这一点有利于早期诊断或潜在性缺乏的诊断。所以,可以认为酶学诊断是一种有发展前途的方法。

3. 植物营养的来源

植物养分主要来源于土壤养分和施肥。土壤的养分包括养分的总量和养分的有效含量,养分的总量代表了土壤养分的供应潜力,而养分的有效含量则决定了土壤对当季作物养分的供应能力。土壤养分总量比一季作物的需要量要大得多,假定我国中等肥力的土壤,其养分能被全部利用,每亩耕地的土壤氮可供年产 500 kg 的作物利用 15～30 年,磷为 30～45 年,钾为 140～300 年。当然全部被利用是不可能的,所以对当年作物来说,土壤中养分的有效含量最重要,这一部分所占比例很小,如土壤中的有效氮只占全部氮的 0.05% 以下,磷、钾通常只占 0.03%～0.05%。土壤养分在作物生长中起着重要作用,土壤提供植物 30%～60% 的氮、50%～70% 的磷和 40%～60% 的钾。在作物营养期中,对养分的要求常有两个极其重要的时期:即作物营养临界期和作物营养最大效率期。如能及时满足这两个重要时期作物对养分的要求,就能显著地提高作物产量和品质。

4.作物营养临界期

作物在生长发育的某一时期,对养分的要求虽然在绝对数量上并不多,但时间上要求很迫切,如果这时缺乏某种养分,就会明显抑制作物的生长发育,产量也受到严重影响,此时造成的损失,即使以后补施该种养分,也很难弥补,这个时期称为作物营养临界期。作物营养临界期对不同作物、不同养分是不同的,但磷的营养临界期常常出现在作物幼苗期,氮的营养临界期常常出现在作物营养生长转向生殖生长的时期。

5.作物营养最大效率期

在作物生长发育的过程中还有一个时期,作物对养分的要求不论是在绝对数量上,还是吸收速率上都是最高的,此时使用肥料所起的作用最大,增效也最为显著,这个时期就是作物营养最大效率期。作物营养最大效率期常常出现在作物生长的旺盛时期,其特点是生长量大,所需养分多。

6.植物吸收营养的方式

(1)根营养　植物通过根系从土壤溶液中吸收它所需要的各种养分,是植物获取营养的主要方式。具有截获、质流和扩散3种形式。

(2)根外营养　即植物通过茎叶(尤其是叶片)吸收养分,又称根外追肥。

4.3.2　土壤与土壤肥力

1.土壤

健康的土壤是有机产品生产的必要条件,一个有机农业生产者应考虑怎样才能保持土壤肥沃。只有在健康肥沃的土壤上,才能生长出旺盛、抗病性强的作物。

1)土壤组成

不同类型土壤的成分各有不同,但一般来讲,土壤的成分应包括:矿物质45%,空气25%,水25%,有机质和其他各种生物5%,当然这个比例会因时因地而发生变化。

(1)矿物质　矿物质组成大小不同的土粒,黏土、淤泥、沙粒的百分比决定土壤的土质,土质则可反映出土壤的潜在生产力。

(2)有机物　土壤中动物的排泄物和尸体、植物的落叶、断枝等,均是土壤里有机物的来源。虽然只占一个很小的百分比,但十分重要。

(3)空气　土壤中空气供应充足,微生物分解有机物的速度便会加快,养分供应亦会加快。

(4)水　水能将溶解后的养分带入植物体内。水分太少,不利于植物营养的吸收;水分太多,占据土粒间的空间,赶走空气,造成土壤缺氧环境,故水分太多太少都不利于植物生长。

(5)各种生物　包括所有在土壤中生活的生物,由微生物到蚯蚓。它们在土壤中活动,增加土壤空气,是土壤中有机物循环的一部分;它们还可以吸取养分,制造养分,然后又成为养分。

2)土壤结构

(1)土质　根据土粒的大小可以将土壤分为沙土、黏土、壤土三大类,其中间类型还有沙质壤土、黏质壤土、沙质黏土、淤泥黏土等。

沙土:沙粒多,土粒中间空隙大;空气与水流通容易;保水力差,在无雨季节里,容易变得干旱;保肥力也差,养分容易被冲走;雨后容易变酸,泥面易形成硬表层;容易翻动;适宜种植早茬作物,使作物提前成熟。

黏土:土粒细小;水和空气都很难通过;保水力强,疏水不易,过湿会结成团,难以翻动;过干会变硬,甚至龟裂;有机物丰富。

壤土:有适当比例的各类土粒;保水力、保肥力均适中;空气与水流动适中;适合较多类型的作物生长。

(2)土层　土层是由表土、次土层和深土层组成。

表土:最接近表面的一层,一般颜色较深,厚度由几毫米至数十厘米不等,各类生存生物较多,对耕作最重要。

次土层:少量深根作物可以伸至此层,生物少,土粒大,黏土粒与矿物质聚积,对疏水非常重要。

深土层:母石层与风化石粒,石粒较大,石粒风化后供应次土层。

3)土壤的评价指标

(1)土层深厚　土层深厚才能为植物生长和发育提供充足的水分和营养。

(2)土壤固、液、气三相比例适当　一般土壤中,固相为40%,液相为20%～40%,气相为15%～37%。

(3)土壤质地疏松　土壤的质地关系到土壤的温度、通气性、透水性以及保水、保肥性能等。质地太沙的土壤,通透性好,而保水保肥性差,土壤升温快、土温高。相反,质地太黏的土壤,通气透水性差,而保水保肥性好,土壤升温慢、土温低。因此质地疏松的土壤,最适合作物根系的生长和正常发育。

(4)土壤温度适宜　土壤温度直接影响到植物根系的生长、活动和土壤生物的生存。

(5)土壤酸碱度适中　多数作物适应的土壤 pH 为 6.5～7.5。

(6)土壤有机质含量高　土壤有机质代表土壤供肥的潜力及稳产性,是评价土壤肥力的一个十分重要的综合指标,有机质含量用百分比"%"表示,有机质含量高的土壤供肥潜力大,抗逆性强。土壤有机质大于2%为肥沃土壤,1%左右为中等肥力土壤,小于0.5%为瘠薄地。

(7)土壤生物丰富　土壤生物指标应当包括土壤微生物的生物量、微生物的活性、微生物的群落结构、土壤生物多样性、土壤动物区系、土壤酶等。利用生物指标,可以监测土壤被污染的程度,反映土地的种植制度和土壤管理耕作水平。

2. 土壤肥力

土壤肥力是土壤所含营养物质的数量,并将这些物质以适当方式供给植物的能力。即土壤在植物生长和发育过程中,不断地供应和协调植物需要的水、肥(养分)、气、热和其他生长条件的能力。土壤肥力的核心是供应和协调植物需要的养分。

1)土质

土壤肥力与土质关系密切。土壤质地不同,土壤肥力也不同。一是不同质地的土壤其孔隙的数量及大小孔隙的比例不同,对保水性能、通透性能、温度状况以及有害物质的产生等有重大影响,二是粗细不同的质地与土壤的养分含量及耕作性能有密切关系(表 4-1)。

表 4-1 土壤质地与土壤肥力的关系

土壤质地	有机质含量	养分含量	养分保持能力	适耕期	抗旱、抗涝能力	微生物含量	温度变化
沙土	少	少	弱	不限	弱、强	低	大
壤土	中等	中等	中等	较长	强、强	高	中等
黏土	多	多	强	短	强、弱	较高	小

2）土壤肥力的诊断

铁锹诊断技术是一种最简单、最实用、最经济的土壤肥力诊断方法，最早由德国人 Gorbing 于 20 世纪 30 年代推出，后经 Preuschen 和 Hampl 在欧洲广泛流传。它可以帮助农民认识土壤状态、结构和根系生长，找出土壤状况与作物生长的关系，从而改善其耕作和培肥措施。尤其是在偏僻地区和农业技术条件较差、技术推广与普及程度较低的地区，宣传、推广该项技术，可使农民从一开始就直接感受到他所耕种的土壤的特性。铁锹诊断的优点是省时省地；取自好坏土壤的土样可以同时放在一起，直接进行比较。缺点是土样局限于某一个点；要对整个地块及其耕作状况做出评价，必须在不同的地点多次重复。

取样：选择合适的地方，清除地表杂草或秸秆；选择适当位置的植物，先用铁锹在植物周围的地面上标出一个长约 50 cm、宽约 30 cm 的长方形；在此长方形的一侧挖一个和铁锹一样深的坑，取出另一侧带有植物的土砖（土样）。

一般观察：土壤耕作，田间计划；土壤表层；植被、作物茬口、状态（淤结、机械轨迹、蚯蚓粪便、水土流失情况）。

土壤剖面观察：土壤湿度、气味、颜色、质地、土壤结构层次及熟化程度、有机质、根系生长状况（数量、分布和畸形根）、蚯蚓和高抛落地试验等。

结论与评价：根据以上的观察和分析，对所诊断的土壤做出评价，可分成好、一般、不好三等。把每一项具体的观察结果综合成为一个总的评价，并用语言表达出来。

铁锹诊断技术是根据各种具体因素的综合评定而形成的一种关于土壤肥力的总体估测，是定性的测定方法。它能够准确地认识土壤肥力状况，并可作为土壤耕作和培肥措施的辅助工具。

4.3.3 土壤培肥与施肥

1. 土壤培肥

1）土壤培肥理论

常规农业是以大量的化肥来维持高产，但有机农业理论认为，土壤是一个有生命的系统，施肥首先是培育土壤，土壤肥沃了，会增殖大量的微生物，再通过土壤微生物的作用供给作物养分。

有机农业土壤培肥是以根系—微生物—土壤的关系为基础，采取综合措施，改善土壤的物理、化学、生物学特性，协调根系—微生物—土壤的关系。

（1）土壤肥料培植了大量微生物 微生物是生态系统的分解者，微生物以土壤中的肥料作为食物，使自身数量得到大量增殖，所以，土壤的肥力不同，土壤微生物的丰富度、呼吸商、土壤酶活性、原生动物和线虫的数量和多样性均不相同。

（2）根系自身可培养微生物，并具有改良土壤的作用　目前，根际微生物备受关注。所谓根际微生物，就是生活在根际表面及其周围的微生物。作物根一方面从土壤吸收养分供给植物，另一方面又将叶片制造的养分及根的一部分分泌物排放到土壤中。根的分泌物包括糖类和其他富含营养的物质，数量占光合产物的 $10\%\sim20\%$，土壤微生物以此为营养大量聚集到根的周围，并在那里生存、繁殖。此外，根系的分泌物中还包含果胶类黏性比较强的物质，它们可将土壤粒子粘在一起，促进土壤的团粒化。

（3）微生物可以制造和提供根系生长的养分　微生物不仅接受根系的分泌物，以它为食物进行繁殖，还制造氨基酸、核酸、维生素、生物激素等物质，供根系吸收。根际微生物也可将肥料中的养分变成根系可吸收的形态，供给作物根系吸收，使根系与根际微生物形成共生。

（4）微生物将土壤养分送至根系　微生物可将土壤中难于被作物吸收的养分（不可利用态）变成容易被作物吸收的养分，或把根系不能到达位置的养分送到根部，所以根际微生物具有帮助作物稳定吸收土壤养分的作用，如 AV 菌根菌可以帮助植物吸收磷、镁、钙及铜、锌等微量元素。

（5）微生物可以调节肥效，当肥料不足时，微生物能促进肥效　当根系养分过多时，微生物吸收丰富的无机养分贮藏到菌丝体内，使根系周围的养分浓度逐渐降低；当肥料不足时，随着微生物的死亡，被菌丝吸收的养分又逐渐释放出来，被作物吸收。这是微生物为了自身的生存而适应环境的结果。

（6）微生物制造的养分，可以提高作物的抗逆性，改善产品的品质　微生物在活动中或死亡后所释放的物质，不仅是氮、磷、钾等无机养分，还有多种氨基酸、维生素、细胞分裂素、植物生长素、赤霉素等植物激素类生理活性物质，它们刺激根系生长、叶芽和花芽形成、果实肥大、固形物增加，提高作物的抗逆性，改善产品品质。

2）土壤培肥措施

用地与养地结合是不断培育土壤，实现有机农业持续发展的重要途径。关于有机农业土壤的综合培肥实践，应从以下几个方面入手。

（1）水　水是最宝贵的资源之一，也是土壤最活跃的因素，只有合理的排灌才能有效地控制土壤水分，调节土壤的肥力状况。以水控肥是提高土壤水和灌溉水利用率的有效方法。应根据具体情况，确定合理的灌溉方式，如喷灌、滴灌和渗灌（地下灌溉）等。

（2）肥　肥料是作物的粮食，仅靠土壤自身的养分是不可能满足作物生长发育需要的，因此，广辟肥源、增施肥料是解决作物需肥与土壤供肥矛盾以及培肥土壤的重要措施。首先要增施有机肥，加速土壤熟化。一般来说，土壤的高度熟化是作物高产稳产的根本保证，而土壤的熟化主要是由于活土层的加厚以及有机肥的作用。有机肥是培肥熟化土壤的物质基础，有机、无机矿物肥料相结合，既能满足作物对养分的需求，又能增加土壤的有机质含量，改善土壤的结构，是用养结合的有效途径。

（3）轮作　合理轮作，用养结合，并适当提高复种指数。合理地安排作物布局，能充分有效地维持和提高土壤肥力，如与豆科作物轮作，利用豆科的生物固氮作用增加土壤中氮素积累，为下茬或当茬作物提供更多的氮素营养。

（4）耕作　平整土地、精耕细作、蓄水保墒、通气调温是获取持续产量的必要条件。土地平整是高产土壤的重要条件，可以防止水土流失，提高土壤蓄水保墒能力，协调土壤、水、气的矛盾，充分发挥水、肥、气作用，保证作物正常生长。土壤耕作则是指对土壤进行耕地、耙地等农事操作，耕作可以改善土壤耕层和地面状况，为作物播种、出苗和健壮生长创造良好的土壤环境，同时耕层的疏松还有利于根系发育和保墒、保温、通气以及有机质和养料的转换。

总之，有机农业的土壤培肥不是一朝一夕的事情，不仅要做到土壤水、肥、气、热等因子之间的相互协调，还要使这种协调关系持续不断地保持下去，才能达到持续稳产的目的。

2. 土壤施肥

1）基本原理

施肥是补充和增加土壤养分的最有效手段。做到合理施肥、经济用肥，最重要的是掌握合理施肥的 5 个基本规律。

（1）植物必需营养元素的同等重要、不可替代性　尽管植物对必需营养元素的需要量不同，但就它们对植物的重要性来说，都是同等重要的。因为它们各自具有特殊的生理功能，不能相互替代。大量元素固然重要，中、微量元素也同样影响植物的健康生长。

（2）养分归还学说　人类在土地上种植作物、收获产品。必然要从土壤中带走大量养分，土壤养分含量越来越少，使地力逐渐下降，要想恢复地力就必须归还从土壤中拿走的全部物质，就应该向土壤施加肥料。作物产量有 $40\%\sim80\%$ 的养分来自土壤，但土壤不是一个取之不尽、用之不竭的"养分库"，必须依靠施肥的形式，把作物带走的养分"归还"于土壤，才能使土壤保持原有的生命活力。

（3）最小养分律　要保证作物正常发育从而获得高产，就必须满足作物所需要的一切营养元素。其中有一种元素达不到需要量，作物生长就会受到影响，产量就受这一最小养分的制约。如果无视这个限制因素的存在，即使继续增加其他营养成分也难以提高产量。

（4）因子综合作用律　影响作物生长发育的因子很多，如水分、光照、温度、空气、养分、品种等。作物的生长和产量取决于这些因素的综合作用。假如某一因素和其他因素配合失去平衡，就会制约作物的生长和产量的提高。合理施肥是作物增产综合因子中重要因子之一，为了充分发挥肥料的增产作用，施肥必须与其他农业技术措施相结合；同时还要重视各种养分之间的配合施用。

（5）报酬递减律　当某种养分不足限制了作物产量的提高时，通过施肥补充养分，可获得明显的增产。然而，施肥量和产量之间并不是正相关的关系，当施肥量超过一定限度，作物产量随着施肥量的增加而呈递减趋势，肥料报酬出现负效应。施肥要有限度，这个限度是获得最高产量时的施肥量，超过施肥限度，就是盲目施肥，必然会遭受一定的经济损失。报酬递减律，是以其他技术条件相对稳定为前提的。

2）土壤施肥量的确定

作物施肥数量的多少取决于作物产量需要的养分量、土壤供肥能力、肥料利用率、作物栽培要求等因素，根据作物经济产量确定有效的施肥量，是保证作物营养平衡和持续稳产的关键（表 4-2）。

表 4-2　不同作物经济产量 100 kg[1]、1000 kg[2] 的需肥量　　　　kg

作物种类	氮（N）	磷（P_2O_5）	钾（K_2O）
粮食、油料、棉麻：			
稻谷[1]	2.40	1.25	3.10
玉米（籽粒）[1]	2.60	0.90	2.10
甘薯[2]	3.50	1.75	5.50
大豆（籽粒）[1]	6.60	1.30	1.80
胡豆（籽粒）[1]	6.41	2.00	5.00
豌豆（籽粒）[1]	3.00	0.86	2.86
冬小麦（籽粒）[1]	3.00	1.25	2.50
马铃薯[2]	4.00	1.85	9.65
油菜籽[1]	5.80	2.50	4.30
花生果[1]	6.80	1.30	3.80
芝麻[1]	8.23	2.07	4.41
皮棉[1]	15.00	6.00	10.00
蔬菜[2]：			
萝卜（鲜块根）	2.10～3.10	0.80～1.90	3.80～5.60
甘蓝（鲜茎叶）	3.10～4.80	0.90～1.20	4.50～5.40
菠菜（鲜茎叶）	2.10～3.50	0.60～1.10	3.00～5.30
茄子（鲜果）	2.60～3.00	0.70～1.00	3.10～5.50
胡萝卜（鲜块根）	2.40～4.30	0.70～1.70	5.70～11.70
芹菜（全株）	1.80～2.00	0.70～0.90	3.80～4.00
番茄（鲜果）	2.20～2.80	0.50～0.80	4.20～4.80
黄瓜（鲜果）	2.80～3.20	1.00	4.00
南瓜（鲜果）	3.70～4.20	1.80～2.20	6.50～7.30
甜椒（鲜果）	3.50～5.40	0.80～1.30	5.50～7.20
冬瓜（鲜果）	1.30～2.80	0.60～1.20	1.50～3.00
西瓜（鲜果）	2.50～3.30	0.80～1.30	2.90～3.70
大白菜（全株）	1.77	0.81	3.73
花菜（鲜花球）	7.70～10.80	21.00～3.20	9.20～12.00
架豆（鲜果）	8.10	2.30	6.80
洋葱	2.40	1.20	2.30
大葱	3.00	1.25	4.00
水果[2]：			
柑橘	6.00	1.10	4.00
梨	4.70	2.30	4.80
苹果	3.00	0.80	3.20
桃	4.80	2.00	7.60
柿	5.90	1.40	5.40
葡萄	6.00	3.00	7.20
草莓（鲜果）	3.10～6.20	1.40～2.10	4.00～8.30

作物的营养来源于土壤矿化物的释放、上茬作物有机质的分解和当茬作物的肥料补充。通常,对氮素的利用率,水田平均为 $35\%\sim60\%$,旱田为 $40\%\sim75\%$;磷的利用率为 $10\%\sim25\%$;钾肥的利用率为 $10\%\sim25\%$;有机肥中磷的利用率为 $20\%\sim30\%$,钾的利用率为 50%。

3)施肥的种类和方法

肥料种类的选择要求:有机化、多元化、无害化和低成本化。

肥料的种类包括:农家肥、堆肥、矿物肥料、绿肥和生物菌肥。

(1)农家肥　农家肥是有机农业生产的基础,适合小规模生产和分散经营模式,是综合利用能源的有效手段,是有机农业低成本投入的有效形式。大量施用农家肥可促进有机农业生产中种植与养殖的有效结合,实现低成本的良性物质循环。

农家肥包括牲畜粪尿与各种垫圈物料混合堆沤后的肥料。包括猪圈肥、牛栏肥、羊圈肥、马厩肥、鸡窝肥等。

有机种植中允许使用的各类农家肥及其营养含量见表 4-3。

表 4-3　农家肥种类及营养含量　　　　　　　　　　　　　　　　　　　　　%

肥料名称	氮(N)	磷(P_2O_5)	钾(K_2O)
粪肥类			
猪粪尿	0.48	0.27	0.43
猪尿	0.30	0.12	1.00
猪粪	0.60	0.40	0.14
猪厩肥	0.45	0.21	0.52
牛粪尿	0.29	0.17	0.10
牛粪	0.32	0.21	0.16
牛厩肥	0.38	0.18	0.45
羊粪尿	0.80	0.50	0.45
羊尿	1.68	0.03	2.10
羊粪	0.65	0.47	0.23
鸡粪	1.63	1.54	0.85
鸭粪	1.00	1.40	0.60
鹅粪	0.60	0.50	1.00
蚕沙	1.45	0.25	1.11
饼肥类			
菜籽饼	4.98	2.65	0.97
黄豆饼	6.30	0.92	0.12
棉籽饼	4.10	2.50	0.90
蓖麻饼	4.00	1.50	1.90
芝麻饼	6.69	0.64	1.20
花生饼	6.39	1.10	1.90

续表 4-3

肥料名称	氮(N)	磷(P_2O_5)	钾(K_2O)
绿肥类(鲜草)			
紫云英	0.33	0.08	0.23
紫花苜蓿	0.56	0.18	0.31
大麦草	0.39	0.08	0.33
小麦草	0.48	0.22	0.63
玉米秆	0.48	0.38	0.64
稻草	0.63	0.11	0.85
堆肥类			
麦秆堆肥	0.88	0.72	1.32
玉米秆堆肥	1.72	1.10	1.16
棉秆堆肥	1.05	0.67	1.82
生活垃圾	1.35	0.80	1.47
灰肥类			
棉秆灰	(未经分析)	(未经分析)	3.67
稻草灰	(未经分析)	1.10	2.69
草木灰	(未经分析)	2.00	4.00
骨头灰	(未经分析)	40.00	(未经分析)
杂肥类			
鸡毛	8.26	(未经分析)	(未经分析)
猪毛	9.60	0.21	(未经分析)

常见(用)农家肥的特点:猪粪尿、鸡粪、马粪和牛粪的特点如下。

①猪粪尿:质地细,成分复杂,木质素少,总腐殖质含量高,比羊粪高 1.19%,比牛粪高 2.18%,比马粪高 2.38%。猪尿中以水溶性尿素、尿酸、马尿酸、无机盐为主,pH 中性偏碱。

②鸡粪:养分含量高,全氮为 1.03%,是牛粪的 4.1 倍;全钾为 0.72%,是牛粪的 3.1 倍;在堆肥过程中易发热,氮素易挥发。鸡粪应干燥存放,施用前再沤制,并加入适量的钙、镁、磷肥起到保氮作用。适用于各种土壤,因其分解快,宜作追肥,也可与其他肥料混用作基肥。鸡粪可提高作物的品质,是优质的有机肥。施用鸡粪的小白菜其葡萄糖和蔗糖的含量超过施用豆饼的小白菜;在葡萄上施用鸡粪,可溶性糖和维生素 C 的含量最高。鸡粪养分含量高,尿酸多,施用量不宜超过 2 t/666.7 m²,否则会引起烧苗。

③马粪:纤维较粗,粪质疏松多孔,通气良好,水分易于挥发;马粪中含有较多的纤维素分解菌,能促进纤维分解;因而,较牛粪和羊粪分解腐熟速度快,发热量大,属热性肥料,是高温堆肥和温床发热的好材料。

④牛粪:成分与猪粪相似,粪中含水量高,空气不流通,有机质分解慢,属于冷性肥料。未经腐熟的牛粪肥效低。牛粪可以使土壤疏松,易于耕作,对改良黏土有好处。

牛粪宜加入秸秆、青草、泥炭或土等垫物,吸收尿液,加入马粪、羊粪等热性粪料,促进牛粪腐熟,为防止可溶性养分流失,堆肥时加入钙、镁、磷肥以保氮增磷,提高肥料质量。

(2)堆肥

①堆肥:是利用秸秆、落叶、杂草、绿肥、人畜粪尿和适量的石灰、草木灰等进行堆制,经腐熟而成的肥料。有机农业生产对堆肥的要求,不仅是堆制材料的腐解和养分要求,还要求通过堆沤的过程,实现无害化,即堆肥必须通过发酵,杀灭其中的寄生虫卵和各种病原菌。另外,为了作物的健康生长,要通过发酵,杀死各种为害作物的病虫害及杂草种子。此外,堆沤发酵秸秆可以消除其产生的对作物有害的有机酸类物质;一些饼粕类物质,也需通过堆制发酵后施用,以保障作物不产生中毒现象。

②活性堆肥:是在油渣、米糠等有机质肥料中加入山土、黏土、谷壳等,经混合、发酵制成的肥料。这是日本从事有机农业生产最常用、最普遍的堆肥方式。利用此法堆制的肥料较一般堆肥具有活性高、营养丰富的特点,在施肥效果上表现为植株叶片变厚、节间变短、果菜类蔬菜坐果稳定、果实光泽好、糖分增加、耐贮藏、不易受病虫害的为害等。

③沤肥:是利用秸秆、山草、水草、牲畜粪便、肥泥等就地混合,在田边地角或专门的池内沤制而成的肥料。其沤制的材料与堆肥相似,所不同的是沤肥是嫌气常温发酵,原料在淹水条件下进行沤制。

④沼气肥:是有机物在密闭、嫌气条件下发酵制取沼气后的残留物,是一种优质的、综合利用价值大的有机肥料。$6\sim8\ m^3$ 的沼气池可年产沼气肥 $9\ t$,沼液的比例占 85%,沼渣占 15%。沼渣宜作底肥,一般土壤和作物均可施用。长期连续施用沼渣替代有机肥,对各季作物均有增产作用。同时还能改善土壤的理化特性,增加土壤有机质。沼液肥是有机物经沼气池发酵制取沼气后的液体残留物。与沼渣相比,沼液养分较低,但速效养分高,属于速效性肥料,而且沼液量多,提供的养分也多。沼液一般作追肥和浸种。作追肥施用可开沟、顺垄条施或普通泼施,增产效果明显。浸种能提高种子发芽率、成活率和抗病性。此外,沼液可杀虫和防病,对蚜虫和红蜘蛛有很好的防效;对蔬菜病害、小麦病害和水稻纹枯病均有良好的预防和防治作用。

(3)矿物肥料　矿物肥料主要包括磷肥、钾肥、镁肥、钙肥、铁肥、锌肥、硫肥、硼肥、锰肥和钼肥等。

①磷肥:按其磷酸盐的溶解度可分为难溶性磷肥、水溶性磷肥和弱酸溶性磷肥 3 种类型,其中水溶性磷肥是属于化肥范围,在有机农业中是禁止使用的,如过磷酸钙、重过磷酸钙;弱酸性磷肥(如钙镁磷肥、钢渣磷肥)和难溶性的磷肥(如磷矿粉等)可以作为有机农业生产中的磷肥补充。

②钾肥:钾是植物生长必需的营养元素。有机肥、草木灰、天然钾盐和窑灰钾肥等都是有机农业中钾肥的来源。

③钙肥:含钙的肥料包括石灰、钙镁磷肥、磷矿粉和窑灰磷肥等。石灰是最主要的钙肥,包括生石灰(氧化钙)、熟石灰(氢氧化钙)、碳酸石灰(碳酸钙)3 种。

④镁肥:镁肥主要来源于土壤和有机肥。土壤中镁(MgO)含量为 $0.1\%\sim4\%$,多数在 $0.3\%\sim2.5\%$,主要受成土母质、气候、风化和淋溶程度的影响,北方土壤中镁的含量均在 1% 以上。有机肥中含有大量的镁,如厩肥中含镁量为干物质的 $0.1\%\sim0.6\%$。所以,在以有机肥为主要肥源的有机农业中,镁的缺乏不如常规农业普遍。

⑤硫肥:主要存在于有机质中,土壤有机质含量高,含硫量也高。含硫的肥料有石膏和硫黄。石膏是最重要的硫肥,农用石膏有生石膏、熟石膏和含磷石膏 3 种。使用时先将石膏磨

碎,通过 60 目的筛孔,以提高其溶解度。

⑥铁肥:主要存在于土壤中,铁在土壤中以二价铁和三价铁的形式存在,其数量的分配与土壤的酸碱度和氧化还原电位密切相关,当土壤为碱性和氧化还原电位高时,三价铁比例高,而植物吸收的铁是二价铁,所以石灰性土壤和沙质土壤易发生缺铁现象。

⑦锌:锌是植物生长的必需微量元素。由于土壤的酸碱度、有机质含量、温度和大量施用磷肥常引起植物缺锌。锌肥缺乏时植物叶片变小、叶脉间黄化,节间缩短,形成簇生小叶的现象。缺锌症状在植物间表现普遍,最敏感的作物有玉米、甜玉米、高粱、大豆、荞麦、棉花、蓖麻、番茄、烟叶、向日葵、啤酒花、甘蓝、莴苣、芹菜、菠菜、桃、樱桃、苹果、梨、李、杏、柑橘、葡萄、木瓜和咖啡等。

⑧硼肥:硼对作物最重要的影响是促进早熟和改善果实品质,提高维生素 C 的含量,提高含糖量,降低含酸量;增强作物的抗逆性和抗病性。施硼肥能够降低马铃薯疮痂病、甜菜心腐病、萝卜褐腐病、甘薯褐斑病、芹菜折茎病和向日葵白腐病的发病率。

⑨锰:锰是叶绿素的组成物质,促进种子和果实的成熟。在作物体中不易移动,因此缺锰症从新叶开始。缺锰的土壤主要是北方石灰性土壤。

⑩钼:钼可将硝态氮变成铵态氮,促进维生素 C 的合成,钼的供给量与土壤和农业技术措施密切相关。

(4)绿肥 绿肥的主要种类有毛叶苕子、草木樨、紫穗槐、沙打旺、三叶草、紫花苜蓿、紫云英等。其作用包括:①增加土壤氮素与有机质含量;②富集和转换土壤养分;③绿肥作物根系发达,吸收利用土壤中难溶性矿质养分的能力很强;④改善土壤理化性状,加速土壤熟化,改良低产土壤;⑤绿肥能提供较大量的新鲜有机物质与钙素等养分;⑥减少水、土、肥的流失和固沙护坡;⑦改善生态环境;⑧绿肥覆盖能调节土壤温度,有利于作物根系的生长。

(5)生物菌肥 生物菌肥是以特定微生物菌种生产的含有活性微生物的肥料。根据微生物肥料对改善植物营养元素的不同,可以将其分成根瘤菌肥料、磷细菌肥料、钾细菌肥料、硅酸盐细菌肥料和复合微生物肥料 5 类。微生物肥料可用于拌种,也可作为基肥和追肥使用。在生物菌肥中,禁止使用基因工程(技术)菌剂。

4.4　有害生物防治

有机农业是一种完全或基本不用人工合成的化肥、农药、除草剂、生长调节剂的农业生产体系,要求在最大的范围内尽可能依靠作物轮作、抗虫品种和综合应用其他各种非化学手段控制作物病虫害的发生。它要求每个有机农业生产者从作物病虫草等生态系统出发,综合应用各种农业的、生物的、物理的防治措施,创造不利于病虫草滋生和有利于各类自然天敌繁衍的生态环境,保证农业生态系统的平衡和生物多样化,减少各类病虫草害所造成的损失,逐步提高土地再利用能力,达到持续、稳定增产的目的。从事有机农业生产既可保护环境,减少各种人为的环境及产品污染,又可降低生产成本,提高经济效益。

4.4.1　植物病害及其防治技术

植物发生病害是因为受到病原生物或环境因素的连续刺激导致寄主细胞和组织的机能失常,在外形上、生理上、生长上和整体完整性上出现异常变化,形成一定的症状表现。

1. **植物病害的分类**

关于植物病害的分类目前还没有一个统一的规定,现行的方法可以按寄主植物的种类分小麦病害、玉米病害、蔬菜病害、果树病害等;按发病部位分叶部病害、根部病害等;按生育阶段分幼苗病害、成株病害等;按病原类型分侵(传)染性病害和非侵(传)染性病害或生理性病害,侵(传)染性病害是由病原生物引起,又可分为真菌病害、细菌病害、病毒病害、植原体病害、线虫病害等,非侵(传)染性病害或生理性病害是由不适宜的物理和化学因子等造成;按传播方式植物病害可分为气传病害、土传病害、种传病害等。

按寄主植物种类分类的优点是便于了解一类或一种植物的病害问题,按发病部位分类便于诊断,按传播方式分类便于根据传播特点考虑防治措施。一种植物上往往能发生多种病害,各个时期病害的性质不同,防治措施也不一样,按生育阶段分类有利于在不同时期采用不同的防治方法,但是病害的发生和发展规律以及防治方法依病原的种类不同而明显不同。

2. **植物病害的病原**

病原是植物发生病害的原因,可以分为两大类:一类是非生物(非传染性)病原,另一类是生物(传染性)病原。

(1)非生物病原 非生物(非传染性)病原主要有:营养元素供应失调,缺乏(缺素)或过盛(中毒);水分供应失调,缺少(干旱)或过多(水涝);温度出现失常,过低(冻害)或过高(日灼);有害物质或有害气体、大气污染、金属离子中毒、农药中毒;土壤或灌水含盐碱较多、土壤酸碱度不适;光照不足或过强;缺氧、栽培措施不适等。

(2)生物病原 生物(传染性)病原主要有真菌、细菌、病毒、植原体、线虫等。

①真菌:真菌的细胞具有真正的细胞核,含有几丁质或纤维素或二者兼有的细胞壁,其营养体通常是丝状分枝的菌丝体,繁殖方式是产生各种类型的无性孢子和有性孢子。真菌的营养菌丝体在适宜条件下产生无性孢子,无性孢子萌发形成芽管,芽管生长形成新的菌丝体,这是无性阶段,在生长季常循环多次。无性孢子繁殖快、数量大、扩散广,往往对一种病害在生长季节中的传播和再侵染起重要的作用。真菌在生长后期进入有性阶段,从单倍体的菌丝体上形成配子囊或配子,经过质配形成双核阶段,再经过核配形成双倍体的细胞核,最后经过减数分裂形成单倍体的细胞核,这种细胞发育成单倍体的菌丝体。有性生殖多发生在侵染的后期或腐生阶段,所产生的有性孢子往往是病害初侵染的来源。

②细菌:细菌属于原核生物界,单细胞,不含叶绿素,依靠寄生或腐生生存,是异养生物,可以在人工培养基上生长繁殖。细菌细胞的形态分为球状、杆状和螺旋状 3 种。植物病原细菌都是杆状,长 $1\sim3\,\mu m$,宽 $0.5\sim0.8\,\mu m$。细菌细胞的结构比较简单,由细胞壁、细胞膜、细胞质和核区等四个部分组成。细菌的繁殖方式为裂殖。细菌繁殖速度很快,每小时分裂一次。在适宜的条件下,有的只需 20 min 就能分裂一次。植物病原细菌可以人工培养,在固体培养基上能够形成各种不同形状和颜色的菌落。大多数植物病原细菌都是好气的,在中性或微碱性的环境中生长良好,适宜温度为 $26\sim30℃$,在 $50℃$ 下经 10 min 多数都会死亡。细菌主要分革兰氏阴性和阳性两大类群。

③病毒:病毒是非细胞生物,比细菌小,可以通过细菌过滤器,病毒粒体在电镜下才能观察到。病毒有杆状、线状、球状、弹状、双联体状等多种形态,不同类型的病毒粒体大小差异很大。病毒粒体主要由核酸和蛋白质组成。蛋白质在外部形成衣壳,核酸在内形成心轴。病毒的核

酸有核糖核酸(RNA)和脱氧核糖核酸(DNA)两种类型,并有单链和双链两种结构,但植物病毒的核酸大多是单链 RNA,病毒的核酸有传染性,带有病毒的遗传信息。病毒缺少细胞生物所具备的细胞器,并且绝大多数病毒还缺乏独立的酶系统,不能合成自身繁殖所需的原料和能量,当病毒侵入植物细胞后改变寄主的代谢途径,从而使寄主细胞在病毒核酸(基因组)的控制之下完成病毒的繁殖。

④植原体:植原体是介于细菌和病毒之间的一类原核生物,由原来的类菌原体(MLO)定名而来,难以人工培养。植原体细胞通常呈圆形或椭圆形,圆形的大小为 100～1000 nm,椭圆形的大小为 200 nm×300 nm,但也具有多型性,在植物组织或培养基中可见哑铃状、纺锤状、马鞍状、出芽酵母状、念珠状、丝状体等不规则形。植原体的细胞结构简单,没有细胞壁,在细胞质外具有三层结构的单位膜,厚度为 8～12 nm。细胞质内有颗粒状的核糖体、可溶性蛋白质、可溶性 RNA 及代谢物等,没有细胞核,基因组是双链闭合环状的 DNA。DNA 的 G+C 摩尔百分比是所有微生物中最低的,在 28% 以下。其繁殖方式有二均分裂、出芽、丝状体缢缩成念珠状并断裂为球状体,或老细胞外膜消失,内含体释放到体外发育成为新个体。目前已知植原体的种类有 12 个群和 25 个亚群,300 多种植物的近 100 种病害是由类菌原体引起的。

⑤线虫:线虫是一种低等动物,又名蠕虫,属无脊椎动物线动物门的线虫纲,在自然界分布很广,种类很多,在土壤中、动植物体内,甚至海洋、沙漠、泥沼中都有,大多数是腐生的,有一部分可以寄生在植物上引起线虫病害。植物病原线虫多为不分节的乳白色透明线形体,少数为雌雄异形、雌虫洋梨形或球形;线虫的长度一般不到 1 mm,宽 0.05～0.1 mm。植物病原线虫的生活史都很简单,除少数可营孤雌生殖外,绝大多数线虫需经两性交尾后雌虫才能排出成熟卵。线虫卵产在土壤中,有的产在植物体内,有少数留在雌虫母体内。一个成熟雌虫可产卵500～3000 粒。卵在适宜的条件下迅速孵化为幼虫,幼虫发育到一定阶段即蜕化。蜕化一次体形长大一些,增长一龄。一般线虫经 3～4 次蜕化后即发育为成虫。从卵孵化到雌虫再产卵为一代。各种线虫完成一代所需的时间不同,有的几天,有的几周,甚至有些长的要 1 年才能完成一代生活史。

植物病原线虫大多数是专性寄生,只能在活组织上取食,少数可兼营腐生生活。根据线虫寄生的部位,可以分为地上部寄生和地下部寄生两类。由于线虫大都在土壤中生活,所以在地下部寄生植物根及地下茎的占多数。又根据线虫的寄生方式可分为内寄生和外寄生两类。虫体全部钻入植物组织内的称为内寄生,如根结线虫就是典型的内寄生;虫体大部分在植物体外,只有头部刺入植物组织吸食的称为外寄生;还有些线虫开始为外寄生,后期进入植物内成为内寄生。最适于线虫发育、孵化的温度为 20～30℃,最低为 10℃,最高为 55℃。最适合于线虫活动的湿度为 10%～17%。在潮湿高温条件下,线虫存活的时间短;在干燥和低温条件下存活时间较长。线虫除引起植物病害外还能传带许多其他病害并为其他病原的侵入创造条件,导致许多寄生性较弱的病原入侵和为害,常常成为土传病害(如根腐病和土传病毒病等)的先导和媒介,从而诱发或加重病害的发生和为害。

3. 植物病原物的来源和发生

1)病原物的来源

病原物在生长季之后,要度过寄主成熟收获后的一段时间或休眠期,即所谓病原物的越冬和越夏。病原物的越冬场所也就是寄主植物在生长季节内的初侵染来源,大部分的寄主植物冬季是休眠的,同时冬季气温低,病原物一般也处于不活动状态,因此病原物的越冬问题,在病害研究和防治中就显得更加重要。此时,及时消灭越冬的病原物,对减轻下一季节病害的严重度有着重要的意义。病原物越冬或越夏有以下几个场所:

(1)田间病株　在寄主内越冬或越夏是病原物的一种休眠方式。对于多年生植物,病原物可以在病株体内越冬,其中病毒以粒体,细菌以细胞,真菌以孢子、休眠菌丝或休眠组织(如菌核、菌索)等在病株的内部或表面度过夏季和冬季,成为下一个生长季节的初侵染来源。

(2)种子、苗木和其他繁殖材料　种子携带病原物可分为种间、种表和种内3种,了解种子带病的方式对于播种前进行种子处理具有实践意义。使用带病的繁殖材料不但植株本身发病,而且使田间的发病中心可以传染给邻近的健株,造成病害的蔓延。此时,还可以随着繁殖材料远距离的调运,将病害传播到新的地区。

(3)病株残体　绝大部分非专性寄生的真菌、细菌都能在病残体中存活一定时间,病原物在病株残体中存活时间较长的主要原因,是由于受到了植株残体组织的保护,增加了对不良环境因子的抵抗能力。当寄主残体分解和腐烂后,其中的病原物也逐渐死亡和消失。因此加强田间管理,彻底清除病株残体,集中烧毁或采取促进病残体分解的措施,都有利于消灭和减少初侵染来源。

(4)土壤　土壤是多种病原物越冬或越夏的主要场所。病株残体和病株上着生的各种病原物都很容易落到土壤里成为下一季的初侵染来源。其中专性寄生物的休眠体,在土壤中萌发后如果接触不到寄主就很快死亡,因而这类病原物在土壤中存活期的长短和环境条件有关:土壤温度比较低,而且土壤比较干燥时,病原物容易保持它的休眠状态,存活时间就较长;反之则短。另外,有些寄主性比较弱的病原物,它们在土壤中不但能够保存其生活力,而且还能够转入活跃的腐生生活,在土壤里大量生长繁殖,增加了病原体的数量。

(5)肥料　病原物可以随着病株残体混入肥料或以休眠组织直接混入肥料,肥料如未充分腐熟,其中的病原体就可以存活下来。根据病害的越冬或越夏的方式和场所,我们可以拟定相应的消灭初侵染源的防治措施。

2)发病条件

植物病害是在外界环境条件影响下,植物与病原相互作用并导致植物发病的过程,因此,影响病害发生的基本因素有病原、感病寄主和环境条件。在侵染性病害中,具有致病力的病原物的存在及其大量繁殖和传播是病害发生发展的重要因素之一。因此,消灭或控制病原物的传播、蔓延是防治植物病害的重要措施。

感病寄主的存在是植物病害发生发展的另一个重要因素。植物作为活的生物,对病害必然也有抵抗反应,这种病原与寄主的相互作用决定着病害的发生与否和发病程度。因此,有病原存在,植物不一定发病。病害的发生取决于植物抗病能力的强弱,如果植物抗病性强,即使有病原存在,也可以不发病或发病很轻。所以栽培抗病品种和提高植物的抗病性,是防治植物病害的主要途径之一。植物病害的发生还受到环境条件的制约,环境条件包括立地条件(土壤质地和成分、地形地势、地理和周边环境等)、气候、栽培措施等非生物因素和人、害虫、其他动物及植物周围的微生物区系等生物因素。环境条件一方面影响病原物,促进或抑制其发生发展;另一方面也影响寄主的生长发育,影响其感病性或抗病性,因此,只有当环境条件有利于病原物而不利于寄主时,病害才能发生发展;反之,当环境条件有利于寄主而不利于病原物时,病害就不发生或者受到抑制。

综上所述,病原、感病寄主和环境条件是植物病害发生发展的 3 个基本要素,病原和感病寄主之间的相互作用是在环境条件影响下进行的,这 3 个要素的关系被称为植物病害的三角关系。此外,人类的生产和社会活动也对植物病害的发生有重要的影响,生物在长期的进化过程中经过自然选择呈现一种平衡、共存的状态,植物和病原物也是这样。不少病害的发生是由于人类的活动打破了这种自然生态的平衡而造成的,如耕作制度的改变、作物品种的更换、栽培措施的变化、没有严格检疫情况下境内外大量调种而造成人为引进了危险性病原物等。由此可见,在植物病害发生发展过程中,人的因素是重要的,因而有人提出植物病害的四角关系,即除病原、感病寄主和环境条件外,再增加人的因素。实际上,在植物病害的发生发展中病原与植物是一对矛盾,其他因素都是影响矛盾的外界条件,人的因素只是外界环境条件中比较突出的因子而已。从这一观点出发,植物病害发生的基本因素还是病原、感病寄主和环境条件。防治植物病害必须重视环境条件的治理,使其有利于植物抗病性的提高,而不利于病原的发生和发展,从而减轻或防止病害的发生。

3)病原物的侵入途径

病原物的侵入途径即病原物进入寄主植物的路径,因病原物的种类不同,其侵入途径也不相同。侵入途径主要有以下几种类型。

(1)直接侵入 从寄主表皮直接侵入,线虫和一部分真菌具有这种侵入途径。例如白粉菌的分生孢子和锈病的担孢子发芽后都可以直接侵入。

(2)自然孔口侵入 植物体表的自然孔口有气孔、皮孔、水孔、蜜腺等,部分真菌和细菌可以通过自然孔口侵入。

(3)伤口侵入 植物表皮的各种伤口如剪伤、锯伤、虫伤、碰伤、冻伤等形成的伤口都是病原物侵入的途径。在自然界中,寄生性较弱的真菌和一些病原细菌往往由伤口侵入,而病毒只能从轻微的伤口侵入。

①真菌的侵入途径:真菌的侵入途径包括直接穿过寄主表皮层、自然孔口和伤口 3 种方式。但是,各种真菌的侵入途径不完全一致,从寄主表皮直接侵入的真菌和从自然孔口侵入的真菌,一般寄生性都比较高,如霜霉菌、白粉菌等;从伤口侵入的真菌很多都是寄生性较弱的真菌,如镰刀菌等。

真菌大都是以孢子萌发后形成的芽管或菌丝侵入。典型的步骤是:孢子的芽管顶端与寄主表面接触时膨大形成附着器,附着器分泌黏液将芽管固着在寄主表面,然后附着器产生较细的侵染丝侵入寄主体内。无论是直接侵入或从自然孔口、伤口侵入的真菌都可以形成附着器,其中以从角质层直接侵入和从自然孔口侵入比较普遍,从伤口侵入的绝大多数不形成附着器,而以芽管直接从伤口侵入。从表皮直接侵入的病原真菌,其侵染丝先以机械压力穿过寄主植物角质层,然后通过酶的作用分解细胞壁而进入细胞内。真菌不论是从自然孔口侵入还是直接侵入,进入寄主体内后,孢子和芽管里的原生质随即沿侵染丝向内输送,并发育成为菌丝体,吸取寄主体内的养分,建立寄生关系。

②细菌的侵入途径:细菌缺乏直接穿过寄主表皮角质层侵入的能力,其侵染途径只有自然孔口和伤口两种方式。其细胞个体可以被动地落到自然孔口里或随着植物表面的水分被吸进孔口,有鞭毛的细菌靠鞭毛的游动也能主动侵入。从自然孔口侵入的植物病原细菌,一般都有较强的寄生性,如黄单胞杆菌属(*Xanthomonas*)和假单胞杆菌属(*Pseudomonas*)的细菌;寄生性较弱的细菌则多从伤口侵入,如欧氏杆菌属(*Erwinia*)和土壤杆菌属(*Agrobacterium*)的

细菌。

③病毒的侵入途径:病毒缺乏直接穿过寄主表皮角质层侵入和从自然孔口侵入的能力,只能从伤口与寄主细胞原生质接触来完成侵入。由于病毒是专性寄生物,所以只有在寄主细胞受伤但不丧失活力的情况下(即微伤)才能侵入,由害虫传播入侵也是从伤口侵入的一种类型。

④线虫的侵入途径:植物寄生线虫有外寄生和内寄生两种寄生类型,但也有兼而有之的。外寄生的植物线虫只以口针吸取植物汁液,线虫不进入植物体内;内寄生的线虫多从植物的伤口或裂口侵入,也有少数从自然孔口侵入或从表皮直接侵入。

⑤病原物侵入与环境的关系:病原物侵入寄主所需的时间与环境条件有关,但是一般不超过几小时,很少超过 24 h。湿度和温度是影响病原物侵入的重要环境条件。湿度对侵入的影响包括对病原物和寄主植物两方面的影响,大多数真菌孢子的萌发、游动孢子的游动、细菌的繁殖以及细菌细胞的游动都需要在水滴里进行,因此湿度对侵入的影响最大。植物表面不同部位不同时间内可以有雨水、露水、灌溉水和从水孔溢出的水分存在,其中有些水分虽然保留时间不长,但足以满足病原物完成侵入需要。一般来说,湿度高对病原物(除白粉菌以外)的侵入有利,而使寄主植物抗侵入的能力降低。在高湿度下,寄主愈伤组织形成缓慢,气孔开张度大,水孔泌水多而持久,保护组织柔软,从而降低了植物抗侵入的能力。湿度能影响真菌孢子的萌发和侵入,而温度则影响孢子萌发和侵入的速度。各种真菌的孢子都具有其最高、最适及最低的萌发温度,在适宜的温度下,萌发率高、所需的时间短、形成的芽管长;超过最适温度越远,孢子萌发所需的时间越长,如果超出最高和最低的温度范围孢子便不能萌发。

一般来说,在病害能够发生的季节里,温度一般都能满足侵入的要求,而湿度条件变化较大,常常成为病害侵入的限制因素。病毒在侵入时,外界条件对病毒本身的影响不大,而与病毒的传播和侵染的速度等有关。例如,干旱年份病毒病害发生较重,主要是由于气候条件有利于传毒害虫的活动,因而病害常严重发生。

4)病原物的传播方式

在植物体外越冬或越夏的病原物,必须传播到植物体上才能发生初侵染;在最初发病植株上繁殖出来的病原物,也必须传播到其他部位或其他植株上才能引起再侵染;此后的再侵染也是靠不断的传播才能发生;最后,有些病原物也要经过传播才能达到越冬、越夏的场所。可见,传播是联系病害循环中各个环节的纽带。防止病原物的传播,不仅使病害循环中断,病害发展受到控制,而且还可以防止危险性病害发生区域的扩大。

病原物的传播方式包括主动传播和被动传播。有些病原物可以通过自身的活动主动地进行传播。例如,许多真菌具有强烈放射其孢子的能力,一些真菌能产生游动孢子,具有鞭毛的病原细菌也能游动,线虫能够在土壤中和寄主上爬行。但是病原体自身放射和活动的距离有限,只能作为传播的开端,一般都还需要依靠媒介把它们传播到距离较远的植物感病点上。除了上述主动传播外,病原物主要的自然传播或被动传播的方式有以下几种。

(1)风力传播(气流传播) 在病原物的自然传播中,风力传播占着主要的地位,它可以将真菌孢子吹落、散入空中作较长距离的传播,也能将病原物的休眠体、病组织或附着在土粒上的病原物吹送到较远的地方。特别是真菌产生孢子的数量大,孢子小而轻,更便于风力传播。风力传播的距离较远,范围也较大,但不同的病害由于其病原体的特性不同,传播的距离也有不同。细菌和病毒不能由风力直接传播,但是带细菌的病残体和带病毒的害虫是可以通过风力传播的,这种属于间接传播。及时喷药、种植抗病品种、通过栽培措施提高寄主抗病性等是防治风传病害的基本途径。

(2)雨水传播 雨水传播病原物的方式是十分普遍的,但传播的距离不及风力远。真菌中炭疽病菌的分生孢子、球壳孢目的分生孢子以及许多病原细菌都黏聚在胶质物内,在干燥条件下都不能传播,必须利用雨水把胶质溶解,使孢子和细菌散入水内,然后随着水流或溅散的雨滴进行传播。此外,雨水还可以把病树上部的病原物冲洗到下部或土壤内,或者借雨滴的反溅作用,把土壤中的病菌传播到距地面较近的寄主组织上进行侵染。雨滴还可以促使飘浮在空气中的病原物沉落到植物上。因此,风雨交加的气候条件,更有利于病原物的传播。土壤中的病原物还能随着灌溉水传播。防治雨水传播的病害主要是消灭初侵染的病原菌,灌溉水要避免流经病田。

(3)害虫传播 有许多害虫在植物上取食和活动,成为传播病原物的介体。主要介体害虫是同翅目刺吸式口器的蚜虫、粉虱和叶蝉,其次有木虱、粉蚧等,有少数病毒也可通过咀嚼式口器的害虫传播。害虫传播与病毒病害和植原体病害关系最密切,一些细菌也可以由害虫传播,但与真菌的关系较小。

害虫传毒有不同的专化性,各类型的害虫其传播病毒的能力有显著的差别,有的能传播多种病毒,如桃蚜可传播50种以上的病毒;有的专化性很强,只能传播一个株系。害虫传播病毒的期限主要由病毒的性质决定,同一种虫媒传染不同的病毒,传毒的期限是不同的。根据病毒在虫体内的持续时间,传毒害虫一般可分为两大类,即持久性的和非持久性的。持久性传毒的害虫获得病毒后要经过一定的时间后才能传毒,但虫媒一旦有传毒能力就能保持终身传毒,有些虫媒还可以把病毒传给后代。持久性传毒害虫的传毒时间较长(一天以上),持久性传毒的害虫主要是叶蝉,也有少数是蚜虫;非持久性传毒的害虫在获得病毒后能立即把病毒传给健株,但病毒在害虫体内不能持久,在很短的时间内即失去其传毒能力,由蚜虫传播的病毒大部分属于这一类型,即大多数是汁液传染的病毒。害虫不仅是病原物的传播者,同时还能造成伤口,为携带的病原物开辟侵入的途径。对于害虫传播的病害,如病毒病,防治害虫实际上就是一种防治病害的有效措施。

(4)人为传播 人类在各种农事操作中,常常无意识地帮助了病原物的传播,如在农事操作中,手和工具很容易直接成为病原物传播的动力,将病菌或带有病毒的汁液传播到健康的植株上;使用带病的种子就随即把病菌带入田间。这两类传播都属于短距离的,至于病原体的长距离传播则是通过人类的运输活动来完成的,如调种和引种都可能携带病原物使之从一个地区传播到另一个地区。因此,一个地区新病害的引进多半可以追源于这些途径。

应该指出,病原体的来源和传播有多种的可能性。大多数病原体都有固定的来源和传播方式,并且是与其生物学特性相适应的。如真菌以孢子随气流和雨水传播,细菌多数由风、雨传播,病毒常由害虫和嫁接传播。植物病害防治着重在于预防措施,因此,关于病原物来源和传播规律的研究就有着重要的实践意义。

4.病原物诊断方法

植物病害的诊断包括田间(宏观)诊断和室内(微观)诊断,田间诊断要特别注意观察病株的分布特点,然后仔细观察病株地上部和地下部各个器官,找出发病部位,必要时借助放大镜全面观察记载病状和病症,找准典型症状。在观察症状的同时,观察和了解立地土壤的质地和性质、地形地势、周边环境、气候条件、栽培管理措施等。综合观察和了解情况,根据病害发生特点,判断是传染性病害还是非传染性病害,当田间诊断不足以判断时,要结合室内的检查和分析来鉴定。

非传染性病害的发生一般与特殊的土壤条件、气候条件、栽培措施及环境污染源等有相关性,往往在田间成片发生,没有传染现象,而不像传染性病害常常先有发病中心然后向四周围蔓延。非传染性病害多数为全株性发病,少数属局部病变,但都没有病症。创伤则是机械伤,如压伤、割伤等。非传染性病害的原因有很多,而且有些非传染性病害的症状与病毒或植原体的侵染或根部受病原物侵染时的表现很相似,因而给诊断带来一定的困难,但是非传染性病害是不能相互传染的,因此,在深入研究时应通过接种试验来鉴别,此外,化学诊断的元素分析是缺素症有效的诊断方法。传染性病害是由各类病原生物引起的病害,是可以传染的,通常先有发病中心然后向四周围蔓延。

症状是病害诊断的重要依据,也是病害诊断首先要获得而且必须获得的资料,症状识别在田间诊断和室内鉴定中都很重要,特别是对传染性病害,真菌病害、细菌病害、病毒病害、植原体病害和线虫病害,每一类病原物所致病害的症状表现和发病规律等均有其共性,因此,典型的症状和准确的识别就可以判明一些常见病害。但并不是所有病害都能通过症状就可以鉴别,相当一部分病害还要结合室内鉴定才能得到最后的结果,特别是病原物的鉴定一定要通过室内工作才能完成。

对于常发病害的病原物鉴定,首先要根据症状特点初步确定是哪一类病原物引发的病害,如真菌、细菌、病毒、线虫等,然后再有针对性地进行检查。对于真菌性病害,如果病组织上有明显的病症,就可以直接挑取病症进行显微镜观察;如果没有明显的病症,就要通过保湿培养来诱导病症的产生,或从发病部位用分离培养的方法分离纯化病原菌,观察菌落特征,并通过显微镜检查菌丝形态、孢子形态等,参考有关的资料做出鉴定。对于细菌性病害,要取一小块发病部位与健康部位交界处的组织,放在载玻片上的无菌水滴中,加盖玻片后在显微镜的低倍镜下用暗视野观察,如果组织中有雾状物流出(菌溢),就是细菌性病害,如果要确定是哪一种细菌,就要通过复杂的分离培养和生理生化鉴定。对于病毒病害,除了观察其症状外,还要通过观察病组织细胞内的内含体形态、接种鉴别寄主植物和血清学反应等方法来确定具体的病毒种类。对于线虫性病害,要剖开病组织,放在带有凹穴的载玻片上的水滴中,在解剖镜下观察线虫的形态特征,要注意植物病原线虫是寄生性的,口腔内有口针。

对于新病害的病原物鉴定,要遵守柯赫氏法则,要对病原物进行分离纯化,然后回接到原寄主植物上获得与田间原有症状相同的症状来证明其有致病性。但是对于专性寄生(不能人工培养)的病原物还不能进行分离培养,不能获得纯培养物进行回接,也有些病原物还没有找到成功的接种方法使寄主植物发病,因此无法证明其有致病性。随着技术的进步,渴望有所突破。

5.病害症状

1)一般症状

植物生病后所表现的病态称为症状,其中把植物本身的不正常表现称为病状,把有些病害在病部可见的一些病原物结构(营养体和繁殖体)称为病征。凡是植物病害都有病状,真菌和细菌所引起的病害有比较明显的病征,病毒和植原体等由于寄生在植物细胞和组织内,而在植物体外无表现,因此它们引起的病害无病征;植物病原线虫多数在植物体内寄生,一般植物体外也无病征,但少数线虫病在植物体外有病征;非传染性病害没有病征。

(1)病状类型主要包括以下方面。

①变色:植物生病后发病部位失去正常的绿色或表现出异常的颜色称为变色。变色主要表现在叶片上,全叶变为淡绿色或黄色的称为褪绿,全叶发黄的称为黄化,叶片变为黄绿相间的杂色称为花叶或斑驳,如黄矮病、花叶病等。

②坏死:植物发病部位的细胞和组织死亡称为坏死。斑点是叶部病害最常见的坏死症状,叶斑根据其形状不同有圆斑、角斑、条斑、环斑、网斑、轮纹斑等,叶斑还可以有不同的颜色,如红褐(赤)色、铜色、灰色等。坏死是植物病害的主要病状之一。

③腐烂:腐烂是指寄主植物发病部位较大面积的死亡和解体,植株的各个部位都可发生腐烂,幼苗或多肉的组织更容易发生。含水分较多的组织由于细胞间中胶层被病原菌分泌的胞壁降解酶分解,致使细胞分离,组织崩解,造成软腐或湿腐,腐烂后水分散失,成为干腐。根据腐烂发生的部位,分别称为芽腐、根腐、茎腐、叶腐等。

④萎蔫:植物因病变而表现失水状态称为萎蔫。萎蔫可由各种原因引起,茎基坏死、根部腐烂或根的生理功能失调都会引起植株萎蔫,但典型的萎蔫是指植株根和茎部维管束组织受病原物侵害造成导管阻塞,影响水分运输而出现的凋萎,这种萎蔫一般是不可逆的。萎蔫可以是全株性的或是局部的,如多种作物的枯萎病、青枯病等。

⑤畸形:植物发病后可因植株或部分细胞组织的生长过度或不足,表现为全株或部分器官的畸形。有的植株生长得特别快而发生徒长;有的植株生长受到抑制而矮化,如植物的根癌(冠瘿)病、小麦黄矮病等。

(2)病征类型主要包括以下几个方面。

①霉状物:病原真菌的菌丝体、孢子梗和孢子在病部构成的各种颜色的霉层。霉层是真菌病害常见的病征,其颜色、形状、结构、疏密程度等变化很大,可分为霜霉、青霉、灰霉、黑霉、赤霉、烟霉等,如霜霉病、青霉病、灰霉病、赤霉病等。

②粉状物:某些病原真菌一定量的孢子密集在病部产生各种颜色的粉状物,颜色有白粉、黑粉等。如白粉病所表现的白粉状物,黑粉病在发病后期表现的黑粉等。

③锈状物:病原真菌中锈菌的孢子在病部密集所表现的黄褐色锈状物,如锈病。

④点(粒)状物:某些病原真菌的分生孢子器、分生孢子盘、子囊壳等繁殖体和子座等在病部构成的不同大小、形状、色泽(多为黑色)和排列的小点,例如炭疽病病部的黑色点状物。

⑤线(丝)状物:某些病原真菌的菌丝体和繁殖体的混合物在病部产生的线(丝)状结构,如白绢病病部形成的线(丝)状物。

⑥脓状物(溢脓):病部出现的脓状黏液,干燥后成为胶质的颗粒,这是细菌性病害特有的病征,如细菌性萎蔫病病部的溢脓。

2)主要植物病原的症状

植物非传染性病害的症状有变色、坏死、萎蔫、畸形等,其特点是没有病征出现,通常是全株性的,而且没有传染性,这一点很容易与病毒病及植原体病害相混淆。

植物传染性病害中,真菌性病害的病状类型可以有坏死、萎蔫、腐烂和畸形,病症可以有霉状物、粉状物、锈状物、点(粒)状物、线(丝)状物等。

植物细菌病害的病状可分为组织坏死、萎蔫、腐烂和畸形,病征为脓状物。

植物病毒病的症状就是病状表现,可分为变色(主要表现为花叶和褪绿2种,叶上出现条纹、条点、明脉、沿脉变色等)、组织坏死(细胞和组织坏死)、畸形(主要表现为矮化、卷叶、瘤状突起或脉突等),畸形可以单独发生或与其他症状结合发生,病毒病害没有病症。

植原体病害属于系统性病害。植原体主要分布在植物韧皮部筛管内,传播介体有叶蝉、木虱、粉虱等,嫁接也能传播,其症状表现有变色(黄化、红化等)、枯萎等。

植物线虫病的症状特点为刺激寄主细胞增大,形成巨细胞;刺激细胞分裂,形成肿瘤和根过度分枝等畸形;抑制茎顶端分生组织细胞分裂;溶解细胞壁及中胶层,破坏细胞及使细胞离析等,所以植物受害后可表现局部性症状及全株性症状。局部症状中地上部症状有顶芽、花芽坏死,茎叶卷曲或组织坏死以及形成叶瘿或穗瘿等;地下部症状在根部有的表现为生长点破坏使生长停止或卷曲,有的形成丛根,有的组织坏死和腐烂;全株性症状表现为植株生长衰弱,矮小,发育缓慢,叶色变淡,甚至萎黄,类似缺肥营养不良的现象等。植物线虫病害的病状类型包括变色、坏死、萎蔫、腐烂和畸形。

6. 植物病害防治

1)植物病害防治原则和方法

(1)原则

①综合防治原则:植物病害的发生是由病原生物—寄主植物—环境条件(侵染性病害)或寄主植物—环境条件(非侵染性病害)之间相互作用的结果,所以防治方法也要针对3个(侵染性病害)或2个(非侵染性病害)方面来选择:侵染性病害的发生涉及寄主植物—病原生物—环境条件三者之间的关系;非侵染性病害或生理性病害涉及植物和环境二者之间的关系,进而在防治思路上要从病三角或病二角出发,对于侵染性病害要创造有利于植物而不利于病原生物的环境,提高植物的抗性,尽量减少病原生物的数量,最终减少病害的发生;对于非侵染性病害或生理性病害就是要营造有利于植物生长发育的环境,保持和提高植物的抗病性,从而减少植物的损失。一定要改变对侵染性病害的防治主要针对病原物选择防治方法的观念。

②多种方法配合原则:植物病害的防治方法很多,要针对病害发生的3个或2个因素选取多种方法配合使用,扭转"植物保护就是喷洒农药"的错误概念。

③全程防治原则:植物病害的发生有一个发生发展过程,只有表现出明显症状时才容易被发现,而且往往到了显症之后就很难控制了。所以,病害的防治一定要根据不同时期病害发展的特点和薄弱点选择适当的方法,而且要进行整个生产过程的防治,即产前、产中和产后相结合,特别要抓前期的防治,达到事半功倍的效果,避免前期不预防,病害高峰时各种农药一起喷,结果浪费了大量的人力、物力和财力,既没有收到应有的防治效果又破坏了环境。

④有效控制原则:新的植物病害防治观念是植物病害的综合治理,即不是将病原菌消灭得干干净净,而是将其控制到一定数量以下,使之不能造成经济损失。

(2)方法

①阻止病原物接触寄主植物的方法

■ 植物检疫:在生产过程的最前期——种子、苗木或其他无性繁殖材料的调运时使用,禁止调入带病材料。

■ 农业措施:使用无病原的种子、苗木和其他无性繁殖材料;选择适合的播期、田块的位置或适当间作,使病原物因找不到敏感期的寄主或因寄主植物离得太远而无法接触。

②减少病原物数量的方法

■ 农业措施:对于已经带菌的土壤,防治土传病害就要用轮作的方法换种病原菌的非寄主植物,使土壤中的病原菌因没有合适寄主而减少至侵染数限以下;用透明的塑料薄膜覆盖在潮湿的土壤上,在晴天可以获得太阳能,提高土温杀伤土壤中的病原物;控制灌水和良好的排灌条件可以减轻真菌性的根部病害和线虫病害;在田间一旦发现个别病株,一定要铲除掉,防止由此传染更多的植株;加强栽培管理,通过控制水、肥、温、湿、光等调节农田生态环境,使之有利于有益微生物的繁殖,减少病原物的数量;对于果树等多年生的植物,有些病害发生后可以通过手术的方法切除病部,减少病原物的数量;对于贮藏期病害的防治,可以适当通风,加速其表面的干燥,从而阻止产品上病原真菌的萌发或细菌的侵入。

■ 微生物防治:利用拮抗性微生物制剂或抗生素处理种子、苗木,可以有效降低土传病害的发生。也可以在生长季喷施生物制剂,但要注意使用的生长时期、气候条件和具体使用的时间,以保障生物制剂本身的活力和效力发挥。

■ 植物防治:包括直接种植某些植物和使用植物源农药。种植诱捕植物可以防治一些线虫病,如猪屎豆可以诱捕根结线虫幼虫,茄属植物龙葵可减少金线虫的数量,因为一些植物能分泌刺激线虫卵孵化的物质,孵化的幼虫虽能进入这些植物但不能进一步发育为成虫,最终导致死亡。诱捕植物也可以防治部分蚜虫传播的病毒病,如在菜豆、辣椒或南瓜田的周围种植几行黑麦、玉米或其他高秆植物,多数传播菜豆、辣椒或南瓜病毒病的蚜虫首先降落在边缘较高的黑麦或玉米上取食,而多数蚜传病毒在蚜虫体内都是非持久性的,所以等到蚜虫转移到菜豆、辣椒或南瓜上时,它们已经丧失了侵染这些作物的病毒。再有,种植高度敏感的植物,在线虫大量侵染后但尚未完全成熟和繁殖前销毁这些植物或耕翻暴晒使线虫致死,也可以防治部分线虫病。种植拮抗植物,如石刁柏和金盏菊能在土壤中释放对线虫有毒的物质,从而对线虫起拮抗作用;大蒜、葱、韭菜等百合科植物的根际有许多有益微生物,如荧光假单胞菌,对蔬菜、瓜果及大田作物的土传病害有很好的抑制作用,尤其对枯萎病的效果更好,可以将拮抗植物与敏感植物进行间作。

■ 物理防治方法:处理种子、苗木和其他无性繁殖材料以及土壤或采后产品。

③提高寄主植物抗性的方法:选择栽培抗性品种;通过农业措施调节环境条件和土壤条件,使之有利于植物的健康生长,从而提高植物的抗病性;使用具有诱导抗病性作用的栽培方法(嫁接、切断胚轴等);利用生物制剂或矿物质提高植物的抗病性。

有机农业病害的防治首先要采取适当的农业措施,建立合理的作物生产体系和健康的生态环境,通过创造有利于作物而不利于病原的环境条件来提高作物自身的抗病能力,提高系统的自然生物防治能力,将病害控制在一定的水平下。要充分掌握作物及其病原菌的生物学、生态学和物候学知识,加强生产过程中各环节的管理,做到预防、避开和抵御病原菌侵袭相结合,从而保障作物的健康生长。因此,要强化产前、产中和产后生产全过程管理的意识,及时清除各种病害隐患。

2)植物病害的防治技术

(1)选择适宜的立地条件、种植结构和播期,利用作物品种多样性,建立较为稳定平衡的生态体系。

品种多样性可以通过不同单一抗病谱的品种结合实现较广谱的抗病性,达到对多种病害或病菌的抗性。品种多样性的设计包括时间和空间两个范畴,时间上主要是指合理的轮作、播种和收获时间变化的选择;空间上是指多种作物品种的复合种植。复合种植主要包括以下几种方式。

同种作物不同品种的混合:混合种植要考虑到作物品种的物候期、终产品的质量和消费者的购买要求,一般果树和大部分蔬菜可以进行同种作物不同品种的混合种植,而不会影响终产品的质量;对于谷物等粮食作物,由于植株小,收获时难以分开,会影响最终农产品的质量,所以可以不同品种间作的方式实现复合种植。

不同形式的间套作:包括在主要作物的边缘种植不同种类的作物、在作物中间间隔地种植窄行的其他作物品种、不同作物品种交替地间作等。在实践中,高秆与短秆作物、迟熟与早熟作物、开花与不开花作物实行间作有较好的防病效果。

非作物植物的管理:包括杂草、野花、树篱、风屏植物或果园底层植物,这些非作物植物可以充当病原菌的次生寄主,在没有寄主作物时病菌在这些植物上生活、越冬或越夏,待再次有寄主作物时返回为害。一般情况下,田间作物与边界植物亲缘关系越近病害越重。播种前根据病害发生规律,适当调整播种和移栽时间,可以避开发病高峰。

(2)选择无病的种子、种苗或其他无性繁殖材料,或进行消毒处理 尽量选择抗病品种,但不能使用基因工程改造的品种。同时,要在种植前对种苗进行消毒处理,尽量减少种苗带菌量,主要利用热力、冷冻、干燥、电磁波、超声波等物理防治方法抑制、钝化或杀死病原物,达到防治病害的目的。

(3)土壤处理或利用合理的轮作体系控制土传病害 用透明的塑料薄膜覆盖在潮湿的土壤上,在晴天可以获得太阳能提高土温杀伤土壤中的病原物;在重茬土壤上种植可以在播种之前使用有效的生物制剂或矿物农药处理种子或苗木,使之免受土壤中病原物的侵染;现代农业中为了追求经济效益,长期在同一田块中连续种植同种作物,使得发生"连作障碍"或"重茬病",植株生长受阻,抗性降低,病害越来越重。重茬病的原因有多种,第一是营养原因,同种作物有相同的营养需求,长期种植同种作物必然造成某些营养的缺乏。另外,同种作物根系在同一水平上吸收营养,不利于不同土层养分的吸收利用,特别是那些难移动的养分如磷的利用。第二是化感作用,有的作物根系分泌有毒物质,容易对其本身或相应作物产生毒害,随着种植年份的增加毒害作用加重。第三是病菌的积累,由于根分泌物的原因,病菌与寄主作物之间有一定的选择性,换言之,同种作物的长期连作会使某些病菌积累,危害逐年加重。所以,无论是从土壤培肥的角度还是从病害特别是土传病害防治的角度,都需要进行轮作,而且要根据不同作物的特点和病菌的寄主范围以及病菌在土壤中的存活时间长短,选择和建立相应的轮作体系。

(4)栽培管理技术 控制灌水,创造良好的排灌条件,减轻真菌性的根部病害和线虫病害;注意铲除田间个别病株,防止由此传染更多的植株;采取有效措施培肥土壤,使之形成抑制性土壤,抑制病原物的繁殖。

利用有机肥培肥土壤的重要作用就在于激活土壤微生物,使土壤中形成多样性较高的微生物群落。虽然病原菌也是该群落的组成部分,但是它在其他微生物的控制下只是以较少的数量存在,不影响作物的生长,不会引起作物病害的暴发。有机质含量高的土壤其微生物群落比较丰富,对一些土传病害的病原菌有抑制作用。生产中发现,在贫瘠土壤中生长的作物比在肥沃土壤中生长的作物容易发生土传病害特别是真菌病害,这就是抑制性土壤防病作用的例证。有机肥分解后产生的酚类等物质被植物吸收后可以提高植物的抗病性。有实践证明堆肥可以使甜菜、豌豆和蚕豆根腐病从80%降到20%;马铃薯田里使用绿肥可大大减轻马铃薯疮痂病的为害;豆科植物覆盖对小麦全蚀病有抑制作用,豆科绿肥也可以作为线虫的诱集作物。

(5)生物防治技术 良好生态环境是一个相对比较理想化的概念,任何一个农业生产过程都是以经济效益为目的的,由于原有的生态系统发生变化,不同程度地影响病害发生,因此,还要采取一些生物的方法通过较直接地抑制病菌或调节微生态环境来控制病害的发生。如抗根癌菌剂防治植物根癌病和木霉制剂防治土传真菌病就是通过微生物制剂抑制病菌;EM 制剂和微生态制剂就是通过引入微生物区系来调节土壤微生态环境,最终达到防病增产的作用。

(6)植物源和矿物源农药施用技术 硫黄、石灰、石硫合剂和波尔多液等矿物源农药以及有益微生物菌剂是有机产品生产标准中允许使用的,可以在必要时作为其他防治措施的辅助措施。但是,要十分谨慎,注意用量,以免影响有益微生物或造成污染。木贼、大蒜、洋葱或辣椒提取物等植物性杀菌物质对叶部真菌病害有防治作用。

(7)越冬铲除灭杀技术 利用冬耕冻死土内越冬病原菌,并把土表枯枝落叶等病残体和浅土中的病原菌翻入深处,使其难以复出,减少翌年的病原菌数量。

总之,在全生产过程的管理中,要从病菌、寄主植物和环境(生理性病害只有后两者)方面综合考虑,严格遵循有机农业的要求,选择适当的多种防治措施相配合对病害进行综合治理。

4.4.2 植物虫害及其防治技术

1. 害虫的种类和危害

1)明确害虫的种类

对作物造成危害和经济损失的虫害大多数属于节肢动物门昆虫纲的动物。我们将这一类动物统称为昆虫。所谓昆虫,是指成虫体躯明显地分为头、胸和腹 3 部分;头部具有口器、1 对触角、1 对复眼和 2～3 个单眼;胸部一般具有 3 对足、2 对翅;腹部多由 9 个以上体节组成,末端生有外生殖器的动物。

2)明确害虫的取食方式

昆虫的口器类型决定了其对植物的为害方式和为害程度,由于昆虫的种类、食性和取食方式不同,因此它们的口器在外形和构造上有各种不同的特化,形成各种不同的口器类型。其中主要有 5 种。

(1)咀嚼式口器 是昆虫中最基本而原始的口器类型,其他口器类型均由此演化而成,适于取食固体食物,如蝗虫、甲虫、蝶蛾类幼虫等的口器。具有咀嚼式口器的害虫,一般食量较大,对农作物造成的机械损伤明显。有的能把植物的叶片咬成缺刻、穿孔或啃食叶肉仅留叶脉,甚至把叶片吃光,如金龟子和一些鳞翅目的幼虫;有的在果实或枝干内部钻蛀隧道,取食为害,如各种果实的食心虫和为害枝干的天牛、吉丁虫的幼虫等。

(2)刺吸式口器 能刺入动物或植物的组织内吸取血液或细胞液,如蚊子、蝽象、蚜虫、介壳虫等。其构造与咀嚼式口器不同,表现为上颚与下颚特化成细长的口针,两对口针相互嵌接组成食物道和唾液道,取食时由唾液道将唾液注入植物组织内,经初步消化,再由食物道吸取植物的营养物质进入体内。这类害虫的刺吸取食,可以对植物造成病理或生理的伤害,使被害植物呈现褐色的斑点、卷曲、皱缩、枯萎或畸形,或因部分组织的细胞受唾液的刺激而增生,形成膨大的虫瘿。多数刺吸式口器的害虫还可以传播病害,如蚜虫、叶蝉、蝽和粉虱等。

(3)虹吸式口器 是蝶蛾类成虫的口器,适于取食植物的花蜜,其特点是下颚十分发达,延长并互相嵌合成管状的喙。喙不用时,卷曲在头部的下面,如钟表的发条状,取食时可伸到花中吸食花蜜和外露的果汁及其他液体。

（4）舔吸式口器　口器长得像蘑菇头,取食时,不咬、不刺,而是又吸又舔,像家蝇、种蝇等。

（5）嚼吸式口器　口器保留一对上颚,吸食液体食物时,特化的下颚和下唇能够组成临时的喙,外观既像蝗虫的口器,又像蝴蝶的口器;既能咀嚼花粉,又能将汁液状的花蜜吸到消化道内,如蜜蜂的口器。

各类昆虫中,咀嚼式口器昆虫、刺吸式口器昆虫和舔吸式口器的昆虫能够对农作物造成危害;虹吸式口器昆虫和嚼吸式口器昆虫一般不为害农作物。

2.了解害虫的生活史

1）变态

害虫从出生到死亡,其形态、结构要发生较大的变化,这种变化即变态。凡是经历卵、幼虫、蛹和成虫四个阶段的,称之为完全变态;经历卵、若虫和成虫阶段的,称之为不完全变态。

2）卵期

从产下卵到卵孵化所经历的时间。当胚胎发育完成以后,害虫的幼虫或若虫破卵壳而出的现象称孵化。

3）幼虫期

害虫从卵孵化出来后到不全变态类羽化为成虫或全变态类化蛹之前的整个发育阶段称为幼虫期。它的特点是大量取食和以惊人的速度增大体积。由于幼虫期食量巨大,所以很多农林害虫的为害期都是幼虫期,故也是防治的重点虫期。幼虫刚孵化时,虫体很小,取食后虫体不断增大,当增大到一定程度时,由于坚韧的外骨骼限制了它的生长,所以必须形成新表皮,脱去旧表皮,才能继续生长,这一过程称之为脱皮,它主要是由体内的激素所控制。脱下的旧表皮称为蜕。每脱一次皮,虫体就显著增大,形态也发生相应的变化。两次脱皮之间的时间称为龄期。从卵孵化到第一次脱皮之间的时期为第一龄期,这时的幼虫称为第一龄幼虫;第一次与第二次脱皮之间的时期为第二龄期,这时的幼虫称为第二龄幼虫,以此类推,最后一龄幼虫又称末龄幼虫或老熟幼虫。害虫种类不同,龄数和龄期长短也会不同;同种害虫的幼虫期各龄形态也常有差异。掌握幼虫龄数和龄期对害虫预测预报和防治有重要意义。

4）蛹期

蛹期是全变态类害虫所特有的发育阶段,也是幼虫转变为成虫的过渡时期。幼虫老熟后,停止取食,寻找适当场所,缩短身体,不再活动,进入化蛹前的静止时期。前蛹脱皮后变成蛹,这一过程称为化蛹。从化蛹到羽化为成虫所经过的时期,称蛹期。蛹期不食不动,表面静止,但内部进行着激烈的生理变化:破坏幼虫原来的内部器官,形成成虫所具有的内部器官。

5）成虫期

成虫期是全变态类蛹或不完全变态类若虫最后一次脱皮后至死亡的时期。是害虫的繁殖时期,其主要任务是交配、产卵以繁衍种群。

3.了解害虫的习性

1）昼夜节律性

昆虫在长期进化过程中,其行为形成了与自然界中昼夜变化规律相吻合的节律,即昼夜节律。绝大多数害虫的活动,如飞翔、取食、交配等,均有它的昼夜节律,这是有利于其生存和繁育的种的特性。我们把在白昼活动的昆虫,称为日出性或昼出性昆虫,如蝴蝶、蜻蜓等;把夜间活动的昆虫,称为夜出性昆虫,如多数的蛾类;而把那些只在弱光下如黎明、黄昏时活动的昆虫,称为弱光性昆虫,如蚊子。

2)假死性

金龟子等鞘翅目成虫和小地老虎、斜纹夜蛾、菜粉蝶等鳞翅目的幼虫,具有一遇惊扰即蜷缩不动或从停留处突然跌落"假死"的习性,它是害虫的一种自卫适应性,也是一种简单的非条件反射。在害虫防治中,人们就利用这种习性,设计出各种方法或器械,将作物上的害虫震落下来,集中消灭。

3)趋性

趋性是指害虫对某种外部刺激如光、温度、化学物质、水等所产生的反应行为,有的为趋向刺激源,有的为回避刺激源,所以趋性有正、负之分。依照刺激源的性质,趋性可分为:对于光源的趋光性或避光性;对于热源的趋温性或负趋温性;对于化学物质的趋化性或负趋化性;对于湿度的趋湿性或趋旱性;对于土壤的趋地性或负趋地性等。在害虫防治中常利用害虫的趋光性和趋化性。如灯光诱杀是以趋光性为依据的,潜所诱杀是以避光性为依据的;食饵诱杀是以趋化性为依据的,趋避剂是以负趋化性为依据的。

4)群集和迁移

群集性指的是同种害虫的大量个体高密度地聚集在一起的习性,具有临时和永久之分。临时性的群集,指只是在某一虫态和一段时间内聚集在一起,过后就分散,个体之间不存在必需的依赖关系。如蚜虫、介壳虫、粉虱等,它们常固定在一定的部位取食,繁殖力较强,活动能力较小,因此在单位面积内出现了虫口密度很大的群体,这种群集现象是暂时的,遇到生态条件不适如食物缺乏时,就会分散。还有的昆虫是季节性群集,如很多瓢虫、叶甲和蝽,它们在落叶或杂草下群集越冬,第二年春天又分散到田野中去。永久性群集(又称群栖),是指某些昆虫固有的生物学特性之一,常发生于整个生活史,而且很难用人工的方法把它分散。必要时(如生态条件不适时)全部个体会以密集的群体共同地向一个方向迁飞。

大多数害虫在环境条件不适或食物不足时,会发生近距离的扩散或远距离的迁移,而很多具有群集性的害虫还同时具有成群地从一个发生地长距离地迁飞到另一个发生地的习性,这是害虫的一种适应,有助于种的延续生存。但也是害虫突然暴发、在短期内造成严重为害的重要原因,所以研究害虫的群集、扩散和迁飞的习性,对农业害虫的预测和防治有着重要的实际意义。

5)休眠和滞育

由于外界环境条件(如光照、温度、湿度)不适宜,而引起生长、发育和繁殖停止的现象称休眠;由于某些环境因素的刺激或诱导(不一定是不利因素),致使害虫停止发育,即使创造适合的环境条件,也不会复苏,具有一定的遗传稳定性,必须经过一定的时间和一定的刺激因素(通常是低温),再回到适宜的条件下才能继续生长发育,这种现象称滞育。

4.明确害虫生长发育的影响因素

1)食物因素

食物链、食物网、生物群落都是一定地域内生态系统不同层次的结构。食物链、食物网都以植物为起点,各环节之间又都以营养关系相联系。害虫属于消费者和分解者两大功能类群,都不能自制养料,其营养物质和能量来源必须依赖于获取的食物。害虫的生命活动如觅食、取食、消化、吸收和繁殖,以及年生活史等,都反映出对食物的适应性。作为生态因素的食物,特别影响害虫的分布、生长发育、繁殖、存活、生活力和种群密度。

(1)食物对害虫的影响

①食物对害虫分布的影响:特别是单食性害虫,由于它对食物的依赖性,食物的分布状况往往限制害虫的分布,即使是寄主植物较多的害虫,其食料植物也可能对害虫分布起作用。如水稻食根叶甲与水稻和稻田水生杂草——眼子菜的分布有联系,冬耕冬种的稻田,由于眼子菜不能生存,食根叶甲也不能生存。

②食物种类对害虫生长发育的影响:如东亚飞蝗取食不同植物后,其生长速度、存活率和生殖力都有差别。蝗蝻至成虫性成熟的存活率、发育速度,以取食红草、稗草者最高,取食高粱、小麦的次之,大豆为食者再次之,取食油菜的最低。取食野生植物与生殖力程度的关系,由高至低依次为:爬根草、芦苇、稗草、红草、莎草、三棱草。取食高粱、小麦、大豆和油菜,生殖力依次递减。

(2)害虫对食物的适应　昆虫种类繁多,营养方式多样。昆虫所需的营养物质包括:多种氨基酸或蛋白质、脂肪酸、固醇类、维生素和无机盐类。昆虫对食物的适应性,可从其形态、生理、生态等方面反映出来。

①形态:昆虫头式的分化(下口式、前口式、后口式)、口器的分化(咀嚼式、刺吸式、舐吸式、虹吸式等);足的分化(步行足、跳跃足、捕食足、开掘足等)。

②生理:消化器官的分化:口器不同,食物进入消化道的形态不同,对于咀嚼式口器,消化道发达,消化管长;刺吸式口器,因其直接刺吸植物汁液,抽吸结构发达等。

③消化酶:因为昆虫种类不同,食性不同,消化道具有的消化酶也不一样。如杂食性昆虫和植食性直翅目、鞘翅目、鳞翅目幼虫等都有较广泛的消化酶,如蛋白酶、脂肪酶、淀粉酶、转换酶等。一般肉食性昆虫主要有蛋白酶和脂肪酶,捕食性的步甲几乎只有蛋白酶,而脂肪酶极少,几乎没有淀粉酶。吸血的舌蝇有极活跃的蛋白酶,而只吃糖类食物的丽蝇,只有转换酶和麦芽糖酶。

④生态变化:根据昆虫的食性可分为植食性、肉食性、腐食性、尸食性和粪食性5类;根据取食范围又可分为单食性、寡食性、多食性和杂食性4类。

2)确定环境影响因素

(1)环境因素对害虫的影响

①温度对害虫的影响:昆虫是变温动物,体温的变化取决于周围环境的温度条件。害虫发育适宜温度为8~38℃、最适温度为30℃、发育起点温度为8℃,超过极限高温,导致昏迷;温度过低,进入休眠、滞育或由于体液结冰而死。

②湿度对害虫的影响:湿度在一定范围内变化不会导致害虫直接死亡,但严重影响其取食和繁殖,如黏虫在25℃,90%相对湿度(RH)时的产卵量较60%RH时高出1倍以上,当RH降至45%时,雌成虫不能产卵,即使产卵也不能孵化。但是在严重干燥条件下,害虫也会因体内失水过多而导致死亡。过度潮湿,真菌、细菌传播,导致害虫死亡。对鳞翅目成虫产卵期湿度越高,产卵量越大;对蚜虫、蓟马和叶螨而言,湿度越低,成活率和繁殖力越高。温湿度是影响害虫生长、发育的最重要因素,二者同时存在,综合影响,综合作用。

③降雨对害虫的影响:除了提高空气湿度和土壤湿度影响害虫的生长、发育、生存、繁殖外,大雨或暴雨对蚜虫、粉虱、叶蝉等小型害虫和螨类及害虫初孵幼虫和卵起冲刷、粘着等机械

致死作用。如烟青虫、菜粉蝶、甘蓝夜蛾的卵多产在寄主植物的表面,易受暴风雨冲刷而脱落。菜蛾、豆蚜、红蜘蛛等在暴雨冲刷下,虫口迅速下降。

④光对害虫的影响:光不是害虫的生存条件,但外界光因素与害虫的趋性、活动行为、生活方式都有直接或间接的联系。植物的花色和叶色也能引起害虫趋向的差异。光强度影响昆虫昼夜节律,如夜蛾成虫均在黄昏后进行取食,交配和产卵等活动;蝶和蜂,白天活动,晚上静止。光照周期主要影响害虫的滞育。

⑤小气候对害虫的影响:在生态学中,气候可分为大气候(macro-climate)、生态气候(eco-climate)和小气候(micro-climate),以小气候对害虫的生长发育影响最大。小气候是指近地面大气层约 1.5 米范围内的气候而言。植物生长及害虫生存地范围内的气候属小气候范围。地势、地形、方位、土壤性质、地面覆盖物均影响小气候。

(2)害虫对环境的适应 生物环境因子对害虫的综合作用是复杂的,但从害虫对生境的适应,可以看出害虫对环境因子的适应。①在行为上,害虫回避不良环境(高温、低温、干燥等),主动选择适合的栖息环境,寻找适合的食物,为化蛹选择隐蔽的场所,为后代生存选择合适的产卵地方等。②在生理上,害虫因不良气候、食物缺乏等原因,进入专性滞育或兼性滞育,进行冬眠或夏眠。③通过遗传,改变对环境的适应范围,提高抗逆性。

5. 了解害虫危害

害虫为害作物的部位和症状因害虫与作物的种类而异。

(1)为害根部和根际的症状 地表根际部分皮层被咬坏;咬坏幼苗根部;根外部有蛀孔,内部形成不规则蛀道;地表有明显的隧道凸起。

(2)为害树枝、树干和花茎内部的症状 枝梢部分枯死或折断,内有蛀孔及虫粪;枝干有蛀孔或气孔,有流胶现象,地表有木屑或虫粪积累。

(3)为害叶部的症状 叶片表面失绿、变黄,有蜜露或黏液;卷叶或皱缩;叶片被咬成缺刻或孔洞,有丝状叶丝;吐丝将嫩梢及叶片连缀在一起;吐丝把叶片卷成筒状,或纵向折叠成"饺子"状,幼虫藏在里面为害;叶边缘向背面纵卷成绳状;幼虫潜入叶肉为害,叶表面可见隧道;幼苗的幼芽和幼叶被咬坏。

(4)为害花蕾、花瓣、花蕊的症状 蛀入花蕾或花朵中为害;在花蕾表面为害;在花朵中为害花瓣、花蕊。

(5)为害果实的症状 舔食果实表面,留下痕迹;钻蛀果实内部,使果实凹陷、畸形;刺吸果实汁液,果实表面留有斑驳的麻点。

6. 实施害虫监测技术

害虫对作物的影响与害虫的数量和危害强度成正相关,只有当害虫达到一定数量(即经济阈值)时,才真正影响作物的生理活动和产量。所以,在有机农业病虫害防治中,并不是见到害虫就喷药,而是当害虫的种群数量达到防治指标时,才采取直接的控制措施。害虫的防治首先应在正确理论指导下,应用正确的监测方法,对害虫的种群动态做出准确的预测。

1)害虫信息素监测

害虫的信息素是由害虫本身或其他有机体释放出一种或多种化学物质,以刺激、诱导和调节接受者的行为,最终的行为反应可有益于释放者或接受者。在自然界里,大多数害虫都是两性生殖,许多害虫的雄性个体依靠雌性释放性激素的气味寻找雌虫。雌虫是性激素的释放者和引诱者,而雄虫则是接受者和被引诱者,性激素是应用最普遍的一种害虫信息素,也是有机农业允许使用的昆虫外激素。

监测害虫发生期:通常使用装有人工合成的信息素诱芯的水盆诱捕器或内壁涂有粘胶的纸质诱捕器。根据害虫的分布特点,选择具有代表性的各种类型田块,设置数个诱捕器,记录每天诱虫数,掌握目标害虫的始见期、始盛期、高峰期和分布区域的范围大小,按虫情轻重采取一定的防治措施。

监测害虫发生量:根据诱捕器中的害虫数量预测田间害虫相对量。利用信息素诱捕器作为害虫发生期和发生量预测,主要根据诱捕器每天诱捕的数量,确定田间害虫的实际发生量。

2)黑光灯监测

光与害虫的趋性、活动行动、生活方式都有直接或间接的联系。光照因素包括:光的性质(波长或光谱)、光强度(能量)和光周期(昼夜长短的季节变化)。根据害虫对光的喜好程度设置了多种诱集害虫的诱虫灯或者杀虫灯。

3)取样调查

取样是最直接、最准确的害虫监测方法。其调查结果的准确程度与取样方法、取样的样本数、样本的代表性有密切的关系。

田间调查要遵循 3 个基本原则,即明确调查的目的和内容;依靠群众了解当地的基本情况;采取正确的取样和统计方法。

7.制定害虫防治技术

1)环境调控技术

常规农业病虫害防治的策略是治理重于预防(对症下药、合理用药),着眼点是作物—害虫,以害虫为核心,以药剂为主要手段。有机农业病虫害防治的策略是以预防为主,使作物在自然生长的条件下,依靠其自身对外界不良环境的自然抵御能力,提高抗病、抗虫的能力。人类的工作是培育健康的植物和创造良好的环境,对害虫采取调控而不是消灭的“容忍哲学”。有机农业允许使用的药物也只有在应急条件下才可以使用,而不是作为常规的防治措施。所以,建立不利于病虫害发生而有利于天敌繁衍增殖的环境条件是有机生产中病虫害防治的核心,有机农业病虫害防治技术为生态型技术。

有机体与外界环境条件的统一是我们认识害虫大发生的一个重要理论依据。当外界环境条件适合害虫本身的需要时,害虫就可能猖獗发生。如果人为地打破害虫发生与环境条件的统一,使之产生矛盾,害虫的生长、发育、繁殖甚至成活等就会受到威胁。

导致害虫数量变动的主要条件有营养因素和物理因素,前者主要涉及害虫的食料条件,如植物种类、数量、生育期、生长势和季节演替等;后者主要包括温度、光照、水分和湿度等气候条件,其中农田小气候的作用尤为值得注意。各种植物既供给害虫以食料和栖息场所,又常影响与害虫发生有关的小气候。通常情况下,害虫长期适应了某些农业环境,沿着一定的规律繁殖为害。如果通过人为活动,改变了对害虫大发生的有利条件,轻则抑制了害虫发生的数量,重则使其生存受到影响。这是有机农业害虫防治的根本出发点。

在上述基础上,根据害虫的食性、发生规律等特点和它们与植物种类、栽培制度、管理措施、小气候等环境条件的密切关系,可以确定抑制害虫发生的途径,主要有以下 6 个方面。

(1)消灭虫源　虫源指害虫在侵入农田以前或虽已侵入农田但未扩散严重为害时的集中

栖息场所。根据不同害虫的生活习性,可把害虫迁入农田为害的过程,分为 3 种情况:①害虫由越冬场所直接侵入农田(或在原农田内越冬)为害。如食心虫、桃蚜、玉米螟、蝼蛄、稻瘿蚊、稻纵卷叶螟、三化螟和小麦吸浆虫等。针对这种情况,采用越冬防治是消灭虫源的好办法。首先是销毁越冬场所不让害虫越冬。如秋耕与蓄水以消灭飞蝗产越冬卵的基地;除草、清园使红蜘蛛害虫等无处越冬等。其次,当害虫进入越冬期后,即可开展越冬期防治,例如冬灌、刮树皮、清除枯枝落叶等。②越冬害虫开始活动后先集中在某些寄主上取食或繁殖,然后再侵入农田为害。消灭这类害虫除采取越冬防治外,要把它们消灭在春季繁殖"基地"里。经调查研究得知,就某一地区而言,虽然植物种类繁多,但春季萌发较早的种类并不多,就一种害虫而言,虽然大发生时在夏、秋季节的寄主种类很多,但早春或晚秋的寄主却有限。就一个农作物区的总体来看,牧草、绿肥和一些宿根植物是多种害虫早春增殖的基地;水稻区的杂草是多种稻作害虫早春发生的集中场所。③害虫虽在农田内发生,但初期非常集中,且为害轻微。例如斜纹夜蛾,能把它们消灭在初发期,作物就可免受为害。

(2)恶化害虫营养和繁殖条件 害虫取食不同种类的植物,对于同种植物的不同生育期或同一植株的不同部位,常有较严格的选择。作物品种的形态结构不同可直接影响害虫取食、产卵和成活。研究害虫的口器特征和取食习性、产卵器特征和产卵习性及幼虫活动等,参照作物的形态结构,选育抗虫品种,从而为恶化害虫取食条件提供依据。

(3)改变害虫与寄主植物的物候关系 许多农作物害虫严重为害农作物时,对作物的生育期都有一定的选择。如小地老虎主要为害作物幼苗;棉蚜主要为害棉苗;棉铃虫主要为害棉蕾、小麦吸浆虫主要在小麦抽穗到开花以前产卵等。改变物候关系的目的是使农作物易遭受虫害的危险生育期错开害虫发生盛期,从而减轻受害。如在有机水稻栽培中,适当将水稻的插秧期推迟,就会大大减轻水稻虫害的为害。

(4)环境因素的调控 害虫发生除与大气条件有关外,农田小气候的作用也十分明显。在稀植或作物生长较差的情况下,农田内温度增高而湿度相应下降,对适合在高温低湿条件下繁殖的害虫如蚜虫和红蜘蛛是十分有利的。而在作物生长旺盛和农田郁蔽度大的情况下,对一些适于在高湿条件下繁殖的害虫如棉铃虫、夜蛾是有利的。植株密度、施肥、灌水和整枝打杈等,都直接影响农田小气候。因此,通过各种措施,调节农田的小气候,可以创造不利于害虫发生的环境条件。

(5)切断食物链 害虫在不同季节、不同种类或不同生育期的植物上辗转为害,形成一个食物链。如果食物链的每一个环节配合得很好,食料供应充沛,害虫就猖獗发生。因此采取人为措施,使其食物链某一个环节脱节,害虫发生就会受到抑制,这对单食性、寡食性和多食性的害虫都同样有效。如单食性的水稻三化螟,在单纯的一季稻区或双季稻区,螟害发生轻微;在大幅度扩种双季稻后,形成了一季与双季早、中、晚混栽的局面,有利于三化螟的繁殖和猖獗;而有的地区只种纯晚稻,早出现的螟虫无食料可食,发生数量自然很少。寡食性的菜粉蝶和小菜蛾,在其发生的高峰期,不种或仅种少量的十字花科蔬菜,就会截断它的食物链,造成其食物匮乏。多食性的蚜虫、红蜘蛛、粉虱、潜叶蛾、甜菜夜蛾等,春天先在一些木本寄主和宿根杂草上为害,以后向蔬菜田转移,如果把某些寄主铲除,使其食物链断裂,就能抑制其发生。

(6)控制害虫蔓延 害虫的蔓延为害与其迁移扩散能力有关。如红蜘蛛、蚜虫、白粉虱、潜叶蝇等的迁移能力很弱;玉米螟和三化螟等的迁移能力则较强;而黏虫、斜纹叶蛾、飞蝗、小地老虎、菜粉蝶等害虫则能远距离迁飞。迁移能力很强的害虫,它们在农田内的蔓延为害不易控制;而迁移能力很弱的害虫,则可通过农田的合理布局、间作和套作等控制其蔓延为害。

2)作物的轮作和间作

轮作是指在同一地块上按一定顺序逐年或逐季轮换种植不同的作物或轮换采用不同的复种方式进行种植。间作是指把生长季节相近的两种或两种以上的作物成行或成带的相间种植,如蔬菜的间作。轮作和间作是控制害虫的最实用、最有效的方法,是我国传统农业的精华,也是有机农业病虫害调控的有效措施。

(1)轮作对害虫的影响 合理轮作,不仅可以保证作物生长健壮,提高抗病虫能力,而且还能因食物条件恶化和寄主减少使寄生性强、寄主植物种类单一及迁移能力弱的害虫大量死亡。实施轮作措施时,首先要考虑寄主范围,其次是作物的轮作模式。如温室白粉虱嗜食茄子、番茄、黄瓜、豆类、草莓、一串红,所以上茬为黄瓜、番茄、菜豆的菜地,下茬应安排甜椒、油菜、菠菜、芹菜、韭菜等,可减轻温室白粉虱的为害。

(2)间作对虫害的影响 间作可以建立有利于天敌繁殖,不利于害虫发生的环境条件,其主要机制表现在两个方面。

①干扰寻求寄主行为

■ 隐瞒:依靠其他重叠植物的存在,寄主植物可以受到保护而避免害虫的为害(如依靠保留的稻茬,黄豆苗期可以避免豆蝇的危害)。

■ 作物背景:一些害虫喜欢一定作物的特殊颜色或结构背景,如蚜虫、跳甲,更易寻求裸露土壤背景上的甘蓝类作物,而对有杂草背景的甘蓝类作物反应迟钝。

■ 隐蔽或淡化引诱刺激物:非寄主植物的存在能隐藏或淡化寄主植物的引诱刺激物,使害虫寻找食物或繁殖过程遭到破坏。

■ 驱虫化学刺激物:一定植物的气味能破坏害虫寻找寄主的行为(如在豆科作物中,田边杂草驱逐叶甲,甘蓝/番茄;莴苣/番茄间作可驱逐小菜蛾)。

②干扰种群发育和生存

■ 机械隔离:通过种植非寄主组分,进行作物抗性和感性栽培种的混合,可以限制害虫的扩散。

■ 缺乏抑制刺激物:农田中,不同寄主和非寄主的存在可以影响害虫的定殖,如果害虫袭击非寄主植物,则要比袭击寄主植物更易离开农田。

■ 影响小气候:间作系统将适宜的小气候条件四分五裂,害虫即使在适宜的小气候生境中也难以停留和定殖。浓密冠层的遮荫,一定程度上可以影响害虫的觅食或增加有利于害虫寄生真菌生长的相对湿度。

■ 生物群落的影响:多作有利于促进多样化天敌的存在。

3)实施害虫诱杀和驱避技术

害虫在进化过程中对自然界形成了很好的适应。由于取食、交尾等生命活动过程中的需求,害虫能够对环境条件的刺激产生本能性的反应。害虫对某些刺激源(如光波、气味等)的定向(趋向或躲避)运动称之为趋性。按照刺激源的性质又可分为趋光性、趋化性等。

(1)灯光诱杀 害虫易感受可见光的短波部分,对紫外光中的一部分特别敏感。趋光性的原理就是利用害虫的这种感光性能,设计制造出各种能发出害虫喜好光波的灯具,配加一定的捕杀装置而达到诱杀或利用的目的。与诱集灯配合的捕杀装置主要有2种。

①水盆式捕杀器:紧靠灯架下置一大口径盛水容器(大铁锅、水缸、木盆等)加洗衣粉或少量废机油、废柴油,害虫碰撞挡虫板后即掉入水中溺死。

②高压电网捕杀器:这是配合黑光灯使用的一种新型杀虫器,有的称其为光电杀虫器。一般采用一定强度的金属导线在灯管两侧作平面栅状排列。高压电网杀虫灯在平面电网下还加有一个屋脊状电网来增加效率。害虫扑灯触网后即被高压电弧击杀、烧毁,因而其杀虫效率高。

(2)黄板诱杀　许多害虫具有趋黄性,试验证明,将涂有黄颜色的黄板或黄盘,放置一定的高度,可以诱杀蚜虫、温室白粉虱和潜叶蝇等害虫(表4-4)。

表 4-4　黄板对蔬菜田间害虫的影响　　　　　　　　　　　　　　头/板

处理	美洲斑潜蝇	番茄斑潜蝇	菜蚜	黄曲条跳甲	小菜蛾	寄生蜂	隐翅虫
黄板加粘蝇纸	380	22	71	1	18	7	52
白板加粘蝇纸	112	9	12	1	22	12	113

(3)趋化性诱杀　许多害虫的成虫由于取食、交尾、产卵等原因,对一些挥发性化学物质的刺激有着强烈的感受能力,表现出正趋性反应。

在害虫防治上,目前主要应用人工诱集剂、天然诱集剂、性激素和害虫的嗜食植物等具有诱集作用的物质和不利于害虫生长发育的驱避植物。

①糖醋诱杀:很多夜蛾类害虫对一些含有酸酒气味的物质有着特别的喜好。根据这种情况,已经设计出了多种诱虫液用以预测和防治害虫。随着有机农业研究和实践的深入,诱虫液的成分和使用技术得到了进一步发展和提高,已成为防治某些害虫的有效方法。成功的关键在于因地制宜,就地取材,如寻找一些发酵产物作酸甜味的代用品配成诱捕剂(有些代用品诱蛾效果甚至超过标准配方),通过试验,摸索出适当的配方。

②植物诱杀:杨树、柳树、榆树等含有某种特殊的化学物质,对很多害虫有很好的诱集能力;白香草木樨可诱杀黑绒金龟子、蒙古灰象甲、网目拟地甲;利用桐树叶可诱杀地老虎;利用蓖麻和紫穗槐可诱杀金龟子;芹菜、洋葱、胡萝卜、玉米、高粱等作物,不仅提供棉铃虫的营养还可诱集棉铃虫产卵;芥子油的气味诱集菜粉蝶成虫;芥菜诱集小菜蛾。

(4)性诱剂诱杀　用性诱剂防治害虫,一种途径是利用性诱剂对雄虫强烈的引诱作用捕杀雄虫,这种方法称为诱捕法;另一种途径是利用性信息素挥发的气体弥漫于田间干扰、迷惑雄虫,使它不能找到雌虫进行交尾,这种方法称为干扰交配法或迷向防治。

①大量诱捕法:在农田中设置大量的信息素诱捕器诱杀田间雄虫,导致田间雌雄比例严重失调,减少交配概率,大幅度降低下一代虫口密度。该法适用于雌雄性比接近于1:1、雄虫为单次交尾的害虫和虫口密度较低时。

②交配干扰法:利用信息素来干扰雌雄交配,在充满性信息素气味的环境中,雄虫丧失了寻找雌虫的定向能力,致使田间雌雄虫交配概率减少,从而使下一代虫口密度急骤下降。

(5)陷阱诱捕法　该方法适合于夜间在地面活动的害虫。将一定数量罐头盒或瓦罐等容器埋入土中,罐口与地面相平。罐内可以放入害虫嗜食的食物作为诱饵。被食物引诱来的害虫即落入陷阱中而不能逃出。

（6）害虫的拒避技术　植物受害不完全是被动的，它可利用自身某些成分的变异性，对害虫产生自然抵御性，表现为杀死、忌避、拒食或抑制害虫正常生长发育。种类繁多的植物次生性代谢产物，如挥发油、生物碱和其他一些化学物质，害虫不但不取食，反而避而远之，这就是拒避作用。台香茅油可以驱除柑橘吸果夜蛾；除虫菊、烟草、薄荷、大蒜驱避蚜虫；薄荷气味驱避菜粉蝶在甘蓝上产卵；闹羊花毒素、白鲜碱、柠檬苦素、苦楝和印楝油、莳萝均是害虫的驱避剂和拒食剂。

4）全程实施生物防治技术

（1）天敌的自然保护

①天敌的种类和特性：天敌是一类重要的害虫控制因子，在农业生态系中居于次级消费者的地位。在自然界，天敌的种类十分丰富，它们在农业生态系统中，经常起到调节害虫种群数量的作用，是生态平衡的重要负反馈连锁。天敌的主要类群见表4-5。

表 4-5　天敌的主要类群

类群	目	科
寄生性天敌	膜翅目	姬蜂科　茧蜂科　小蜂科　蚜小蜂科　赤眼蜂科
	双翅目	寄生蝇科
捕食性天敌	鞘翅目	虎甲科　步甲科　瓢甲科　隐翅甲科
	脉翅目	草蛉科　褐蛉科　粉蛉科　翼蛉科
	半翅目	花蝽科　盲蝽科　长蝽科　姬蝽科　猎蝽科
	缨翅目	蓟马科　纹蓟马科　皮蓟马科
	双翅目	瘿蚊科　食蚜蝇科　长足虻科　舞虻科　食虫虻科　食蚜蝇科

天敌依其食性的不同分为寄生性或捕食性天敌，其主要区别见表4-6。

表 4-6　寄生性天敌与捕食性天敌的特征比较

寄生性天敌	捕食性天敌
在1个寄主上，可育成1个或更多个体	每一虫期，均需多数猎物才能完成发育
成虫和幼虫食性不同，通常幼虫为肉食性	成虫和幼虫常同为捕食性，甚至捕食同一猎物
寄主被破坏一般较慢	猎物被破坏较快
与寄主关系比较"密切"，至少幼虫生长发育阶段在寄主体内或体外，不能离开寄主独立生活	与猎物关系不很密切，往往取食结束就离开，都在猎物体外活动
成虫搜寻寄主，主要为了产卵，一般不杀死寄主	成虫、幼虫搜索猎物的目的就是为了取食
限于一定的寄主范围，与寄主的生活史和生活习性依赖性强	多数为多食性种类，对某一种猎物的依赖程度低
体型一般较寄主小	体型一般较猎物大
幼虫期因无须寻找食物，足和眼都退化，形态上变化多	除了捕捉及取食的特殊需要，形态上其他变化较少

②天敌自然保护的方法：栖境、食物和环境条件是天敌赖以生存和生长发育的必要条件，要应用自然的方法保护天敌，主要有以下几点。

■ 栖境的提供和保护。天敌的栖境包括越冬、产卵和躲避不良环境条件等生活场所。如草蛉几乎可以取食所有作物上的蚜虫及多种鳞翅目害虫的卵和初孵幼虫，且某些草蛉（大草蛉）成虫喜栖于高大植物。因此，多样性的作物布局或成片种植乔木和灌木可提供天敌的栖息场所，有效地招引草蛉。越冬瓢虫的保护是扩大瓢虫源的重要措施，它是在自然利用瓢虫的基础上发展起来的。

■ 提供食物。捕食性天敌可以随着环境变化选择它们的捕食对象。捕食性天敌的捕食量一方面与其体型大小有关，另一方面与被捕食者的种群数量和营养质量有关。对猎物捕食的难易程度和捕食者的搜索力，与猎物种群大小、空间分布和生境内空间障碍有关，一般说来，捕食者对猎物种群密度的要求比寄生性天敌要高。天敌各时期对食物的选择性有一定差别，如草蛉一龄幼虫喜食棉蚜、棉铃虫卵，而不食棉铃虫幼虫；取食不同食物对其发育历期、结茧化蛹率和成虫寿命及产卵量均有不同程度的影响。草蛉冬前取食时间长短和取食量的大小与冬后虫源基数密切相关：冬前若获得充足营养，则越冬率和冬后产卵量可大大提高。有些捕食性天敌在产卵前除了捕食一些猎物外，还要取食花粉、蜜露等物质后方能产卵。

■ 环境条件。提供良好的生态条件，不仅有利于天敌的栖息、取食和繁殖，同时也有利于其躲避不良的环境条件，如人类的田间活动、喷洒农药等。

（2）自然增殖技术　通过生态系统的植被多样化为天敌提供适宜的环境条件，丰富的食物和种内、种间的化学信息联系，使天敌在一个舒适的生活条件下，自身的种群得到最大限度的增长和繁衍。

①植被多样化：植被多样化是指在农田生态系统内或其周围种植与主栽作物有密切的直接或间接依存关系的植物，通过利用这些植物对环境中的生物因素进行综合调节，达到保护目标植物的目的，同时又不对另外的生物及周围环境造成伤害的技术。它强调植物对有害生物的治理措施由直接面对害虫转向通过伴生植物，达到对目标植物与其有害生物和有益生物的动态平衡；强调有害生物的治理策略要充分利用自然生态平衡中生物间的依存关系，达到自然控制的目的。

②天敌假说：在多样化环境中，由于替代性食物（花粉、花蜜、猎物）的来源和适宜的小生境的增加，自然天敌的数量比单作区增加，害虫种群下降。

③资源浓缩假说：在多熟种植中，当寄主植物和非寄主植物共处于一个混合群体中，使得专一性害虫减少。多熟种植系统寄主植物在空间上比较分散，并且一起生长的非寄主植物扰乱害虫的视线以及非寄主植物产生的化学刺激的作用，使得专一性害虫在适于其生长繁殖的寄主植物上停留和繁殖更加困难。

（3）优势天敌的人工繁殖技术

①赤眼蜂繁殖：赤眼蜂是一类微小的卵寄生蜂，具有资源丰富、分布广泛和对害虫控制作用显著等特点。赤眼蜂属于多选择性寄生天敌，寄生范围很广，可以寄生鳞翅目、鞘翅目、膜翅目、同翅目、双翅目、半翅目、直翅目、广翅目、革翅目等10个目近50个科200多属400多种害虫的卵，其中鳞翅目的天敌最多。近20年来，赤眼蜂已成为世界上应用范围最广、应用面积最大、防治害虫对象最多的一类天敌。

通过改进繁蜂技术，以最少寄主卵和种蜂量的投入，繁殖获得最多适应性强、性比合理的优质赤眼蜂种群,可以达到提高繁蜂效率和田间防治效果的目的。

培育优质蜂种是生产大量优质赤眼蜂的基础。以柞蚕卵作为寄主卵,大量繁殖优质的松毛虫赤眼蜂和螟黄赤眼蜂,关键在于采用发育整齐和生命力强的优质蜂种来繁殖生产用蜂。赤眼蜂的繁殖方式包括卡繁和散卵繁两类。20世纪70年代多采用大房繁蜂和橱式卡繁方式繁蜂,现已研制成封闭式多层繁蜂柜和滚式繁蜂机。

②瓢虫和草蛉繁殖:目前大量繁殖的主要技术问题是饲料生产。自然活体饲料如蚜虫、米蛾因成本高,供应不及时,不能适应工厂化生产的要求,雄蜂(即蜜蜂的雄蜂幼虫和蛹)和人工赤眼蜂蛹代饲料为捕食性天敌的工厂化生产提供廉价的饲料。

(4)人工繁育天敌的释放技术

①天敌的增强释放:天敌的增强释放是在害虫生活史中的关键时期,有计划地释放适当数量的人工饲养的天敌,发挥其自然控制作用,从而限制害虫种群的发展。赤眼蜂的田间增强释放是一项科学性很强的应用技术,必须根据害虫和赤眼蜂的发育生物学和田间生态学原理和赤眼蜂在田间的扩散、分布规律、田间种群动态及害虫的发生规律等,来确定赤眼蜂的释放时间、释放次数、释放点和释放量。以做到适期放蜂,按时羽化出蜂,使释放后的赤眼蜂和害虫卵期相遇概率达90%以上,获得理想的效果。

②赤眼蜂释放原则:a. 放蜂期与害虫发生期相一致,即蜂、卵相遇;b. 放蜂量适应于害虫的发生数量,在释放前正确估算每批赤眼蜂的母蜂数量,预计实际的释放量;c. 调查自然界当时的赤眼蜂种群数量;d. 在正确掌握赤眼蜂飞翔扩散能力的基础上,综合上述情况制定出田间释放赤眼蜂的方案。

(5)自然天敌诱集增殖技术

①天敌巢箱:利用招引箱,在瓢虫越冬前招引大量瓢虫入箱,可保护瓢虫的越冬安全。

②蜜源诱集:许多天敌需补充营养,在缺少捕食对象时,花粉和花蜜是过渡性食物。因此在田边适当种一些蜜源植物,能够诱引天敌,提高其寄生能力。如伞形科荷兰芹等蜜源植物能招引大量土蜂前来取食,并寄生于当地的蛴螬。柑橘园的胜红蓟杂草,花粉和其上的啮虫是柑橘红蜘蛛的天敌—钝绥螨的食料,因此,橘园种植蓟类杂草,能起到稳定柑橘园中捕食螨种群的作用,有利于控制柑橘害螨发生为害。

③以害繁益:利用伴生植物上生活的害虫,为栽培作物上的天敌提供大量食物,使天敌与害虫同步发展,达到以益灭害的效果。如在北方苹果园种植紫花苜蓿、油菜和保留果园的有益杂草,为东亚小花蝽提供植食性的花粉、花蜜和动物性猎物蚜虫,能够使小花蝽的数量增加5~10倍、蚜虫、红蜘蛛的密度降低60%以上;同时由于地面游猎性蜘蛛的捕食,使得桃小食心虫的数量一直位于经济危害水平以下。在棉田内冬油菜春种,其上大量的蚜虫、菜青虫等可诱集和繁殖大批捕食性和寄生性天敌,如蜘蛛、草蛉、蚜茧蜂、小花蝽等。

④改善天敌的生存环境:利用伴生植物改变田间小气候,创造有利于天敌活动,不利于害虫发生的环境条件,也能起到防治害虫的作用。防护林能降低风速,增加湿度,有利于小型寄生蜂活动。甘蔗地套种绿肥,能减少田间温度和湿度的变化幅度,为赤眼蜂活动提供有利条件,从而增加对蔗螟卵的寄生。白菜地间作玉米,能降低地表温度,提高相对湿度,可明显减少蚜虫发生。伴生植物不仅是天敌的繁衍场所,也是天敌躲避不良环境(气候条件和喷洒农药)和人为干扰的庇护场所。试验证明,在种植伴生植物的果园,当喷洒农药后,天敌种群恢复到喷药前水平所需的时间只有无伴生植物果园的1/2。

(6)实施天敌诱集和操控技术　天敌的保护、增殖技术对增加天敌的数量,调节益害比具有重要作用,但是,这些措施大部分局限在被动的利用天敌,以发挥天敌的自然调节作用为主。在自然界中,害虫的发生是从局部开始的,有时需要在害虫发生的初期,将分散的天敌集中,以集中力量消灭害虫。这就需要更具吸引力的物质或手段,主动或被动地迁移天敌。

喷洒人工合成的蜜露可以主动诱集天敌,经过多年的研究,已经证明了很多植食性害虫的寄生性和捕食性天敌,是通过植食性害虫寄主植物某些理化特性,如植物外观,挥发性物质对它们的感觉刺激来寻找它们的寄主和捕食对象的,如草蛉可被棉株所散发的丁子香烯所吸引;花蝽可被玉米穗丝所散发的气味所引诱而找到玉米螟和蚜虫,另外植物的化学物质可帮助捕食性天敌寻找猎物,如色氨酸对普通草蛉的引诱作用(Hagen,K.S,1976),龟纹瓢虫对豆蚜的水和乙醇提取物也有明显的趋向(宗良炳,1991)。这些植物、动物间的化学信息流,对自然界天敌的诱集作用十分明显。

5)物理防护

通过物理方法,隔离害虫与寄主,切断害虫迁入途径,从而达到保护植物,防治害虫的目的。在有机农业中,夏秋高温多雨季节,用防虫网覆盖栽培蔬菜,不但能保证蔬菜产品的安全卫生,促进蔬菜生长,而且能有效地抑制害虫的侵入和为害,减少病害的发生。

6)药物防治

(1)确定来源于自然的植物源杀虫剂　我国植物源农药资源十分丰富,在我国近3万种高等植物中,已查明约有近千种植物含有杀虫活性物质。

植物源杀虫剂具有杀虫有效成分为天然物质,而不是人工合成的化学物质。因此,施用后较易分解为无毒物质,对环境无污染;成分的多元化,使害虫较难产生抗药性;对有益生物(即天敌)安全,根据试验,使用苦参植物杀虫剂的常用剂量喷施,对萝卜蚜的防治效果达到99.85%,而对蚜虫天敌瓢虫的杀伤率仅为11.58%;杀虫植物可以大量种植,而且开发费用也较低。

常见的植物源药剂和制剂包括以下几种。

①印楝(川楝)素:具有杀虫效果的楝科植物包括印楝、苦楝、川楝、南岭楝等,除印楝原产于印度,目前已在我国广东引种成功外,其余3种广泛分布于我国南北各地,野生和栽种面积较大。此类植物均为落叶乔木,形态相似,但印楝的果实比苦楝大几倍,根、叶和果实中含有各种楝素(如印楝素、川楝素)、生物碱、山萘、酚等物质,苦楝的果实还含有苦味质。这些楝素、楝油、苦味质对害虫有忌避、拒食和抑制生长与触杀以及胃毒作用,可以防治稻螟、飞虱、菜青虫、蚜虫等多种害虫。苦楝油原油乳剂50~200倍,可防治柑橘、杨梅等果树上的多种害虫。此类杀虫剂对人、畜安全,在果品中无残留,不污染环境,再生资源丰富。

②除虫菊素:除虫菊素又称天然除虫菊素。是由除虫菊花(*Pyreyhrum cinerii foliun* Trebr)中分离萃取的具有杀虫效果的活性成分。它包括除虫菊素Ⅰ(pyrethrins Ⅰ)、除虫菊素Ⅱ(pyrethrins Ⅱ)、瓜叶菊素Ⅰ(cinerin Ⅰ)、瓜叶菊素Ⅱ(cinerin Ⅱ)、茉酮菊素Ⅰ(jasmolin Ⅰ)、茉酮菊素Ⅱ(jasmolin Ⅱ)。

除虫菊素具有麻痹昆虫中枢神经作用,为触杀性杀虫剂。具有杀虫和环保两大功能,其特征和优势在于对哺乳动物低毒、高效,广谱性、触杀作用极强、致死率极高,且使用浓度低和作用快速的特点。其不利的因素在于见光分解,保存和使用时应避开强光。

③苦参碱:苦参碱是由豆科植物苦参(*Sophora flavescens* Ait)的干燥根、植株、果实经乙

醇等有机溶剂提取制成的,是生物碱,一般为苦参总碱,其主要成分有苦参碱、槐果碱、氧化槐果碱、槐定碱等多种生物碱,以苦参碱、氧化苦参碱含量最高。苦参碱纯品为白色粉末,低含量为棕黄色母液,农业方面一般使用母液。常用制剂有:已经登记的苦参碱杀虫剂有100多个产品,常见的制剂有0.3%苦参碱水剂、1%苦参碱醇溶液、0.2%苦参碱水剂、1.1%苦参碱粉剂、1%苦参碱可溶性液剂。苦参碱是天然植物性农药,对人畜低毒,是广谱杀虫剂,具有触杀和胃毒作用。对各种作物上的黏虫、菜青虫、蚜虫、红蜘蛛有明显的防治效果。

综合评价:苦参碱是一种植物源农药,具有特定性、天然性的特点,只对特定的生物产生作用,在大自然中能迅速分解,最终产物为二氧化碳和水。苦参碱是对有害生物具有活性的植物内源化学物质,成分不是单一的,而是化学结构相近的多组和化学结构不相近的多组的结合,相辅相成,共同发挥作用。苦参碱因为多种化学物质共同作用,使其不易导致有害物产生抗药性,能长期使用。对相应的害虫不会直接完全毒杀,而是控制害虫生物种群数量不会严重影响到该植物种群的生产和繁衍。

④鱼藤酮:鱼藤是一种多年生豆科植物,藤本或直立灌木。原产亚洲热带及亚热带地区,以印度尼西亚各岛、菲律宾群岛、马来半岛、我国的台湾和海南为著名产地。其杀虫成分是鱼藤菊酯,杀虫效率极高,对防治小菜蛾和萝卜蚜等世界性高抗药性害虫有特效。毒性较低,对人畜、作物和天敌(益虫)安全,毒素污染较低,无公害;还能刺激作物叶绿素增长,有明显的丰产性能。主要剂型有4%鱼藤粉剂、5%和7.5%鱼藤乳油(鱼藤精),主要用于果树尺蠖、卷叶虫等咀嚼式口器害虫和蚜虫的防治,具有胃毒和触杀作用。杀虫机理是影响害虫的呼吸,抑制谷氨酸脱氢酶的活性,使害虫死亡。

⑤蛇床子素:商品名称为天惠虫清、瓜喜。蛇床子素是一种来源于伞形科植物蛇床果实的植物源提取物,化学名称为7-甲氧基-8-异戊烯基香豆素。蛇床子素作为一种广泛应用于医药上的植物源物质,有多种成熟的提取工艺,包括用95%乙醇、无水乙醇、丙酮、氯仿等溶剂或蒸馏水浸泡提取。后经研究发现蛇床子素中的主要有效成分含蒎烯、莰烯,异戊酸龙脑酯等,其在农业上可作为杀虫杀菌剂,也可作为食品保鲜剂及防腐剂。蛇床子素对多种鳞翅目害虫(如菜青虫、棉铃虫、甜菜夜蛾)、同翅目害虫(如蚜虫)均有良好的防治效果;而且可防治蔬菜白粉病、霜霉病等病害。

⑥苦皮藤素:苦皮藤(*Celastrus angulatus* Maxim)属卫矛科(Celastraceae)南蛇藤属(*Celastrus* L.),多中生藤本植物,广泛分布于我国黄河、长江流域的丘陵和山区。苦皮藤的根皮和茎皮均含有多种强力杀虫成分,目前已从根皮或种子中分离鉴定出数十个新化合物,特别是从种油中获得4个结晶,即苦皮藤酯Ⅰ-Ⅳ、从根皮中获得5个纯天然产物,即苦皮藤素Ⅰ-Ⅴ。这些苦皮藤中的杀虫活性成分均简称为苦皮藤素。

苦皮藤素具有驱避、拒食、胃毒及触杀作用。原药是从卫矛科野生灌木苦皮藤根皮和种子中提取的。其有效杀虫成分不是单个物质,而是一系列具有二氢沉香呋喃多元酯结构的化合物共同起作用,其中活性最高的是毒杀成分苦皮藤素Ⅳ和麻醉成分苦皮藤素Ⅴ。苦皮藤素Ⅴ主要作用于昆虫的消化系统,能和中肠细胞质膜上的特异型受体相结合,从而破坏了膜的结构,造成肠穿孔,昆虫大量失水而死亡。苦皮藤素Ⅳ既作用于神经与肌肉接点也作用于肌细胞。对昆虫飞行肌和体壁肌有强烈毒性,明显破坏肌细胞的质膜和内膜系统(如线粒体膜、肌质网膜和核膜)以及肌原纤维。质膜的断裂和消解影响动作电位的产生与传导;线粒体结构的破坏导致肌肉收缩缺乏能量供应;肌质网的破坏直接影响钙离子释放与回收;肌原纤维的破坏导致肌肉不能正常收缩。苦皮藤素Ⅳ损伤肌细胞结构最终麻痹昆虫,主要表现为虫体软瘫麻痹,对外界刺激无反应。该药作用机理独特,不易产生抗药性。主要剂型有90%可湿性粉剂,0.2%、1%、20%乳油,0.15%苦皮藤素微乳剂。主要用于防治部分鳞翅目、直翅目及鞘翅目害虫,防治效果较好。

⑦D-柠檬烯:柠檬烯是多种水果(主要为柑橘类)、蔬菜及香料中存在的天然成分。在柑橘类水果(特别是其果皮)、香料和草药的精油中含量较高。橙皮精油中柠檬烯质量分数为90%～95%。食品调料、葡萄酒和一些植物油(大麦油、米糠油、橄榄油、棕榈油)都是该类化合物的丰富来源。

D-柠檬烯又称苎烯,是单环单萜,为柠檬味液体,不溶于水,易与乙醇混合,pH 6.7左右。柠檬烯以及含有柠檬烯的精油对农作物病害、虫害、草害均有生物活性。柠檬烯对害虫具有引诱、驱避、熏蒸、触杀等多种作用方式。D-柠檬烯对蚜虫、蓟马和果蔬害螨等都有很好的防治效果。

(2)利用微生物源杀虫剂

①微生物的种类:在自然界中,微生物广泛分布于土壤、水和空气中,尤其以土壤中各类微生物资源最为丰富。微生物农药是对自然界中微生物资源进行研究和开发利用的一个方面,此类农药可对特定的靶标生物起作用,且安全性很高,它是由微生物本身或其产生的毒素所构成。在实际应用中,主要包括微生物杀虫剂、微生物杀菌剂和微生物除草剂等。目前已经知自然界中有1500种微生物或微生物的代谢物具有杀虫活性,很多已真正用于农林害虫的防治,包括细菌、真菌、病毒、原生动物等,见表4-7。

表4-7 微生物杀虫剂资源

类群	种数	代表
病毒生物农药资源	1600余种	杆状病毒、质型多角体病毒、疽病毒、虹彩病毒、细小病毒、弹状病毒、内病毒
细菌性生物农药资源	100多种	虫生细菌、拮抗细菌
放线菌生物农药资源	14科56个属	链霉菌、放线菌、拮抗放线菌
真菌生物农药资源	300种	虫生真菌
线虫生物农药资源	700余种	格氏线虫、斯氏线虫
原生动物生物农药资源	3个目	新簇虫、球虫、微孢子虫
立克次氏体生物农药资源	4个属	立克次氏体、微立克次氏体

②害虫病原微生物的特点:其在自然界中可以流行,即病原微生物经过传播扩散和再侵染,可使病原扩大到害虫的整个种群,在自然界中形成疾病的流行,从而起到抑制害虫种群的作用;害虫的病原必须对人类和脊椎动物安全,也不能损害蜜蜂、家蚕、柞蚕以及寄生性和捕食性昆虫,故不是所有的昆虫病原微生物都可以成为杀虫剂,病原微生物对害虫应具有专化性。总之,微生物杀虫剂具有专化、广谱、安全和效果好的特点。

③害虫病原微生物的流行及致病力:病原微生物引起害虫流行病的发生是控制害虫种群数量的重要因素。在自然条件下,以病毒流行病最为常见,真菌流行病次之,然后是细菌性流行病。线虫、原生动物流行病偶尔可见。

④速效性短期防治:微生物制剂和化学药剂有些相似,即使用后可迅速奏效,并要求反复应用以达到防治目的。两者的不同在于以下几点:微生物杀虫剂具有较高的选择性,对脊椎动物一般无害;害虫对微生物制剂的抗性发展较慢;病原能在寄主体内繁殖,可以通过寄主传递和扩散;病原可通过选择而增强致病力;病原体对被防治害虫种群的影响比单纯死亡率所表现的效果好。

⑤长效性持久防治:微生物病原制剂除能发挥其速效防治作用以外,还可在害虫种群中滞留,并将疾病传播给其后代,即表现为持久性的防治效果。对持久性防治来说,短期内死亡率并非是检查效果的唯一标准。害虫局部性的全部消灭不是目的,使种群密度控制在经济危害水平以下的死亡率则更为理想。因此,为达到持久防治效果,可以不必要求用于长效防治的病原具有很高的致病力,只要能杀死足够数量的害虫即可。

⑥微生物制剂:害虫的病原微生物依病原的不同可分为细菌、真菌、病毒和原生动物。其致病机理、杀虫范围各有不同。

■细菌:具有一定程度的广谱性,对鳞翅目、鞘翅目、直翅目、双翅目、膜翅目害虫均有作用,特别是对鳞翅目幼虫具有短期、速效、高效的特点。一般从口腔侵入,与胃毒剂用法相似,可喷雾、喷粉、灌心、颗粒剂、毒饵等。影响其防治效果的因素有菌剂的类别;表现在同一菌剂对不同害虫效果不同、不同变种菌剂对同一害虫效果不同;菌剂质量、环境条件和使用技术的不同防治效果也不同。

■真菌:寄主广泛,杀虫谱广,木霉菌、白僵菌、绿僵菌对多种害虫有效;虫霉菌可侵染蚜虫和螨类。可喷雾、喷粉、拌种、土壤处理、涂刷茎干或制成颗粒剂使用。真菌性杀虫剂对人、畜无毒,对作物安全,但对蚕有毒害,侵染害虫时,需要温湿度条件和使孢子萌发的足够水分。适用于防治果树、蔬菜、瓜类、豆类、茶叶、花卉和中草药等作物上的害虫。

■病毒:杀虫范围广,对害虫防治效果好且持久。病毒制剂大多采用喷雾的方法,仓库害虫可通过饲料饲喂,使其感病、传播、蔓延。病毒制剂在土壤中可长期存活,有的甚至可长达5年。

■线虫:可防治鞘翅目、鳞翅目、膜翅目、双翅目、同翅目和缨翅目害虫,主要用于土壤处理,如用斯氏线虫防治桃小食心虫;蛀孔注射,如防治行道树上的天牛。

■微孢子虫:可防治多种农业害虫。用麦麸做成毒饵或直接超低量喷雾于植物上,对草原蝗虫及东亚飞蝗的防治已取得显著效果。

(3)选择利用矿物源杀虫剂

①矿物油乳剂:用于防治果树害虫的矿物油,其商品药剂有蚧螨灵乳剂和机油乳剂,是由95%机油和5%乳化剂加工而成的。机油乳剂对害虫的作用方式主要是触杀。作用途径如下。

■物理窒息:机油乳剂能在虫体上形成油膜,封闭气孔,使害虫窒息致死,或由毛细管作用进入气孔而杀死害虫。对于病菌,机油乳剂也可以窒息病原菌或防止孢子的萌发从而达到防治目的。

■减少害虫产卵和取食:机油乳剂能够改变害虫寻找寄主的能力,机油乳剂在虫体上形成油膜,封闭了害虫的这些感触器,阻碍其辨别能力,从而明显地降低其产卵和取食为害。机油乳剂同时也在叶面上形成油膜,这油膜能防止害虫的感触器与寄主植物直接接触,从而使害虫无法辨别其是否适合取食与产卵。害虫在与叶面上的油膜接触之后,多数在取食和产卵之前离开寄主植物。

②无机硫制剂：硫黄为黄色固体或粉末，是国内外使用量最大的杀菌剂之一，也可用于粉虱、叶螨的防治。该制剂具有资源丰富、价格便宜、药效可靠、不产生抗药性、毒性很低、使用安全等优点。对哺乳动物无毒，对水生生物低毒，对蜜蜂无毒。

③硫悬浮剂：由有效成分为 50% 的硫黄粉与湿润剂、分散剂、增黏剂、稳定剂、防冻剂、防腐剂和消泡剂混合研磨而成，外观为白色或灰白色黏稠流动性浓悬浊液。硫悬浮剂能与任何比例的水混合，均匀分散成悬浊液，悬浮率 90% 以上。本剂是非选择性药剂，能防治多种果树的白粉病、叶螨、锈螨、瘿螨，连续长期施用，不易产生抗性，使用方便，黏着性好，价格便宜，不污染作物。

④晶体石硫合剂：化学名称多硫化钙，是用硫黄、石灰和水与金属触媒在高温高压下加工而成，使用方便，对植物安全。该剂为无机杀菌剂和杀螨、杀虫剂，可用于防治柑橘、荔枝、番木瓜、杧果、苹果、梨、桃、柿子、葡萄等多种常绿、落叶果树的叶螨、瘿螨、蚧和真菌病害，病虫不易产生抗药性，不破坏生态平衡。

⑤石硫合剂：石硫合剂是用生石灰和硫黄粉为原料加水熬制而成的红褐色透明液体，有臭鸡蛋味，呈强碱性。原料配方为生石灰 1 份、硫黄粉 2 份、水 12～13 份。石硫合剂母液质量的好坏，取决于所用原料生石灰和硫黄粉的细度，一般选用轻质的生石灰，硫黄需 40 目的细度，熬制时火力要大而稳定。原液波美度越高，含有效成分（多硫化钙）也越多。使用前应先用波美比重表测量原液的波美浓度，然后再根据需要施用的药液浓度加水稀释。

4.4.3　杂草和杂草防除

1.杂草的概念

杂草是生长在人类干扰环境下并影响人类的生产与生活的非栽培植物或植被。对环境的适应性和抗逆性强，主要表现为萌发、出苗所需的环境条件广，出苗不连续；多具 C4 光合途径基因型，生长发育迅速；植株表现型的可塑性大；具多种受粉受精途径；种子发育快、成熟早；种子寿命长；传播途径广；连续结实、多实和落粒性等特点。

2.消灭杂草的理由

1）杂草与栽培作物的干扰作用

杂草与栽培作物间的作用，一种是竞争作用，另一种是化感作用。竞争作用是指通过争夺环境中的水分、矿质营养及光照等有限的生长资源；化感作用是指通过其根、茎、叶向环境中分泌、分解、淋溶或挥发特定化合物来相互影响对方生长发育。

2）杂草与栽培植物对矿质营养的竞争

栽培植物与杂草在生长发育规律及矿质营养的需求特点上十分相似。因此，当杂草与栽培植物混合生长在肥力水平较低的土壤中时，二者就会不可避免地对矿质营养发生竞争作用。由于多数农田杂草是 C4 植物，多数栽培植物是 C3 植物，故在矿质营养的竞争作用上，杂草往往是优胜者。农田杂草一般还比栽培植物对矿质营养的吸收速度快、吸收量大，这一本能，可以造成环境中的矿质营养元素迅速枯竭，从而导致栽培植物因营养不良而显著受害。

3）杂草与栽培植物的水分竞争

在土壤水分不太充分的情况下，杂草的伴生将显著降低土壤湿度，从而减低水分对栽培植物的供应水平。杂草对水分的竞争作用,通常只发生在杂草的生态经济危害阈期以后。既然杂草能通过竞争土壤水分,显著削弱水分对栽培植物的供应水平,那么通过灌水,是否可以消除杂草因竞争水分而引起的植物产量损失呢? 研究表明,增加土壤湿度只能部分削减其水分竞争危害,原因是灌水在消除杂草对水分竞争的同时,常常又诱发了杂草对矿质营养和光的竞争。研究证明,在雨季,当杂草存在时,施肥能大大减少土壤含水量,从而导致栽培植物严重减产。

杂草对栽培植物水分利用的干扰作用也存在有益的一面。即当田间出现淹涝时,杂草的生长能加速土壤的排涝进程,从而使栽培植物尽快免受涝害;坡地上杂草的生长,则能明显减轻和防止雨水径流,提高土壤的雨水接纳量,增加土壤湿度,从而改善栽培植物的水分供应状况。

4)杂草与栽培植物对光能的竞争关系

光是植物光合作用和生长发育必不可少的能量来源。绝大多数植物的最大净光合速率和生长量出现在全阳光照射的条件下。在群体较大、土壤中的矿质营养元素和水分供应又比较充足的情况下,光照不足常是限制植物生长发育的主要原因。许多研究结果证明,杂草与栽培植物间对光的竞争,实际上是其叶片间的竞争,因而根深叶茂,生长势强,植株高或具缠绕茎的杂草或栽培植物,一般具有较强的光竞争能力。

5)化学干扰关系

植物间的化学干扰关系称为化感作用,它指植物间通过其根、茎、叶分泌、分解、淋溶或挥发的化感作用物来抑制或促进对方生长发育的现象。它是杂草与作物之间常见的一种干扰方式,是某些杂草生长导致作物严重减产的根源,也是某些作物防御草害的有力武器。据统计,目前已发现有近 100 种农田杂草对作物具有化感作用(表 4-8)。

表 4-8　杂草分泌化感物质对作物的抑制或促进作用

杂草名称	抑制作物	化感物质	分泌部位
假高粱	小麦、西红柿和萝卜	蜀黍苷、香草醛、4-羟苯酸	茎、叶
匍匐冰草	小麦、燕麦及豆类	对羟基苯甲酸、香草酸、糖苷、麦黄酮(tricin)	根系、根状茎
三叶鬼针草	莴苣、菜豆、玉米和高粱		根系
曼陀罗	向日葵	天仙子胺(hyoscyamine)	种子和叶片淋洗液
大狗尾草	火炬松种子	邻羟苯乙酸、香草酸、丁香酸、香豆酸、阿魏酸、咖啡酸、龙胆酸	水提取液
美洲苋	阻止葱和胡萝卜的物质积累	3-戊酮、2-戊醇、3-甲基-1-丁醇、1-己醇、己醛、戊醇、乙醛	残体
矢车菊属杂草	莴苣	矢车菊倍半萜	

3. 杂草与植物食物链的关系

1)杂草与栽培作物病虫害

农田的许多杂草是害虫、病菌及线虫的中间寄主,作物收获后,这些害虫、病菌就会转移到农田杂草上取食、繁殖、越冬、越夏,待来年或下季作物播种后又会逐渐转移到作物上为害。如燕麦是秆蝇的寄主,它的存在能导致这些害虫的大量繁殖,然后去为害西红柿、玉米、豌豆等作物;反枝苋是烟草毛虫的寄主,这种杂草丛生时,会加重该害虫对烟草和十字花科植物的为害;稗草则是稻秆螟的寄主,稻田中稗草丛生时,会加重稻秆螟对水稻的为害;龙葵的存在则能导致象甲和地老虎的大量繁殖,从而加重其对马铃薯、木薯及胡椒的为害。此外,升马唐是水稻条纹病的寄主,牛筋草和马唐是稻瘟病和大麦条纹病的寄主,金狗尾草和绿狗尾草是粟锈菌和水稻褐斑病的寄主,而龙葵则是烟草炭疽病的寄主,它们的存在,会显著导致这些病害对水稻、大麦及烟草等作物的为害。

2)杂草与栽培植物天敌

许多杂草对栽培植物病虫害的天敌的活动起重要作用,它们或直接为天敌提供必要的食物,或作为转移寄主而间接地维持和发展着天敌的种群数量,为天敌捕食栽培植物的害虫,控制病虫危害,提供了物质基础。研究结果表明,尽管多数捕食性天敌可以通过捕食害虫获得食料,但它们仍需要从某些植物上索取一定的氨基酸和碳水化合物,而这些养分多来自田间杂草的叶片汁液、花粉和花蜜。如果某些杂草不存在,这些寄主上的捕食性天敌就不可能生存。

在实践中,我们发现夏至草等果园杂草对果园主要捕食性天敌——东亚小花蝽的增殖有明显作用。它是果园中开花最早的野生杂草,它的花粉、花蜜是果园重要天敌——东亚小花蝽的早春食物,因此,在果园周边保留夏至草可以使小花蝽提早建立种群。

南方柑橘园中的藿香蓟是增繁捕食螨的重要植物,早春在柑橘园保留藿香蓟作为捕食螨的寄主,待柑橘园叶螨发生时,人工助迁捕食螨上树,捕食叶螨。

伞形科许多植物的花对寄生蜂成虫有特别的吸引力,其原因是花的结构使得花蜜容易为蜂的口器所取食。如寄生蛴螬的土蜂常常生活在野生的美洲防风上,并有很高的寄生率和很大的群体。所以野生美洲防风的花是土蜂生活的重要部分。寄生苜蓿害虫的茧蜂,成虫常在田旋花、向日葵和银鞘葵上取食,也取食柳类及其他作物上蚜虫的蜜露。杂草作为某些害虫的寄主而间接地促进捕食性天敌繁殖的现象也普遍存在。

3)杂草与栽培植物的土壤环境

土壤的理化生物性状直接关系到杂草的生长发育和存亡,反过来,杂草的生长发育也可以改变土壤的理化生物性状,从而影响到栽培植物的生长发育。在不加控制的情况下,杂草在高密度下的持续生长,会导致土壤养分和水分迅速枯竭及某些化感作用物在土壤中的积累,从而引起栽培植物受害。然而杂草的存在,在固土保肥、增加土壤有机质等方面,对土壤乃至栽培植物则是有利的。如禾本科和莎草科杂草(蟋蟀草、马唐、狗牙根、苔草及牛毛毡等),具有强大的须根系和密集的株丛,其地下根可固定土壤,地上茎可覆盖表土,其强大的抗逆性,又使得它们能够在干旱和瘠薄的土山、野岭、坡地上落户、生长和繁衍而成为那里的先锋植被,从而防止了土壤的水蚀和风蚀。另外,作物收后播前土地完全裸露,苗后又有很长一段时间内叶面积系数少于1,土地裸露相当严重,遇到暴风骤雨水土极易流失,这期间生长的杂草,特别是匍匐型杂草(如马唐等),不但有固土作用,而且可把土壤中的速效养分吸入体内,作为土壤有效养分的暂时"贮存库",从而防止了土壤养分的流失。此外,许多杂草的根系可伸展到土壤深层,利用其分泌出来的有机酸把那里的无效养分活化并运输到地上部分,杂草死亡腐烂后,不但会把它们从耕层中"偷走"的养分完全归还给土壤,而且还会把其从地下深层吸收而来的养分积累在表层,为土壤增添了有机质。这对微生物的活动与繁殖,提高土壤的供肥、蓄水及其自我调节能力,进而促进栽培植物的生长发育,有重要的生态作用。此外,许多杂草如宽叶香蒲、水花生、眼子菜等,还能净化土壤和水体。

4.防除杂草的原则

人类漫长的杂草防治史及近年来取得的杂草科学研究成果证明,杂草防治必须遵循以下几个原则:

(1)遵循生态规律　生物种类趋于增多、食物链趋于复杂、资源趋于充分利用,以增加系统的负熵和稳定性,是不可抗拒的生态规律。

(2)关注杂草生物学特性和生存策略　在长期的自然选择和人类除草活动的压力下,农田杂草具有特殊的生物学特性和生存策略,且杂草对作物的危害分阶段性,有一个干扰危害关键期。干扰危害关键期之前,一方面由于作物群体小、田间各生长因素供过于求,杂草与作物之间不存在竞争;另一方面由于作物对杂草的干扰作用有一定的抵抗和忍耐能力,因而作物不会因杂草的生长而减产;比作物晚出苗40%天左右的杂草,则多是利用作物所不能利用的那部分剩余资源进行生育的,在作物的压制下,它们只能缓慢生长,并无干扰之力,故其生长是对农田生态系统的结构和功能的一种补充。

(3)关注杂草的自我调节作用　杂草是农业生态系统稳定性的自我调节器,对减少空地漏光、提高光能利用率、覆盖土壤,防止水土流失,富集活化土壤养分,增加土壤有机质等有重要作用,故应允许这部分杂草与作物共存。然而,作物对杂草干扰的抵抗、忍耐能力是有限的,高密度下持久生长的杂草,终将导致作物减产。防除这些杂草无疑可挽回其造成的损失,但挽回了草害造成的损失不等于增加了植物生产的净产值。因此,杂草防治的宗旨既不是见草就除,斩尽杀绝,一味追求除草效果,也不是任其滋长,而是顺应生态规律,以最小的代价将杂草群体控制在其生态经济危害水平之下即可。

耕作、轮作、种植方式、栽培管理及植保措施等,可极大地改变杂草与作物间的干扰平衡,故应积极利用这些因素,努力创造条件,增强作物的相对抵抗力,使杂草与作物间的干扰平衡向有利于作物的方向移动。

杂草与作物间的竞争作用只发生在农田水、肥、光等生长因素不足的条件下。因此,丰富农田限制生长因子的水平,可减轻乃至消除杂草对作物的竞争为害,而不应把除草作为消除杂草竞争为害的唯一手段。

杂草是组成农田生态系统中食物网链的重要环节,是食草动物、鸟类及天敌的重要食物来源。作为农业生态系统中的初级生产者,杂草有益害之分,有些杂草是栽培植物病虫害的寄主和发源地,它们的存在会间接加重病虫对栽培植物的为害,还有些杂草则是天敌的寄主,它们的存在可促进天敌生育,间接地减轻病虫对栽培植物的为害。因此,杂草防治实践上应尽可能保护和利用益草,消灭害草。

5.防除杂草的程度

杂草干扰作物生长并造成减产的实质,是其在高密度下持续生长的结果,低于一定的密度水平和短于一定干扰时间的杂草对作物无害,这是栽培植物对杂草干扰的忍耐、防御及化学抵御作用的体现。

栽培植物对杂草干扰的忍耐阈值(表4-9),系指其所能忍耐的伴生杂草的最大群体密度水平,低于这个群体密度水平时,杂草的伴生对栽培植物无明显为害,反之则会使其显著减产。

表 4-9　不同作物对杂草的忍耐能力

作物名称	杂草名称	杂草密度/(株/m²)	作物产量损失率/%
冬小麦	野燕草	76	22.1
		175	39.1
大豆	苍耳	0.3	10
		2.6	52
	稗草	6.7	4.2
		147	38.3
水稻	稗草	1.2	57
		30	97
	一年生草	162	42～65
花生	马唐	10	3.3
		240	98.2

研究结果表明:大豆对稗草、蓼、反枝苋、藜、狗尾草的生物忍耐阈值分别为 2.0、0.1、0.01、0.01 和 0.08 株/m²;水稻对眼子菜、香蒲、水莎草、牛毛毡的阈值分别为:9.0、0.7、3.0、33.0 株/m²;小麦对野燕麦、播娘蒿、猪泱泱、看麦娘的阈值分别为 5.0、4.0、4.2 和 50 株/m²;夏花生对马唐的阈值为 8.0 株/m²;马铃薯对蓼和藜的阈值为 0.02 株/m² 和 0.1 株/m²;胡麻对反枝苋和藜的阈值分别为 7.5 株/m² 和 7.0 株/m²。

6.杂草的防除方法

在有机农业生产中,禁止使用任何人工合成的除草剂,所以,杂草的防除应根据杂草与栽培作物间的相互依存、相互制约关系,采取人工锄草、栽培措施和生物防治的方法。

1)人工锄草

人工锄草是最传统、最实用的防治杂草的有效方法。

2)耕作除草

根据杂草与作物间的竞争和化感关系,通过调控植株行距、播种量、具体空间排列和不同措施的组合,建立作物与杂草的竞争平衡。

作物的空间排列:缩小作物种植行距,可促使作物田提早遮阴,从而抑制杂草的生长。

作物的播种量:一年生禾谷类作物的高播量可以控制杂草。

播种期:当作物发芽恰好与杂草第一次萌发的出现期相吻合时,形成了杂草与作物的强烈互作。值得考虑实施的措施是推迟播种期。以便在杂草第一次萌发后就能除掉,这样可减少60%的杂草和降低杂草后期的生活力。

作物轮作:轮作可以影响特殊的杂草种群。收获糖用甜菜后种植豆科作物,留在土壤中的杂草种子量少于种大麦或玉米的田块。

作物混合:间作能抑制杂草,提高作物的竞争能力,玉米间作绿豆可降低杂草生物量和竞争能力。

覆盖作物:播种一定的秋季作物能大大减少下一个生长季杂草种群的数量和生物量,在春天或秋天,未干的小麦能使杂草生物量降低 76%～80%。

地面覆盖:一定的植物残茬对杂草会产生意想不到的控制效果。例如高粱和苏丹草的秸秆覆盖可分别降低杂草生物量的 90% 和 85%。

3)生物除草

杂草生物防治就是利用农业生态系统中的昆虫、病原微生物及动植物等生物,通过相生相克关系,将其控制在经济危害水平以下的一种杂草治理措施。

目前世界上已开发出 300 多种生物防治作用物,使多种杂草得到了有效控制。20 世纪 70 年代以来,随着世界性杂草生物防治的开展,防治对象已从非耕地上的各种杂草逐渐扩展到农田、水域及种植园的杂草。在杂草种类的选择方面,1980 年以前进行生物防治的 101 种杂草中,仙人掌科和菊科植物占 44%,分别为 19 种和 25 种。在天敌作用物选择方面,June 等(1987)对 1985 年前世界上利用无脊椎动物和真菌防治杂草的评述表明,用外来无脊椎动物和真菌控制目标杂草的释放计划,占所有释放计划的 86%。可见,传统的杂草生物防治法受到特有的重视和利用。近 20 年来,真菌除草剂的研究和开发较为活跃(李扬汉,1994)。主要有中国 1963 年选出的防治大豆菟丝子的鲁保一号菌;美国伊利诺伊州 1981 年用于防治柑橘园莫伦藤的棕榈疫霉等。概括起来,这些杂草生物防治的种类主要包括以虫治草、以菌治草、以草食动物治草及植物除杂草几个方面。

(1)以虫治草　采用以虫治草时,必须满足以下 4 个条件:①寄主专一性强,只伤害靶标杂草,对非靶标作物安全;②生态适应性强,能够适应引入地区的多种不良环境条件;③繁殖力高,释放后种群自然增长速度快;④对杂草防治效果高,可很快将杂草的群体水平控制在其生态经济危害水平以下。

(2)以菌治草　农业生态系统中,作为植物,杂草和作物一样,也经常会因受到病原微生物的侵害而染病死亡。以菌治草就是利用真菌、放线菌、细菌和病毒等病原微生物或其代谢物来防除和控制杂草的治理措施。目前世界范围内以菌治草取得的成功的事例多数为利用当地所发现的真菌类,随着生物防治水平的提高,细菌和病毒在杂草生物防治中也将发挥一定的作用。国际上以菌治草最早取得成功的实例,是 1963 年我国山东省农科院植保所研制成功的微生物制剂“鲁保一号”。此外,国外已开发出了一种多糖胶—褐藻酸盐微生物制剂,为稳定和提高微生物除草剂的药效带来了曙光。

(3)以草食动物治草　在以草食动物治草的实践中,最成功的要属以鱼治草。许多食草的鱼类在一昼夜内可取食相当于其自身体重的水生杂草,利用鱼类的偏食性,通过稻田养鱼,可以选择性地防治稻田杂草。以鱼治草,可治草与产鱼兼得,且操作方便,成本低。

许多牛、羊、鹅等具有偏食性,它们往往只爱取食某种或某类植物,利用动物的这一特点防治农田杂草,也有不少成功的实例。如利用草鹅防治草莓和棉花田中的禾本科杂草,因为草鹅只爱取食马唐、狗尾草和稗草等禾本科杂草,不伤害草莓和棉花。在定植后的针叶林地间通过放羊来防治草本杂草,也是可行的,许多地区早已开始推广应用。

(4)植物除杂草　自然界中,植物间也存在着相生相克的关系,许多植物可通过其强大的竞争作用或通过向环境中释放某些具有杀草作用的化感作用物,来遏止杂草的生长。

4.5　有机蔬菜种植实施案例

有机蔬菜(organic vegetable)是按照有机农业方式生产的,符合有机产品国家标准并获得认证的蔬菜类产品。有机蔬菜生产全程包括以下多个方面生产技术。

4.5.1　产地环境要求

有机蔬菜生产基地应：
- ◆ 边界清晰；
- ◆ 生态环境良好；
- ◆ 排灌方便，土层深厚、疏松、土质肥沃。

有机蔬菜生产基地周边 5 km 内应无交通主干线、工业污染源、放射源、生活垃圾场等。
生产基地内的环境质量应符合以下要求：
- ◆《土壤环境质量标准》(GB 15618—2018)中的标准；
- ◆《农田灌溉水质标准》(GB 5084—2021)的规定；
- ◆《环境空气质量标准》(GB 3095—2012)中的二级标准。

4.5.2　平行生产

在同一生产单元内，一年生蔬菜不应存在平行生产。

在同一生产单元内，多年生蔬菜不应存在平行生产，除非同时满足以下条件：生产者应制订有机转换计划，并在 3 年内开始有机生产；采取适当的措施保证从有机和非有机生产区域收获的产品能够得到严格分离。

4.5.3　转换期

有机蔬菜转换期至少为播种前的 24 个月。新开荒的、撂荒 36 个月以上或有充分证据证明 36 个月以上未使用本标准禁用物质的地块，也应经过至少 12 个月的转换期。

芽苗菜和基质栽培的食用菌不需要转换期；

培土或覆土栽培食用菌生产的转换期要求与作物生产相同。

4.5.4　生产技术

1. 种子和种苗选择

应根据当地土壤和气候特点，选择对病虫害具有抗性和耐性的蔬菜种类及品种。

种子质量选择应符合 GB 16715(所有部分) 的要求。

应选择有机方式生产的有机种子和种苗。当从市场上无法获得有机种子时，可选用未经禁用物质处理过的常规种子。

不应使用转基因种子，在同一生产单元，其常规生产部分也不应使用转基因种子。

应采用多品种的栽培和种植，保证作物的遗传多样性。

2. 种子处理

可使用温汤浸种、干热处理和有机农业允许使用的植保产品进行种子处理。

不应使用禁用物质处理种子。

不应使用辐照技术处理种子。

3. 播种和育苗

应根据栽培季节、茬口、育苗方式和上市时间，确定适宜的播种时期。

应采用有机方式育苗;可采用穴盘育苗、纸筒育苗和工厂化育苗等,若对育苗设施和基质进行消毒,使用消毒剂应符合本标准的要求。

育苗应选用无病虫源的基质,如田土、蛭石、腐熟有机肥、草炭、米糠等,按一定比例配制疏松、保水、保肥、营养完全的育苗基质。

可使用嫁接等物理方法提高蔬菜的抗病和抗虫能力,目前常用的嫁接方法包括砧木嫁接和优良品种的嫁接。

4. 田间管理

应制订周年生产和轮作计划,轮作计划中除了蔬菜以外还应该包括蔬菜以外的对土壤肥力和生物多样性起作用的作物;

应采用轮作种植形式,轮作的作物种类不限于蔬菜;

宜采用间套作种植形式,除了充分利用光能以外还可以起到驱避害虫和诱集害虫的目的;

宜合理安排茬口和种植密度,在有机生产中蔬菜生物量和生产速度没有常规农业生长得快,所以密度上可以增加 20% 的数量来保证产量;

应通过种植豆科作物、绿肥等方式恢复土壤肥力,在夏季的休眠期可以适当种一些绿肥,利用夏季的高温和生长快的优势来恢复地力;

应采用滴灌、喷灌、渗灌等节水的灌溉方式,不应大水漫灌。蔬菜是需水量大的作物,所以节水就显得非常重要,另外许多蔬菜都是在棚室内进行生产,所以大水漫灌对棚室的环境和湿度都很难控制,因此要采用一些节水的滴灌、渗灌等措施。

不得使用人工合成的生长调节剂(2,4-D 等),如番茄的蘸花。

5. 土肥管理

1) 土壤培肥物质的种类和来源

有机肥原料应主要源于本农场或有机农场(或畜场),但现在由于种植和养殖的比例不协调,有机养殖场的比例很小,不能提供足够的有机来源的动物粪肥,因此在生产实际中我们还会用到常规养殖场的动物粪肥,但是在常规养殖场的粪肥里面有众多对作物生长不利或有害的元素,因此这些肥料要进行充分的加工处理,最常用的加工方法就是堆肥,在堆肥的过程中应该充分体现无害化的原则,同时这些废弃物的来源要经过认证机构的评估;另外,使用的有机肥是商品化有机肥,目前的要求是商品化有机肥必须经过认证机构的评估以后才可以使用,虽然经过了评估,在使用前应对来源和成分进行如下分析和确认。

矿质营养元素应选择天然来源并保持其天然组分的矿物源肥料,尤其应注意重金属的含量。

明确规定土壤培肥过程中可使用和限制使用的物质。

不得使用化学合成肥料和城市污水污泥。最主要的原因是城市污水污泥的来源太复杂,其中的污染物无法清晰确认,所以无法识别它的危害程度。

不应使用集约化养殖场的粪肥。集约化动物粪便不得使用并不是从它的有害物质的种类和含量来规定的,主要是从动物的福利方面来考虑。

不得使用人粪尿,因为人粪尿中会含有人类共同的病原菌。虽然在有些作物上是可以用,但是在蔬菜生产中最好不要使用人粪尿。

2) 肥料处理

应对肥料的成分、重金属含量和病原物种类进行检测。在检测中可以通过专业的检测机构检测,也可以自己检测,其目标不是作为仲裁,是作为风险控制依据。

所有肥料原料按照堆肥的要求进行堆制,彻底腐熟后方可使用。彻底腐熟是从它的温度、物料、pH和湿度这几个方面来考虑的。有机肥堆制过程中可添加来自自然界的微生物和腐熟剂,但不应使用转基因生物及其产品。天然矿物肥料应对其重金属含量进行检测并提供检测报告。不应采用化学处理方式处理。

3)肥料使用

(1)基肥 基肥以撒施或沟施为主。基肥的数量(有效营养)应为总施肥量的60%以上。提倡使用基肥的主要目的除了保证土壤持续供肥能力、保证作物正常生长以外,还保证了土壤有机质持续稳定的增加。

(2)追肥 追肥是在作物的营养生长关键期和最大需肥期,通过追肥来补充营养物质,满足作物特殊阶段的特殊需求。种类包括有机肥、矿质肥和其他符合要求的肥料。

追肥方式包括撒施、沟施、冲施和滴灌施肥、膜下微喷施肥,生产上最常用的是冲施肥和膜下滴灌。追肥的数量应为总施肥量的20%~30%。

(3)叶面肥 叶面肥主要是用于作物缺素症矫正和作物特殊时期的微量元素平衡的需求。因此,叶面施肥不是施肥的主要方式,只是作为一个替代和补充;叶面肥应为有机来源的非化学处理的有机肥料。叶面施肥的数量应为总施肥量的10%以内。

6.病虫草害防治

1)农业防治措施

防治病虫草害主要包括以下农业措施。

(1)选用抗病抗虫品种 选择对病虫害有抗性的品种,抗性品种是最基础的也是最根本的有效措施,在蔬菜种子中有很多种子抗灰霉病、叶霉病、霜霉病等。

(2)选用合理的种子处理技术 种子处理技术的目的是消除种子表面的病毒或者是有害的病原菌,所以在种子处理过程中最常规的方法是用化学药剂,如包衣法处理。在有机农业中不允许使用化学药剂,所以可以采用物理方法或生物的方法,最简单实用的方法是温汤浸种法。

(3)培育无病虫苗和壮苗 健康的苗木是健康植株的基础,无病苗木是健康苗木的一个重要指标,因此培育无病虫的种苗可以促进作物健康并提高产量和品质 。

(4)采用适合有机蔬菜生产的栽培模式 因为有机农业的施肥水平和管理水平与常规农业有很大的区别,所以有机农业要建立适合有机种植方式的栽培模式,这种模式既要考虑到作物生产本身,也要考虑到对周围环境和阳光等资源的利用程度,因此,针对不同的作物和栽培环境有机蔬菜需要有特定的栽培模式。

严格控制温湿度,预防结露:在设施栽培的情况之下人工创造了有利于作物生长的环境条件,同时也改变了棚室内外温度的变化,其结果在内外温度差别比较大的情况之下,棚室里的棚膜就容易产生结露,形成水滴,造成温室内湿度的增加及病虫害的流行和暴发。因此,在温室生产过程中一定要控制温湿度,不造成结露的环境,进而会抑制病虫害的发生。

(5)深翻晒垡,防治地下害虫和土壤病原菌 在自然条件下越冬的病虫害会在土壤中越冬,刚刚进入越冬状态的时候,我们可以通过深翻土地的方法破坏它在土中越冬的巢室或者把深层的病原菌暴露在土壤表面,通过阳光的作用和温度作用杀灭这些病原菌和害虫。

（6）及时清理田园和残体,减少病虫的来源和基数　在蔬菜生长过程中一些病叶、病果等会落在田间造成新的病原或者虫源,蔬菜收获以后要及时清理田园,清理工作并不是简单的打扫而是要彻底地将所有的落花、落果和落叶等全部清理干净并进行无害化处理,只有这样才能将病虫害基数控制在很低的水平。

（7）轮作倒茬,切断病虫的食物来源　对于专一性的害虫来说,食物是生存的一个最重要的因素,通过轮换不同的蔬菜作物,害虫得不到它喜欢吃的食物就会抑制发育,从而减少害虫的为害。

（8）间作套种,增加生物多样性　主要是通过植物多样性达到生物多样性的目的,间作和套种不仅可以增加生物多样性,还可以充分利用空间和光能。

（9）适时休耕或土壤高温消毒　高温消毒是消除土传病害、线虫和土壤害虫比较常用的方法,主要是在夏季休耕季节（7—9月）,利用高温天气,在土壤中施入土壤消毒剂,消灭线虫和土壤害虫以及病原菌。

2）物理防治措施

物理方式防治病虫草害主要包括以下措施:利用黄板、蓝板等色彩诱杀害虫;利用性诱剂和诱集食物,诱杀和监测害虫;利用防虫网、银灰色膜等阻隔和驱避害虫;利用无纺布保温降湿预防病害并阻隔害虫;利用覆盖、机械和人工除草阻隔和预防病虫害。

3）生物防治措施

病虫害的生物防治主要包括以下措施:①通过生态工程技术,增加植被的种类,提供天敌的食物,保护和自然增殖天敌;②人工饲养和释放天敌;③利用微生物活菌。

4）允许使用的物质

若以上方法不能有效控制病虫草害发生时,可使用表4-10所列出的物质并且符合《农药合理使用规则》（GB/T 8321）（所有部分）的要求。

表4-10　有机蔬菜种植病虫害防治物质清单

名称和组分	防治对象
天然除虫菊素（除虫菊科植物提取物）	杀虫（螨）剂:蚜虫、白粉虱、潜叶蝇、害螨等
苦参碱及氧化苦参碱（苦参等提取物）	杀虫（螨）剂:蚜虫、白粉虱、潜叶蝇、害螨等
鱼藤酮类（如毛鱼藤）	杀虫（螨）、跳甲等
蛇床子素（蛇床子提取物）	杀虫（螨）、杀菌
小檗碱（黄连、黄柏等提取物）	杀真菌
大黄素甲醚（大黄、虎杖等提取物）	杀真菌
植物油（如薄荷油、松树油、香菜油）	杀虫（螨）、杀真菌
寡聚糖（甲壳素）	植物诱抗
天然诱集和杀线虫剂（如万寿菊、孔雀草、芥子油）	根结线虫
天然酸（如食醋、木醋和竹醋）	杀菌、调节植物生长
菇类蛋白多糖（蘑菇提取物）	植物诱抗
发酵产品（酵素、啤酒等）	引诱、生长调理、诱杀蛞蝓
牛奶	病毒抑制

续表 4-10

名称和组分	防治对象
蜂胶	杀菌
具有驱避作用的植物提取物（如大蒜、薄荷、辣椒、花椒、薰衣草、柴胡、艾草的提取物）	驱避
天敌（如赤眼蜂、瓢虫、草蛉等）	控制害虫
铜盐（如硫酸铜、氢氧化铜、氯氧化铜、辛酸铜等）	杀真菌，防止过量施用而引起铜的污染
石硫合剂	杀真菌、杀虫、杀螨
氢氧化钙（石灰水）	杀真菌、杀虫
硫黄	杀真菌、杀螨、驱避
矿物油	杀虫，杀螨
氯化钙	缺钙症
硅酸盐（硅酸钠）	驱避，预防霜霉病等
真菌（如白僵菌、轮枝菌、木霉菌等）	杀虫、杀菌
细菌（如苏云金芽孢杆菌、枯草芽孢杆菌、蜡质芽孢杆菌、地衣芽孢杆菌、荧光假单胞杆菌等）	杀虫、杀菌
病毒（如核型多角体病毒、颗粒体病毒等）	杀虫
乙醇	杀菌
软皂（钾肥皂）	杀虫，潜叶蝇等
昆虫性外激素	诱集害虫用于诱捕器和散发皿内
物理措施（如色彩诱器、机械诱捕器）	
覆盖物（网）	防止害虫进入

4.5.5 采后处理

(1)收获后的清洁、分拣、切割、保鲜、干燥等应满足 GB/T 19630—2019 相关要求。

(2)设备、器具等应保证清洁，不应对产品造成污染。

(3)水质应符合《生活饮用水卫生标准》(GB 5749—2022)的要求。

(4)如使用清洁剂或消毒剂清洁设备设施时，应避免对产品的污染，具体的物质参见表4-11。

(5)收获后处理过程中的有害生物防治，应遵守 GB/T 19630—2019 中的规定。

表 4-11　蔬菜收获的容器和工具消毒

物质	使用条件
醋酸（非合成的）	设备、器具和工具清洁
醋（非合成的）	设备、器具和工具清洁
乙醇	设备、器具和工具消毒
异丙醇	设备、器具和工具消毒
过氧化氢（食品级）	设备、器具和工具清洁剂

续表 4-11

物质	使用条件
漂白剂(次氯酸钙、二氧化氯或次氯酸钠)	可用于消毒和清洁食品接触面。直接接触植物产品的冲洗水中余氯含量应符合 GB 5749—2022 的要求
过乙酸	设备、器具和工具消毒
臭氧	设备、器具和工具消毒
氢氧化钾	设备、器具和工具消毒
氢氧化钠	设备、器具和工具消毒
柠檬酸	设备、器具和工具清洁
肥皂	仅限可生物降解的。允许用于设备、器具和工具清洁
高锰酸钾	设备、器具和工具消毒

4.5.6 包装、运输和贮藏

1. 包装

包装应简单、实用。材料应符合国家卫生要求和相关规定;宜使用可重复、可回收及可生物降解的包装材料。不得使用接触过禁用物质的包装物或容器。

2. 运输

运输工具在装载有机产品前应清洗干净。

在运输工具及容器上,应设立专门的标志或标识。

在运输和装卸过程中,外包装上应贴有清晰的有机认证标志或标识及有关说明。

运输和装卸过程应有完整的档案记录,并保留相应的票据,保持有机生产的完整性。

3. 贮藏

仓库应清洁卫生、无有害生物,无有害物质残留,不应使用任何禁用物质处理仓库。

可使用常温贮藏、气调、温度控制、干燥和湿度调节等贮藏方法。

有机产品宜单独贮藏。

应保留完整的出入库记录和票据。

4.5.7 设施蔬菜栽培特殊要求

(1)可使用基质栽培,不应使用营养液栽培。

(2)栽培基质应充分堆制,不应含有表 4-10 中未列出的物质。

(3)可采用以下措施和方法:①使用《有机产品 生产、加工、标识与管理体系要求》(GB 19630—2019)的土壤培肥和改良物质作为辅助肥源;②使用物理或生物等措施提高二氧化碳浓度;③使用辅助光源;④使用天然植物生长调节剂;⑤使用蒸汽及表 4-10 列出的清洁剂和消毒剂对栽培容器进行清洁和消毒;⑥宜使用可回收或循环使用的栽培容器。

4.5.8 芽苗菜生产

(1)使用获得认证的有机种子生产芽苗菜。

（2）生产用水水质应符合《生活饮用水卫生标准》（GB 5749—2022）的规定。

（3）应采取蒸汽和清洁剂及消毒剂对培养容器和生产场地进行清洁和消毒。

（4）不使用表 4-10 未列出的物质。

4.6　有机食用菌种植案例

4.6.1　培养场地

食用菌在室内外、大棚、日光温室均可栽培。室外栽培时，应选择土质肥沃、疏松、透气、排灌方便的农田，直接与常规农田相邻的食用菌栽培区需要有大于 30 m 的缓冲隔离带；在培养场周围禁止使用任何除草剂。

4.6.2　培养基

在食用菌菌种生产过程中，除了液体菌种和斜面培养基外，其他的二、三级种大部分都是用木屑、棉籽壳、稻草或小麦培养基。无论选用哪种培养基，原料均应来源于有机生产或经有机认证，禁止使用常规生产的废弃料和化肥、杀虫剂等辅助剂。培养基在生产前可曝晒 2～3 d，防止感染木霉、毛霉、青霉、黄曲霉、链孢霉等杂菌。

4.6.3　菌丝体

食用菌的整个生产过程，主要包括 2 个阶段：第一阶段是培养菌种，第二阶段是用培养好的菌种进行栽培。菌种制作可分为 3 个步骤：第一是培养母种（又称一级种或试管种），用孢子分离。组织分离或基质内菌丝分离等方法都可获得母种。第二是培养原种（也称二级种），利用母种的菌丝体接入木屑或谷粒等培养基中，扩大繁殖培养成原种。第三是培养栽培种（又称三级种或生产种），利用原种的菌丝体，再扩大繁殖一次，即制成栽培种，它可以直接投入生产。这样经过母种→原种→栽培种的不断扩大繁殖后，食用菌菌丝体的数量得到大量的增加。与此同时，菌丝也越来越粗壮，分解有机质的能力也越来越强，利用这种菌丝体投入生产，则能生长出健壮的子实体而取得高产。目前，多数菇农是从菌种生产厂家购进母种，然后自己生产原种和栽培种。购进菌种时，要进行详细记录，明确来源，确保是非转基因产品，在有条件的情况下，尽可能使用已经获得有机认证机构颁证的有机菌丝体。

4.6.4　有害生物防治

食用菌的主要有害生物包括以下 3 种。

1. 木霉

木霉又称为绿霉菌，广泛分布于各种植物残体、土壤和空气中。木霉靠孢子传播，常借助气流、水滴、害虫、原料、工具及操作人员的手、衣服等为媒介，侵入培养基内，一旦条件适宜就萌发繁殖为害。当生产环境不清洁、培养料灭菌不彻底、接种操作不严格，且处于高温高湿条件时，就给木霉侵染造成良机，尤其是多年的菇场和老菇房，常是木霉猖獗为害的场所。木霉适应性强，繁殖速度快，能分泌毒素。木霉是香菇生产的大敌，它抑制香菇菌丝的生长，唯一的控制办法是创造适合香菇菌丝生长而不利于木霉繁殖的生态环境。一旦发生木霉为害，要立即通风降湿,以抑制木霉菌的扩展,处于发菌阶段的培养料感病以后,可采用 pH 为 10 的石灰水或石灰面进行防治。

2.链孢霉

链孢霉生长初期呈白色或灰色绒毛状,生长后期呈粉红色、黄色,大量分生孢子堆集成团时,外观与猴头菌子实体相似。链孢霉主要以分生孢子传播为害,是高温季节发生的最重要杂菌。链孢霉菌丝生命力强,有快速繁殖的特性,一旦大发生,便是灭顶之灾,其后果是菌种、培养袋或培养块成批报废。防治链孢霉,温度应控制在 20℃以下,这样链孢霉生长缓慢,可减少污染。

3.毛霉

毛霉又叫黑霉或长毛霉,菌丝初期白色,后期灰白色至黑色,说明孢子囊大量成熟。该菌在土壤、粪便、禾本科杂草及空气中到处存在。在温度较高、湿度大、通风不良的条件下发生率高。发生的主要原因是基质中使用了霉变的原料;接种环境含毛霉孢子多;在闷湿环境中进行菌丝培养等。防治方法同木霉。

4.7　野生植物采集实施案例

生长在除收获以外无任何人工影响的、具有明确物理边界环境中的野生植物可以认证为有机产品。如野生浆果、菌类及许多草药完全是天然生长的野生有机产品,但可可、棕榈、杧果、荔枝等类似的树木和植物都不同程度地受到人工影响,至少在最初时期由人工种植,虽然以后自然生长,也不能作为野生植物认证。

在申请检查和认证时需要明确的内容包括:确定采集位置/区域/地区(附图);确定年收获量(可有少许出入),确保不会由于过度开采而破坏生态环境;有机产品中间商/采集者名单,其中采集者名单中要列明产品名称、采集地点、出售者、采集面积、树木编号、采集数量、采集日期,并有出售者的签字。

思考题

1.为什么说建立基地是开发有机产品的前提和基础?

2.为什么由常规农业转向有机农业时必须经过转换期?

3.有机农业的土壤培肥与常规农业的不同点是什么?

4.植物病虫草害诊断识别有哪些方法?

5.有机农业病虫草害的控制技术和方法是什么?

6.有机蔬菜和食用菌种植的关键技术点和理由是什么?

第5章 有机畜禽养殖基本要求

5.1 概述

有机农场是农牧结合的农场,家畜是必不可少的组成部分,没有家畜的农场是一个不完整的有机农场。通过种植/畜牧系统和放牧系统,使用可再生的自然资源(家畜粪便、豆科作物和饲料作物),可以保持并改善土壤肥力,提高土壤有机质含量,为作物提供养分,有益于保持农业生产系统的平衡,帮助建立并维持土壤—植物、植物—动物及动物—土壤的相互依存关系,发展可持续农业。

1. 必要性

(1)有机畜禽养殖是维持土壤营养和牧草—农作物轮作的基础 在牧草和农作物混合农业系统中,反刍动物是种植业作物轮作甚至整个农场运作的核心。在轮作中,苜蓿既属于牧草,又是保持土壤肥力的主要资源,当放牧牛羊时,其营养直接返回到土壤。冬季,如果动物被圈养,动物粪肥将被收集后送到农场周围,作为堆肥的原料,其营养将以施肥的方式重新回到土壤,从而形成一个反刍动物—饲料—粪肥—作物的良性循环。

(2)有机畜禽养殖可以充分利用现有的资源,实现物质的转换 自由放养时,首选蛋用或肉用家禽。圈养时,应首选猪,因猪为杂食性动物,是许多废弃食物的利用者,可以将奶牛的脱脂乳、蔬菜和其他食物废弃物等转换成肉。

(3)有机畜禽养殖是有机农场经济的重要组成部分 有机养殖不影响主要经济作物的生产,而且可以让农场的资源得到合理利用以增加收益,能缓解经济压力。有机饲养的家畜、家禽直接在农场的屠宰场或专门的渠道进行销售,既能使顾客了解到有机肉的质量和来源,又有利于提高农场的知名度和信誉。

2. 原则

(1)家畜饲养系统必须满足动物的最高福利 动物福利包括它们的健康情况、寿命、繁殖能力及生理和行为的指标,动物应有良好的饮食和自由的活动。

有机畜禽饲养最主要的特征是将动物与人放在同等水平上看待,达到尽可能高的动物福利标准。有机农业倡导者认为动物是有"灵魂"、有"感情"和能承受"痛苦"的,我们有更多的责任去同情和爱护它们。所以,在有机饲养过程中,动物必须拥有圈舍和允许它们最大限度满足其"自然"行为的自由放牧区。这不仅是满足动物行为的需要,而且也因为它们是有思想感情的生物,应被较好地看护,使动物的健康和生命力得到充分的保证。在有机农场中动物不允许拴养、笼养或封闭舍养,并且,圈舍地面应有合适的垫草和地板等。

(2)饲喂必须适合它们的生理学特性,饲料应大部分来自本农场 饲喂应该适合动物的生理特性。在保证饲养的动物能充分发挥潜力及消化能力的前提下,要尽可能减少外来添加物质和精饲料,过度喂精饲料对反刍动物有不良的影响。农场中反刍动物所需的大部分(草)饲料应在本农场内生产。

(3)疾病控制必须避免使用永久性常规预防药物　在现代畜牧生产中,动物总是依赖日常用药如驱虫剂、抗生素、疫苗、微量元素、促生长素等物质来帮助维持自身的健康。在有机养殖过程中,应避免日常性和预防性常规药物的使用,应通过有效的预防措施、良好的环境和生活条件、合理的营养和科学的饲养管理系统来保证畜禽健康。

5.2　转换

1.必要性

(1)动物行为　近些年来,畜禽养殖采取以维持或增加农场收益为目的的集约化、工厂化生产方式,这种生产方式对家畜的影响已经引起了人们广泛的关注,一个良好的畜牧业生产系统必须与动物生态学、动物行为学和动物福利学密切联系。

传统畜牧业的许多方面都保证了动物生态和产量更接近于协调。集约化的畜牧业系统,对家畜的健康和行为却有不利的影响。许多人注意到,在中等饲养水平、自然通风和有秸秆垫草的畜舍中,单位面积饲养动物头数与其健康情况成反比。如果动物被饲养在没有垫草的地板上,就会引起严重的疾病,如奶牛的乳腺炎、蹄病和低繁殖力。

(2)动物健康　对有机生产者来说,更重要的是动物的饲养方法与家畜个体健康和生命力之间的关系。许多研究和观察发现,现代疾病和综合征与畜舍、饲养、育种及盲目追求高产量和高利润有关,家畜的繁殖力问题与集约化、工厂化生产密切相关。如增加牛奶产量与不育、乳腺炎、蹄病等引起的高淘汰率密切相关;奶牛脂肪肝是一个严重的机能失调症,它不是一个单独的致病生物体引起的,是由几种相关的原因引起的,在反刍动物的日粮中高水平的精饲料在瘤胃中可导致 pH 降低,引起瘤胃酸中毒,严重的发展成脂肪肝。这个转变与乳腺炎和蹄病的发病率增加有关,也与繁殖力降低有关。低纤维含量的日粮也使蹄病加剧。

在畜牧业生产中,抗生素的抗药性是一个棘手的问题,一些重要细菌病原体抗药性的增加已经引起了广泛的关注。抗性的提高,不仅增加了治疗普通细菌病的困难,还在总体上降低了畜禽的自身免疫活性。也与利用激素刺激产量有关,它使畜禽缺乏促进和提高自身免疫力的机会。此外,动物免疫力下降还与环境中农药、重金属的残留有关。

(3)资源的保护和利用　与土地分离的家畜生产不仅违反了动物的自身习性,也产生出过分依赖外来饲料的问题,如内蒙古牧区的灾害。

(4)环境保护　常规药物的使用能够产生环境问题:饲料添加剂导致铜和锌在土壤中积累;药物在某些情况下能阻止养分分解、妨碍土壤的生物活性;羊的药浴液通常被倒掉,进入江河湖泊和海洋。此外,集约化养殖所产生的过量畜禽粪便易对环境造成立体污染。

(5)人类健康　畜禽对人类的影响除了肉和乳制品的质量及与人类争夺食物外,还有因工作条件所引起的健康问题。如呼吸系统疾病,尤其是支气管炎在集约化养殖系统中比较流行。另外,几乎没有人愿意长期在单调的、不自然的条件下去照料家畜。

激素作为生长促进剂在奶牛饲养中被大量使用。牛奶被激素污染是一个普遍现象,这也影响其加工业。尽管这些激素也许被说成是"纯天然"的,然而事实上,在商业化生产中,还没有直接来自活体动物的自然激素提取物。用牛生长激素来刺激牛奶产量,对牛的繁殖力和健康会有重大影响:典型的后果是受胎率从90%降低到75%。我们应当努力争取通过"改进设计"(refinement)(改进家畜饲养系统)、"减少"(reduction)(家畜和家禽总数)和"恢复"(replacement)(家畜生产和其他农业生产)的3R系统,达到保障动物福利的目的。

总的来说,有机农业试图保持一个更平衡的系统。家畜家禽不仅是一个生产单位,还是有感情、有感觉存在的动物,是整个农场的一部分。

2.转换时间

(1)生产单元的转换 对于有机养殖农场,其用于饲养畜禽(由常规转换和动物引入)的场地与用于种植饲料的土地均需进行有机管理。牧场、户外饲养场及养殖场内用来作为非草食动物活动场所的草地的转换期为一年(如果从未使用过禁用物质,则可缩短到6个月)。

(2)饲料的转换 畜禽应以有机饲料饲养。饲料中至少应有50%来自本养殖场饲料种植基地或本地区有合作关系的有机农场。有机养殖前应建立有机饲料生产和供应基地。外购的有机饲料,其生产基地必须符合有机农场的要求。对饲料生产基地转换期的要求与对其他有机农场的转换期要求一致。

在养殖场实行有机管理的第一年,本养殖场饲料种植基地按照有机产品标准要求生产的饲料可以作为有机饲料饲喂本养殖场的畜禽,但不能作为有机饲料出售。

(3)动物的转换 由常规养殖的动物转换为有机养殖,畜禽的转换期如下:①肉用牛、马属动物、驼,12个月;②肉用羊和猪,6个月;③乳用畜,6个月;④肉用家禽,10周;⑤蛋用家禽,6周;⑥其他种类的转换期应长于其养殖周期的3/4。

为了扩大规模和引进新品种,需要引入动物,应引入有机畜禽。当不能得到有机畜禽时,允许引入常规畜禽,但应符合以下条件,引入的动物必须经过相应的转换期:①肉牛、马属动物、驼,已断乳但不超过6个月龄;②猪、羊,不超过6周龄且已断乳;③乳用牛,出生不超过4周龄,接受过初乳喂养且主要是以全乳喂养的犊牛;④肉用鸡,不超过2日龄(其他禽类可放宽到2周龄);⑤蛋用鸡,不超过18周龄。

5.3 种畜种禽

任何畜禽繁衍都依赖于成功地从上一代遗传好的性状。在有机生产系统里,该特征应包括强壮、长寿和比常规养殖更好的生产力。这不仅表现在营养供给方面上,还应表现在畜禽圈舍和健康、育种方法和育种目标、繁殖和繁殖率、饲养和幼畜断乳等方面。遗传和环境决定动物健康和繁殖力,遗传是决定因素,如果遗传基础不好,即使最好的环境也不能产生健康和性状优良的动物。

1.育种目标

肉用牛等较大型的动物是当它发育未全和没有脂肪蓄积为目标;奶牛的选择,以首次泌乳期为基础。猪则是以幼仔食量大、体型较大、生长迅速、有较高饲料转换率为目标。

有机畜禽养殖提倡基因多样性,追求基因简化会导致许多其他品种的消失,致使某些疾病达到流行病程度。

禁止纯种繁育,提倡杂交育种。

2. 繁殖和繁殖力

不适当的管理会影响家畜的繁殖力。其因素包括营养、畜舍密度和公畜的比率等。人工授精(AI)对动物的繁殖力有重要的损害,在自然种群中意味着基因多样性的减少。在人工养殖条件下,有机奶牛农场允许使用人工授精技术,但禁止使用胚胎转移和发情激素等技术。

3. 幼畜的饲养

幼畜健康的生产和长寿依赖于母畜多方面的照顾和护理。饲喂初乳是幼畜的基本福利,幼畜通过初乳提供免疫力以预防疾病。允许用同种类的有机奶喂养哺乳期幼畜。在无法获得有机奶的情况下,可以使用同种类的非有机奶。

禁止早期断乳,或用代乳品喂养幼畜。在紧急情况下允许使用代乳品补饲,但其中不能含有抗生素、化学合成的添加剂或动物屠宰产品。哺乳期至少需要:①牛、马属动物,驼 3 个月;②山羊和绵羊,45 日;③猪,40 日。

5.4　畜禽饲养

有机畜牧业与常规畜牧业有本质上的不同。在动物生产和健康保障方面,最主要的区别在于畜舍建筑,包括动物自由活动的空间、垫草的使用和良好的自然通风。禁止混凝土地板、石板(条板)。家畜在放牧季节将自由接触牧草,虽然这样可能限制牛群和羊群的规模,但极大地满足了动物的行为需求。

尽管允许动物放牧,但粗放的放牧对动物和牧场都会造成损害。如果放牧的地方太小或环境不适合会引起许多动物健康问题。因此,动物需要足够的自由活动土地。

5.4.1　场地

有机生产者必须为畜禽创建一个能保持其健康、满足其自然行为的生活条件。在适当的季节,应使所有畜禽都到户外自由运动,并提供足够面积的运动场。选择饲养场或运动场地时应保证动物在遮阳处、畜禽棚及其他活动场所能呼吸到新鲜空气,能得到充足的阳光,能达到动物生产所要求的适宜地点、气候及环境条件。散养的家禽要满足其自然的行为类型,需要充足的空间去展示自然活动,同时还应有足够的秸秆垫草、同伴相伴、环境舒适等。

5.4.2　圈舍

设计畜(禽)舍应考虑动物福利和健康的基本原理,这并不意味着仅仅简单考虑畜舍本身,还应考虑促进个体生态的畜舍调控系统和动物的活动场所。

有机农场的畜舍系统是建立和谐的人和动物关系。农场建筑的设计和建设通常在专家指导下完成,专家具有足够的知识和信息。建筑物的设计应适合有机农场家畜的需要,必须取得足够的自然通风和户外自我清洁的潜力。厩舍的设计必须能够使每个动物在所有时间能自由采食和饮水。有足够的地方去运动和躺在铺有稻草的温暖又舒适的床上,也适合畜群组织和等级制度的建立。

当家畜休息的地方被弄脏时,要容易更新、清除和恢复。要保证畜舍里地板或泥浆通道容易被机械清洁装置或机械的铲运清除。

畜舍消毒是必需的,要适合家畜健康和生产的需要。

预留隔离间的用途是当动物患病、生小牛或受伤害时使用。当小牛出生时,畜舍应能同时接受小牛和母牛。

总之,饲养环境(圈舍、围栏等)必须满足下列条件:①足够的活动空间和时间;畜禽运动场地可以有部分遮蔽;②空气流通,自然光照充足,但应避免过度的太阳照射;③保持适当的温度和湿度,避免受风、雨、雪等侵袭;④足够的垫料;⑤足够的饮水和饲料;⑥不使用对人或畜禽健康明显有害的建筑材料和设备。

5.4.3　密度

动物的饲养密度依动物的种类和饲养方式的不同而不同。理想的情况是在占有的土地上生产的所有食物和纤维性饲料都被农场内的畜禽所消耗,提倡发展自我维持系统。

1. 散养动物的密度

不同种类或品种的马、牛、猪等动物的散养密度见表 5-1。

表 5-1　自由放牧或散养动物的密度　　　　　　　　　　　　　　　　头(匹,只)

动物的品种或种类	每年提供的氮不超过 170 kg 氮/hm² 时动物最大养殖量
6 个月以上的马	2
育肥牛	5
其他一岁以下的牛	5
一岁至两岁的公牛	3.3
一岁至两岁的母牛	3.3
两岁以上的公牛	2
后备小母牛	2.5
育肥母牛	2.5
奶牛	2
淘汰奶牛	2
其他牛	2.5
繁殖母兔	100
母羊	13.3
山羊	13.3
小猪	74
繁殖母猪	6.5
其他猪	14
肉鸡	550
蛋鸡	230

2. 圈养和笼养动物

不同种类或品种的马、牛、猪等动物的圈养密度见表 5-2。

表 5-2　牛、羊和猪的圈养密度

种类	室内面积（净使用面积）		室外面积（活动面积，不包括放牧）
	最小活重/kg	m²/头	/(m²/头)
繁殖母牛、育肥牛和马、驴等	≤100	1.5	1
	≤200	2.5	1.9
	≤350	4.0	3
	>350	5	3.7
奶牛		6	4.5
种公牛		10	30
绵羊和山羊		5（成年羊）0.35（羊羔）	2.5 2.5（0.5 m²/羊羔）
母猪和一窝小于40 d 的小猪		7.5	2.5
育肥猪	≤50	0.8	0.6
	≤85	1.1	0.8
	≤110	1.3	1
小猪	大于 40 天和小于或等于 30 kg	0.6	0.4
种猪		2.5（母猪）6.0（公猪）	1.9 8.0

不同种类或品种家禽的饲养密度见表 5-3。

表 5-3　家禽的饲养密度

种类	室内面积（净使用面积）			室外面积（只/m²，包括轮流使用的面积）
	动物数量/m²	休息处所（cm²/动物）	动物数量/窝	
蛋鸡	6 只	18 只	8 只/窝或 120 cm²/只	4 只
育肥家禽（封闭式禽舍）	10 只/m²（最多 21 kg 活重/m²）	20 只		肉鸡或珍珠鸡 4 只 鸭 4.5 只 火鸡 10 只 鹅 15 只 （对于以上所有家禽，每年提供的氮不超过 170 kg/hm²）
育肥家禽（开放式禽舍）	16 只/m²（最多 30 kg 活重/m²）			2.5（每年提供的氮不超过 170 kg/hm²）

5.4.4　饲料和饲料添加剂

1.饲料的种类

在有机畜牧业中,饲料是养殖的物质基础,为动物提供的饲料应符合动物营养需求和取食习性。饲料应满足种类多元化和营养全面化的要求。

1)植物性饲料

(1)禾谷类植物和它们的产品及副产品　包括以下物质:燕麦的碎片及次等品、皮壳、糠麸;大麦的蛋白质及次等品;稻谷的碎米粒、糠麸及胚芽;黑麦的次等品及皮壳;高粱、小麦的次等品、糠麸、皮壳、麸质及其胚芽;杂交黑小麦;玉米的次等品、皮壳、胚芽及麸质;青麦芽和啤酒花等。

(2)油料类植物和它们的产品及副产品　包括以下物质:油菜的籽实、油渣及皮壳;黄豆的油渣及皮壳;向日葵的籽实、油渣;棉花的籽实、油渣;亚麻籽及其油渣;芝麻及其油渣;椰子仁的油渣;南瓜籽的油渣;橄榄果汁(用物理方法提取)等。

(3)豆科植物的籽实和它们的产品及副产品　包括以下物质:豌豆的籽实、次等品及糠麸;蚕豆的籽实、次等品及糠麸;经适当热处理的草香豌豆;野豌豆、鹰嘴豆和白羽扇豆等。

(4)块根、块茎植物和它们的产品及副产品　包括以下物质:甜菜渣、干甜菜、马铃薯、甘薯、马铃薯渣(提取马铃薯淀粉时的副产品)、马铃薯淀粉和马铃薯蛋白质等。

(5)其他种子和果实及其产品及副产品　包括以下物质:角豆荚、柑橘渣、苹果渣、番茄酱和葡萄酱等。

(6)牧草和粗饲料　包括以下物质:苜蓿和苜蓿粉;三叶草和三叶草粉;草料(来自牧草植物)和草粉;干草、谷类植物的秸秆和用于饲料的菜根等。

(7)其他植物和它们的产品及副产品　包括以下物质:糖蜜(作为复合饲料的黏合剂)、海藻粉、植物碎粉和提取物、植物蛋白(单独提供给幼龄动物)、香料和香草等。

2)动物性饲料

(1)牛奶及奶制品　包括以下物质:牛奶及奶粉;脱脂奶及脱脂奶粉;酪乳及酪乳粉;乳清、乳清粉、低糖乳清粉及乳清蛋白质粉(物理方法提取);酪蛋白粉和乳糖粉。

(2)鱼类、其他水产动物和它们的产品及副产品　包括以下物质:鱼类、鱼油及未精炼的鱼肝油;软体鱼类或甲壳类动物自溶物;酶作用产生的水解产物及蛋白水解产物。

(3)在饲料的选择上还应关注以下问题:①限制利用进口的蛋白质和能量供应物,尤其是大豆或动物性原料,主要原因是它们存在农药残留和有害物质的危险。②尽管允许供应常规的蛋白质,但是蛋白质的过度饲喂应加倍小心,过量的蛋白质会导致健康问题。

2.饲料的来源

饲料应满足畜禽各生长阶段的营养需求;必须使用有机生产的饲料喂养畜禽;饲料最好来源于本农场,如果条件不许可时,可以使用其他遵守有机养殖规定的单位或企业生产的饲料。当有机饲料供应短缺时,允许购买常规饲料。但每种动物的常规饲料消费量在全年消费量中所占比例不得超过以下百分比:①草食动物(以干物质计)10%;②非草食动物(以干物质计)15%。

畜禽日粮中常规饲料的比例不得超过总量的25%(以干物质计)。出现不可预见的严重自然灾害或人为事故时,允许在一定期限内饲喂超过以上比例的常规饲料。饲喂常规饲料须事先获得认证机构的许可,并详细记录饲喂情况。常规饲料需要严格区别,因此"允许使用"常规饲料将被看作最后的措施。国际有机农业联合会(IFOAM)推荐的标准是国际基底线标准,许多欧洲国家、美国和日本的标准比其更严格。我国《有机产品》国家标准的要求与 IFOAM 标准相同。

3.饲料的组成

1)粗饲料、青饲料或青贮饲料

日常饲喂的饲料成分中,青贮饲料或青干草尤为重要,在冬季和早春时节更是如此。饲料缺乏时,萝卜、甘蓝、甜菜和饲用甜菜等根类作物均是理想的替代品。

猪和家禽的日粮中必须配以粗饲料、青饲料或青贮饲料。饲料转换率和生长率的基础是营养搭配,猪和家禽比反刍动物需要更全价氨基酸和各种维生素,因此其饲料配方应更加全面。猪的饲料范围很广,它可以利用被其他领域当作废弃物的东西。

有机饲料,尤其是有机蛋白质饲料是猪和家禽配合日粮中最关键的问题。丰富的蛋白质是畜禽生长和产蛋的物质保证。籽实型豆科植物(蚕豆、饲用豌豆、白羽扇豆、野豌豆和大豆)占总量的 30%,是日粮粗蛋白质部分的基础,可以提供完整的氨基酸系列。其他可以提供蛋白质的物质还包括玉米粉、酿造酵母、脱脂乳粉、亚麻籽饼、芝麻粉、向日葵饼和油菜饼等。矿物质占饲料组成的 7%～10%;维生素能从草混合物、干草粉等处获得,但总量应控制在 5%～6%;纤维素的含量不得超过日粮的 5%。另外,育肥阶段的家禽,其饲料中必须至少包括 65%的禾谷类。

对于反刍动物,"从草而来的牛奶"代替了"从饲料而来的牛奶",无论是饲养者还是饲料生产者均倾向于此。所以,反刍动物在农业系统里已经进化成了一个特殊的角色,它们可以利用那些不能直接被人类利用的物质:牛、羊瘤胃里的微生物能够将纤维素和其他植物成分转换成易于吸收的脂肪酸,作为奶、肉的能量来源;将相关的饲料蛋白转换为细菌蛋白后加以利用。因此,反刍动物是唯一不与人类直接竞争食物的动物。它们消化大量纤维素物质的能力决定了牛和羊是农场的一个重要部分。几乎所有的地区都适合饲草的生产,也就没有什么地区不适合牛羊的生长了。

必须保证反刍动物每天都能得到满足其基础营养需要的粗饲料。在其日粮中,粗饲料、青饲料或青贮饲料所占的比例不能低于 60%,对乳用畜,前 3 个月内该比例可降低到 50%。

2)矿物质和维生素

日粮中的矿物质和维生素应保持适当的平衡,饲料的存贮时间和方式会影响矿物质的含量。注意了解本农场饲料的营养成分,补充所缺矿物质,如果是由于饲料种植土壤中缺乏某种矿物质(如铜和硒),还需进行土壤改良。同时,还需注意其他一些矿物质缺乏的原因(如超标的污水或其他因素阻断了土壤营养),及时采取必要措施。仅有脂溶性维生素 A、维生素 D 和维生素 E 不能被反刍动物自身合成,通常需要通过日粮来补充。

与常规饲料不同,添加到有机饲料中的矿物质和维生素应来自天然物质。海藻粗粉、骨粉、鱼肝油和酵母均含有丰富的矿物质、微量元素和维生素。如果这些物质仍不能满足需要,就可以添加简单矿物盐,或利用家畜喜欢舔食的矿物质。必须保证矿物质间的适度平衡,因为钠、钾、钙、磷等个别矿物质过剩,会影响其他矿物质的吸收。

配合饲料中的主要农业源配料都必须获得有机认证。在生产饲料、饲料配料、饲料添加剂时均不得使用转基因生物或其产品。

禁止使用以下方法和产品：①以动物及其制品饲喂反刍动物，或给畜禽饲喂同科动物及其制品；②未经加工或经过加工的任何形式的动物粪便；③经化学溶剂提取的或添加了化学合成物质的饲料、饲料添加剂。

5.4.5　疾病控制

常规畜禽养殖的集约化生产体系，主要依赖粗放地、大量地使用抗生素和其他药物去破坏病原体或减轻症状，反而对疾病的发生和传播起到了推动作用。随着动物数量的增加，预防药物的应用十分普遍，这与有机畜禽生产的思想相反。对个别的动物尽早诊断和早期治疗才是治愈有机畜禽疾病的关键。在有机畜禽生产体系中，生产者必须建立和维持预防畜禽疾病、保证畜禽健康的措施。过度拥挤的畜舍和生活环境也是诱发许多的疾病和症候的重要原因。

1. 疾病预防

1）选择适宜品种

在选择畜禽品种时要考虑畜禽对当地条件的适应性和对流行病、寄生虫病的抵抗能力。有机农业强调保护生物多样性、保护畜禽地方品种。因此，有机养殖应该首先考虑选择适合本地区的畜禽种类和品种，一般说来，地方品种都是长期人工选择和自然选择的结果，适应性好、抵抗力强、耐粗饲、繁殖率高。优良品种大多是单纯人工选择的结果，生长快、饲料报酬率高、饲料和饲养条件要求高。选择有机养殖的畜禽品种时，要综合考虑当地的土壤和气候、饲养条件和管理水平、饲料生产基地面积和饲料供应能力等，选择适合的种类和品种。

2）加强饲养管理

（1）轮牧　轮牧是将牧场划分成几个小区，轮流放牧，周而复始。轮牧保证了牧草不断生长，不仅能使畜禽持续获得品质优良的青绿饲料，还能减少寄生虫的为害。

（2）提供优质饲料和清洁饮水　优质的饲料、清洁的饮水、合理的日粮搭配是有机畜禽健康的物质基础，只有满足了畜禽的基本营养需要，才可能保障畜禽健康并提供更多更好的肉、蛋、奶等畜禽初级产品。

（3）合理饲养　合理饲养包括适时饲喂、减少应激、防寒防暑、防风防雨，并结合有规律的舍外活动。

（4）合理的饲养密度　合理的饲养密度是动物福利的具体表现，同时也是防止畜禽疾病的有效手段。许多畜禽疾病都与常规的养殖方式有关，而畜禽生理习性和自然行为的表达也必须依赖于其所占有的充分面积。

（5）清洁消毒　定期清理畜禽粪便、定期消毒是畜禽健康的有力保障，也是日常管理工作不可或缺的部分。良好而清洁的环境对预防畜禽疾病，尤其是寄生虫有较好的效果。

（6）提供适宜的圈舍和舍外活动场地　适宜的圈舍是畜禽减少应激、防止疾病和动物福利的需要。合适的舍外活动场所是保持畜禽健康和自然行为表达的重要条件。

3）提高动物自身的抵抗力

有机畜禽健康的出发点是提高动物通过自身防御反应来抵御疾病的能力。这包括主动免疫和被动免疫，以及白细胞的吞噬作用等。其基本措施包括：为动物创造良好的环境，以减少应激和其他因素对其抵抗力的损害;采取合适的饲喂方式、畜舍建筑和适度的生产水平,来维持畜禽机体健康。

年幼的动物有能力自然获得免疫性以及对许多寄生虫和疾病的抵抗力。初乳是提供早期免疫的起点,因为年幼的动物能通过初乳从母体接受抗体。越来越多的结果显示,乳兽的行为对能否获得初乳尤为重要:小牛刺激母牛的免疫反应,随后通过初乳返回给小牛。但随着时间的推移,抗体水平不断下降,以至不能抵抗疾病和寄生虫病的侵袭。

免疫力或抵抗力受许多因素影响,尤其在怀孕期和哺乳期,由于免疫松弛、应激和激素的相互影响,病原体容易在母兽体内存活和大量繁殖。另外,其他因素如药物、预防接种、农药(杀虫剂)残留、人类接触、营养、畜舍和天气条件等也可能对家畜免疫力产生不利的影响。

4)预防接种

免疫接种是激发动物机体产生特异性抵抗力,使易感动物转换为不易感动物的一种手段。有计划地进行免疫接种,是预防和控制畜禽传染病的重要措施之一。有机养殖允许利用接种疫苗预防畜禽疾病,疫苗的接种按家畜家禽防疫条例实施细则执行。预防接种的目的是刺激动物免疫应答和由此产生保护。在有机管理条件下,当有疾病问题存在时,农场可以使用疫苗,但是正常情况下应避免疫苗的使用。

免疫接种可分为预防接种和紧急接种两类。

(1)预防接种　预防接种是在经常发生某些传染病的地区,或有某些传染病潜在危险的地区,或经常受到邻近地区某些传染病威胁的地区,为了防患于未然,在平时有计划地给健康畜禽进行免疫接种。

(2)紧急接种　紧急接种是在发生传染病时,为了迅速控制和扑灭疫病的流行,而对疫区和受威胁区尚未发病的畜禽进行应急性免疫接种。从理论上说,紧急接种以使用免疫血清较为安全有效,但实践中多使用疫苗进行紧急接种。

用于预防接种的生物制品统称为疫苗,包括用细菌、支原体、螺旋体制成的菌苗,用病毒制成的病苗和用细菌外毒素制成的类毒素。

如果某一地区过去从未发生过某种传染病,也没有从外界传入的可能时,则没有必要进行该传染病的预防接种。

一个畜禽养殖场往往需要利用各种疫苗来预防不同的疾病,也需要根据各种疫苗的免疫特性来合理地制订一定预防接种的次数和时间间隔,这就是免疫程序。有机畜禽养殖应制定合理的免疫程序,并严格执行。

需要指出的是,常规畜牧业中提倡的化学药物预防法是被有机生产禁止的。对疫苗的应用,有机农业有自己的看法。疫苗是许多常规农场的常用制剂,但在有机管理条件下,仅允许在已知疾病存在的农场使用,正常情况下应避免使用疫苗。因为有机生产者认为疫苗能妨碍和抑制畜禽自身免疫系统发展和表达方式。

这似乎让人吃惊:预防接种的目的是刺激动物免疫应答和由此产生的保护作用,以此增加顺势疗法相同的效果。但不管怎样,为正常生长的畜禽接种疫苗,会对作为一个整体的免疫系统产生有害的影响,即使接种能预防某些特殊的疾病。

从人类医药已知,疫苗有一定的副作用,有时还非常严重。某些疫苗互相影响,有相反的作用,尤其是活苗。

疫苗决不会100%的有效,尽管使用可以促进经济效益,预防和治疗潜在危险和疾病问题。更重要的是,疫苗的使用不能解决不断增长的特殊疾病问题,也会在一些案例中掩盖饲养管理较差的情况。因此,似乎很明显,疫苗将仅仅在疾病问题存在时使用,而不能妨碍(取代)预防治疗。

2.疾病治疗

避免使用预防性药物是有机家畜管理的重要方面,因为预防性药物的使用,将导致免疫系统的不平衡。固定和循环的使用药物不仅恶化了疾病,而且使病菌对抗生素具有了更强的抵抗力,并存在与人类发生交叉抗药性的危险。有机农场,应避免例行的预防性用药、例行地使用抗寄生虫药和在饲料里使用抗球虫药等。有机畜禽疾病的防治,主要采用中兽医、顺势疗法、微生态制剂和家畜管理实践经验等方法。

1)中兽医

中兽医学是我国劳动人民长期与家畜疾病做斗争的经验总结,是祖国医药文化遗产的重要组成部分,有三千多年的历史,对我国畜牧业的发展曾起过积极的作用。中兽医学是以古代的朴素唯物论和辨证法为基础,以脏腑经络学说为核心,以阴阳五行为方法,从整体观念出发,按辨证论治原则进行诊断和治疗,从而形成自己特有的理、法、方、药体系。中兽医治疗以中草药和针灸为主要手段。

2)中(草)药材

中草药是中药和草药的总称,中药和草药的区分就愈来愈模糊,所以把中药和草药统称为中草药。如大黄、斑蝥、朱砂是中药,而虎杖、白屈菜、金莲花则属于草药的范畴。

中草药根据其性质的不同,可分为植物药、动物药和矿物药 3 大类,而以植物药占大多数,故中草药又称本草。这些药物之中,有些是动植物的全体,如斑蝥、马齿苋、细辛;有些只是动植物体的一部分如鹿茸、鸡内金、枇杷叶、金银花;也有些是动植物的分泌物或渗出物如麝香、牛黄、乳香、没药;也有些是动植物体经过加工制得的物质如阿胶、儿茶、青黛。矿物药有的是天然矿石如石膏、朱砂;有的是动物化石如龙骨。

中草药是天然药物,具有毒性低,无残留,副作用小,不产生抗药性,并兼有营养性,而且不影响人类医学用药等优点。另外,中药加工方便,价格低廉。中草药可用于解表、清热、泻下、化痰、平喘、补气血、收敛、安神、驱虫等方面,对动物健壮成长有良好效果。中草药作为饲料添加剂可促进肉猪生长,提高鸡的产蛋率和饲料报酬率。如大蒜可以促进生长,治疗痢疾、伤寒、霍乱,对多种细菌如葡萄球菌、肺炎球菌、链球菌有很好的抑制和灭杀作用,且不会产生抗药性,无残留,也不会"三致"。

3)针灸术

针灸术是根据中医"八纲"辨证和补虚泻实等基本原则,利用针刺和艾灸的刺激作用,通过俞穴而促使经络通畅,气血调和,从而达到祛除疾病,恢复健康的目的。

(1)特点

①治疗范围比较广泛。可治家畜、家禽多种疾病,对家畜的结症、胃寒、胃热、感冒、中暑、不孕症、肢蹄病等都有良好的疗效。预防疾病方面,宋代王愈所著的《蕃牧纂验方》中写道:"春季放大血,则夏无壅塞之垫"。实践证明,膘肥肉满的马骡,因气血旺盛,到暑热天气易使心火偏盛,发生疾病;故民间常习惯于春季静脉放血,以预防本病发生。春季给耕牛洗口开针(针刺通关穴,以井水冲洗和食盐擦拭),可以增进食欲,保健防病。

②针具简单,携带方便。针灸治疗家畜疾病,不受设备、条件限制,只需带上一包针具及艾卷、酒精棉就可以治病,特别是在偏僻的山区其优越性更为显著。

③治疗安全、易学易用。施用针灸术,只要选准穴位,按法操作,注意消毒,不会发生什么副作用。而且施针手法比较简单,只要抓住要领,精心练习,容易掌握和推广。

④疗效迅速。因针灸疗法是整体的、直达的,所以疗效迅速。有不少内、外科病,经一二次针灸术治疗就可减轻或痊愈,如马和骡子冷痛、闪伤跛行等。

(2)针灸治疗的原理　针灸疗法能够治疗很多疾病,这已成为人所共知的事实。那么它的内在根据是什么呢? 中医的观点认为,主要是通过针刺、针灸来激发动物调整机体经络、脏腑、营卫、气血等异常现象的机能,从而达到"扶正祛邪"治愈疾病的目的。针灸治疗目前有两个学说:经络学说和神经学说。

①经络学说:从我国医学经验来说,均认为畜体有十二条经络,构成经络的主干。这十二条主干又派生出无数的分枝和毛细枝,网罗全身。这些经络各有其径路,内连脏腑、"百骸",外走头部、躯干、四肢,通贯全身上下、内外,借以维持正常的生理活动。而经络系统的联系作用,有下列四种类型,即躯体外部反映到躯体外部;内脏反映到内脏;内脏反映到躯体外部;躯体外部反映到内脏。同时,在经络的径路上,散布有许多聚结点就叫"俞穴",正因为俞穴是和全身经络相联系,因而刺激这些俞穴,就会很快效应到体内脏腑、百骸。针灸治疗疾病就是用外因通过内因起作用的调整经络疗法。

②神经学说:神经学说是近代生理学中的重要理论,认为有机体的一切生命活动都受神经系统,特别是高级中枢神经的支配。有机体是一个统一的整体,它和外界环境进行着密切的联系,以维持机体与外界环境的平衡,进行正常的生理活动。神经系统动员保卫装置,提高机体的抵抗力,以战胜病因。针灸疗法不同于药物疗法,它不是直接以外因为对象,不一定对患部组织进行直接的治疗,而是激发与调整神经机能,来达到治病的目的。如马患口炎,食欲减退,针灸玉堂穴就能增进食欲,促进神经的反射机能,使局部血液循环旺盛,增加了营养的供给,因而也相应地增进了消化机能。神经受到针灸的良性刺激,那种特殊反应常常散布到很大的范围,并能在很大的范围内发生调节作用。所以针灸的治疗效果,常不限于穴位附近和神经径路的沿线,可以影响很远很广。

4)顺势疗法

顺势疗法是一种疾病治疗体系,以小剂量持续使用一种药物为基础,这种药物的大量服用可在健康动物体内产生一种类似于疾病本身的症状。

顺势疗法通过提高动物的抵抗力水平和刺激动物本身的机能来摆脱疾病,所以是对整个有机体的治疗。顺势疗法的优点是使用完全安全的制剂。与疫苗不同,它是从细菌或疾病分泌物中得到的,而且经过严格调制和高度稀释到无药物成分(即自身没有活性成分),但是留下"痕迹"并携带到制剂内。根据动物的"特征性类型",恰当的选择药物是兽医顺势疗法成功的关键,它取决于兽医对合适"类型"动物的判断、兽医的技能以及对家畜个体知识的了解。

5)微生态制剂

(1)概念　微生态制剂是指摄入动物体内,参与消化道内微生物平衡,能够通过增强动物对消化道内有害微生物群落的抑制作用或通过增强非特异性免疫功能来预防疾病,从而间接促进动物生长和提高饲料转换率的活性微生物培养物。

微生态制剂,国外称其为益生素(probiotics)、益生菌或有效微生物(effective microorganism,

EM),1989年美国食品及药物管理局(FDA)建议用"直接饲喂微生物"(DFM)替代益生素的名称,国内称之为微生态制剂(microecological)。它是在动物微生态平衡和调整等理论指导下研制而成的。日常饲养管理中添加微生态制剂是指让有益的活的微生物菌体进入动物消化道内,通过调整和维持消化道内微生物菌群之间的平衡状态,在生长、繁殖过程中产生消化酶、维生素、氨基酸、细菌素、脂肪酸等,从而达到促进动物生长,减少饲料消耗,提高免疫功能和预防疾病的目的。应用微生态制剂防治疾病是保护家畜健康生长的一项新方法。

(2)优点 微生态制剂的研究与开发,克服了广泛使用抗生素过程中所产生的种种弊端:①抗生素滥用引起动物内源性感染和二重感染,其后果就如同利用广谱性农药防治害虫又杀伤其天敌一样。②抗生素的使用引起耐药菌株的产生,导致治疗效果越来越差。③抗生素的长期使用可使畜禽细胞免疫、体液免疫功能下降。④抗生素在肉、蛋、奶中的残留,直接威胁着人类身体健康和安全。

(3)理论基础 ①动物微生态平衡理论;②动物微生态失调理论;③动物微生态营养理论;④动物微生态防治理论。

(4)微生态制剂的作用 目前大家公认微生态制剂具有下列几种功效:①在消化道内维持有益微生物的区系。健康的动物一般以肠道功能良好为特征,最主要的是肠道内有效细菌的平衡,尤其是乳酸杆菌在整个消化道内都是优势菌。这是饲料有效转换、维持生命生长或产蛋的基础。但家畜处于高温、高湿、饲料变化、运输等应激状态时,肠道内的乳酸杆菌等有益菌群的平衡受到破坏,在此种情况下饲喂微生态制剂,通过竞争排斥和拮抗病原细菌而维持肠道内的有益微生物群。②增强饲料的吸收和消化。动物的肠道细菌区系具有消化吸收饲料的重要作用,能够代谢日粮中的碳水化合物、蛋白质、脂肪和矿物质以及合成维生素等,在日粮中添加乳酸杆菌能够刺激食欲和提高蛋品中脂肪、蛋白质、钙、磷、铜和镁的含量。③调节细菌代谢。a.可提高肠道内酶的活性:有细菌的肠道内酶的活性比无菌肠道内酶的活性高,这些细菌还能够提高肠道内酶的浓度,如乳酸杆菌能够产生淀粉分解酶、脂肪分解酶和蛋白质分解酶。b.可降低病原细菌酶的活性:添加乳酸杆菌的饲料饲喂的动物,其小肠和粪便中细菌的糖苷酶活性降低。c.可抑制氨的产生:肠道黏膜上尿素分解产生的氨对心包表面有明显的损害,所以抑制脲酶的活性和氨的产生可有效地促进动物健康和生长。如乳酸杆菌能够明显的降低小肠中脲酶的活性,从而降低血液中的非蛋白氮、尿酸浓度以及氨和尿素的量。④解毒作用。微生态制剂可产生中和病原细菌产生的肠毒素的物质。⑤刺激免疫作用。肠道对各种病原细菌和食物蛋白质等抗原成分具免疫作用,可以保护家畜不发生肠道感染。乳酸杆菌可以帮助小家畜产生免疫活性,特别是对引起肠道炎症的物质。

6)药物治疗

及时的诊断和治疗是保障动物健康的基础。当畜禽患寄生虫或其他疾病时,如果缺乏有效措施来防止畜禽不必要的痛苦或有机生产方式不能恢复动物的健康时,都要对患病动物进行药物控制和治疗。

有机农业强调保护畜禽生命、减轻畜禽病痛,因此,当上述多种措施无法控制畜禽疾病时,允许采用对抗性疗法和使用常规兽药进行治疗。采用对抗性疗法和使用常规兽药的目的是治疗畜禽疾病,是在不得已的情况下采取的权宜之计。这不能成为日常的疾病预防措施,也不能作为畜禽的生长促进剂使用。

采用对抗疗法和使用常规兽药治疗有机畜禽时,必须对患病家畜个体或家禽群体进行可识别的标记,并详细记录病历。病历记录包括诊断结果、药品名称、使用剂量、给药方式、给药时间、疗程、护理方法、停药期、治疗效果等。治疗期间,该畜禽或其产品将不能作为有机产品出售;畜禽痊愈停药后,必须经过两个停药期,该畜禽或其产品才能作为有机产品出售。

为了保全患病畜禽的生命,有机农业虽然允许有条件地使用常规兽药,但并不是无条件、无限制的。对饲养不足一年的畜禽,规定其只允许接受 1 个疗程的常规兽药治疗;饲养超过一年的,每年最多允许接受 3 个疗程的常规兽药治疗;母畜在妊娠期的后三分之一时段内如果接受了常规兽药的治疗,其后代不能被认证为有机;产奶动物用药后,至少需 90 天。否则该畜禽或其产品就再也不能作为有机产品出售了。

禁止使用荷尔蒙和合成的驱虫剂;禁止在屠宰动物上使用杀寄生虫药物并保持良好和有效的记录。

5.5　有机畜禽养殖案例

有机畜禽养殖的基本要求是尊重动物(畜禽),把它们看作是人类的朋友。这里涉及"生态道德"问题。在中国从计划经济向市场经济过渡的过程中,出现了不少急功近利的短期行为。而发达国家市场经济的历程证明,市场经济也不是万能的。在这种情况下,产生了一种新的观念,即生态伦理观。这种观念的核心一是考虑到后代人与当代人的平等权益,二是认识到人类同自然界和谐关系的重要性。如果不从这种理性的高度来总结、分析和反思历史,尤其是"工业革命"以来的人类行为,就很难跳出传统概念的窠臼,也就很难理解有机农业的一些做法。在有机畜禽的养殖和管理方面,必须要给畜禽创造舒适的环境,让它们能够按照自我的习性与行为自由的生活。

5.5.1　有机畜禽产品的转换

1. 有机畜禽饲料生产基地的转换期

对于有机养殖农场,其用于饲养畜禽的场所与用于种植饲料的土地均需进行有机管理。饲料是转换动物的第一步,有机畜禽饲料生产基地的转换期依照种植农场或基地转换期的要求执行。当土地近年来没有使用过有机生产禁用的任何物质,转换期可相应缩短。有机畜禽饲料生产基地的生产要求必须按照有机农作物的标准执行。

2. 有机畜禽养殖场的转换期

按有机方式饲养的畜禽经过规定的转换期后,方可作为有机产品出售。畜禽产品的转换期依不同品种而异。用于肉产品生产的牛、马(包括野马和野牛种)一般需要一年的转换期,一些较小的反刍动物、奶用牲畜和猪需要半年,家禽则需要 6～10 周的转换期。

5.5.2　品种的选育和幼畜的培育

选择的有机畜禽品种除了应有较快的生长速度外,还应考虑其对疾病的抗御能力。尽量选择适应当地自然环境,抗逆性强,并且在当地可获得足够的生产原料的优良畜禽品种。畜禽品种购入要经过检疫和消毒。

有机畜牧业衡量生产力的标准与传统畜牧业是不同的。家畜的生产力十分重要,但是其他特征,如母性、强壮程度、抗病和抗寄生虫的能力、耐粗饲能力以及对畜牧场的适应性也相当重要。

有机畜禽养殖提倡基因多样性,禁止纯种繁育,倡导杂交繁育。追求基因简化会导致许多其他品种的消失,使特殊疾病的危险达到流行病程度。如英国养猪业大量使用优势品种大白猪和长白猪,导致许多其他猪种灭绝或数量锐减。

不当管理会影响家畜的繁育,其因素包括营养水平、饲养密度和公畜比率等。人工授精(AI)会对动物的繁殖力产生一定的损害,因此在有机养殖中受到一定的限制,而胚胎移植技术和发情激素等则是禁止使用的。

家畜从出生到成熟的过程中得到母亲的多方照顾和良好护理对其以后的健康生产和长寿是非常重要的。饲喂初乳是幼畜的基本福利,采食初乳可以获得母源免疫力,能够预防疾病。过剩的初乳可冷冻贮存或在常温下自然发酵。提倡自然断奶,自然断奶的时间不同,通常为6~12周。一个健康的犊牛在哺乳期不需要精料,因为精料对乳牛瘤胃上皮有潜在的损害。随着小牛的生长发育,应逐渐补充精料和纤维饲料,使瘤胃的功能逐步适应和完善。

动物出栏的时间和方式应根据其生产特点和生理规律确定,例如根据动物生物钟的规律,鸡在晚间出栏比较安静,可以减少应激。

5.5.3 畜(禽)的生活环境

生活环境不仅直接影响到畜禽的健康生长,而且还间接影响到畜禽产品的品质。这里的环境包括养殖场的内部小环境,如牛舍、鸡舍、饲料库、成品库等,也包括养殖场的外部环境,如牛的放牧地、运动场地等。

1. 饲养场地的选择

养殖场应能适合所饲养畜禽的生理特点,根据当地的环境、地形、地势等选择适当的位置,合理规划整个养殖场,为畜禽创造一个舒适的生活环境,便于饲养管理和卫生防疫,保证整个畜禽群体能健康生长,提高其生产能力和劳动效率。

2. 畜(禽)舍设计

在设计建造畜禽圈舍时,应尽量考虑外界不良气候对畜禽健康状况及生产性能的影响,使饲养效率得到充分发挥,取得最大的经济效益。畜(禽)舍的设计和建筑材料的选择应注意:①圈舍、围栏等要满足畜禽的生理和行为的需要,如:有足够的活动空间和休息场所;空气流通,自然光线充足;避免过度的阳光照射、风雨侵袭及难以忍受的严寒和酷热;要有足够的垫料,足够的饮水和饲料。②当畜禽栖息地被弄脏时,要容易清除、更新和恢复;要保证圈舍地板或排污通道容易被人工清扫或机械装置铲运。③预留隔离间,供动物患病、分娩或受伤时使用。分娩畜舍应能同时容纳母畜和幼畜。④设防有害动物(啮齿类动物、鸟类和宠物等)及昆虫的侵扰,尽量不用灭鼠药;地基、木材的涂料中不含有害物质。这些措施不仅能防止污染,也可提高动物免疫力。⑤动物出栏后圈舍的清理消毒方法有清扫、水洗、更换垫土、日晒、紫外线照射、火焰消毒以及使用毒性低的消毒剂。既要防止病原微生物对后续饲养的影响,也要减少药物在食品中的残留和对环境的污染。

总之,畜禽圈舍的设计应符合如下要求:保持自然、舒适并便于畜禽活动;保持适宜的温度、湿度、光照和空气流通;减少动物被伤害的潜在危险。

5.5.4　饲养的密度

畜禽的饲养密度根据种类和饲养方式的不同而不同,提倡发展自我维持系统。

1.放养动物的密度

放牧密度的标准因家畜类型、农场地形、生产制度、本地气候和其他环境因素而异。在农场中,放牧密度随牧场的载畜量而定,同时还要考虑到粪便的排放和饲草的需要量。由于气候因素很难预测,再加上恶劣气候发生频繁,因此,在制定放养密度时要留有余地。过度放牧会导致寄生虫增加,影响家畜健康,引发家畜疾病。考虑放牧密度不仅是动物福利的问题,而且是农场主必须考虑的环境福利问题。凡是能对家畜造成污染和引起土壤退化、侵蚀的生产活动都是不合理的。有研究发现,在最适放牧量(而不是最大放牧量)的情况下,家畜在集约化条件下的生产力小于自然条件下的生产力。这一事实经常被集约化养殖中单位空间的高生产力和因药物治疗而降低的疾病发生率所掩盖。

目前,欧盟等国家对动物的饲养密度有明确的规定,我国也采用了和国外相同的养殖密度。但饲养企业应该根据动物的行为习性,为它们提供尽可能充足的饲养和活动面积。

2.圈养和笼养动物的密度

对于牛、羊和猪等牲畜,根据其体型的大小,每头所占用的空间面积为 $1\sim10\ m^2$,在这里提到的空间面积是指室内喂养时的净使用面积,而蛋鸡等家禽的密度则应相对增加,每平方米为 $6\sim20$ 只,室外的运动面积一般不能低于室内的使用面积,企业可以根据实际情况自行决定。

5.5.5　畜禽的饲料和营养

1.基本要求

有机养殖首先应以改善饲养环境、善待动物、加强饲养管理为主,应按照饲养标准配制日粮。饲料选择以新鲜、优质、无污染为原则。饲料配制应做到营养全面,各营养元素间相互平衡。所使用的饲料和饲料添加剂必须符合有机标准要求。所用饲料添加剂和添加剂预混料必须具有生产批准文号,其生产企业必须有生产许可证。进口饲料和饲料添加剂必须具有进口许可证。

一般情况下,有机生产中动物饲料应尽量满足以下条件:①饲料应满足牲畜各生长阶段的营养需求,饲料应保证质量,而不是追求最大产量;动物应自由取食,禁止强行喂食。②提倡使用本单位生产的饲料,条件不允许时,可使用其他遵守有机养殖规定的单位或企业生产的饲料。③提倡用天然奶喂养哺乳期幼畜,最好是母畜的奶。④对反刍动物来说,每天饲料中应至少有 60% 的干物质为粗饲料、新鲜或干的草料或者青贮饲料,在牲畜哺乳早期,该比例可相应减少到 50%。⑤绝大多数农场没有 100% 的饲料自给自足能力,因而有机标准通常允许使用数量有限的常规饲料,即在饲料的组成中,饲料配比可使用一定量的转换期饲料。在有机养殖中,允许使用有机生产饲料与常规饲料需要严格区别。⑥在畜禽养殖中禁止以刺激生长为目的使用抗生素、杀菌剂、化学药物和生长调节剂等物质。⑦禁止使用任何利用转基因生物及其衍生物生产的饲料、合成饲料、饲料加工剂和动物营养物质。

2.有机养殖中的营养原理和配比

有机养殖生产最重要的营养原理是按生理特点饲喂畜禽。常规农业中可以见到由于违背家畜生理特点而引起的大规模灾难,如英国的疯牛病。如果不按家畜的生理特点进行饲喂,至少会增加家畜对疾病的易感性,或引起更多与健康有关的问题。

反刍动物可以直接利用人类不能利用的农副产品,其基础日粮是粗饲料而不是精饲料。反刍动物可以消化植物中的纤维素和其他成分,并转换成蛋白质,这种功能是靠瘤胃中的有益微生物菌群来实现的。饲喂精料会降低瘤胃中的pH,从而使瘤胃微生物菌群发生改变。菌群失调会引起体内消化道炎症,使一些致病细菌进入血液,从而引起如脂肪肝、乳腺炎、腐蹄病等疾病,还可导致繁殖率下降。

奶牛天生是吃草的,精料太多容易引起牛的瘤胃病。将养牛方式改为放牧,结果发现牛的这些胃病消失了,此后再喂其他饲料,这种由于饲料引起的应激也就不存在了。北美标准规定日粮应按家畜的营养需要来配合;英国土壤协会制定的标准更加明确:反刍动物的日粮中粗饲料最少占干物质的60%。以放牧为主的牛场和羊场,如果要补充饲料,应注意避免在早上进行,因为这会影响放牧,降低采食量。

在配合日粮时,能量和蛋白质平衡非常重要,可以通过增加或减少蛋白质的百分比来达到要求。如果日粮以高蛋白饲料(如红三叶草和苜蓿)为基础,那么,需增加秸秆或干草的饲喂量来提供充足的能量,以平衡过量蛋白质。高能量低蛋白型日粮会导致奶牛蛋白不足,乳蛋白率下降。在维持需要的情况下,蛋白与能量的比为1:10,产奶时为1:4.6。反刍动物的日粮中还可添加一些替代型饲草,如芜菁、甘蓝和洋白菜,但是,这些饲料要按精料对待,并且需限量饲喂。160头奶牛和1500头绵羊一天要饲喂一亩地的芜菁。按照生物动力学的观点,芜菁只能喂给成年家畜,尤其是用来提高产奶量;胡萝卜、甜菜等块根类则适于饲喂幼年家畜。

猪是单胃动物,需要更多的精料,只饲喂牧草型日粮不能很好存活。然而猪可以利用多种饲料。禽类日粮也是精料型。也有不少饲养者用放牧的方式饲养这类家畜。

当家畜需要大量蛋白质,并且饲喂豆科牧草和谷物不能满足需要时,可以补充如下饲料:脱皮燕麦(15%以上的蛋白)、豌豆、大豆、亚麻和葵花籽。一些作物如亚麻和豆类含有抗营养物质如单宁、植物碱,因此需限制使用这些作物。如产蛋鸡日粮中亚麻含量不能超过10%,禽类日粮中的亚麻含量不能超过7%,一般情况下,可以饲喂豌豆和大豆。通过增加饲料作物和牧草的多样性,可以提高饲料中必需微量元素的含量和营养消化利用率,促进畜禽健康。一般情况下,维生素和微量元素通过补饲供给。

3.日粮来源

常规养殖方式需要购进大量饲料,养殖户经常面临饲料供应不足或价格昂贵等一系列问题。为使有机畜牧业向经济、环境的优化、合理方向发展,一些养殖户开始自己种植牧草。国外的一些牧场主认为有机畜牧业的唯一出路就是实现饲料的自给自足。如果不能实现饲料自给自足,就应该走区域畜牧业的道路,即附近的有机农场为牧场生产饲料。总之,饲料最好来自本农场或当地其他有机农场。

由于有机饲料很难获得,因此,有机标准中通常允许使用一定比例的常规日粮来饲喂畜禽。目前,许多标准要求肉用型家畜应该从出生就饲喂有机饲料,只有在特殊情况如水灾、长期旱灾和暴风雪下才允许使用常规日粮。奶用和蛋用型畜禽必须在引入有机生产系统后饲喂有机饲料。

虽然有机标准有条件的允许家畜采食一定量的常规日粮,但对其最大供应量有所限制。通常反刍动物允许的饲喂量占干物质总量的 5%～15%,非反刍动物占 15%～20%。另外,一些特殊的添加剂可以来自非有机农场,其中包括食盐、维生素、天然微量元素、硒、海藻、糠糟和青贮饲料保存剂如细菌和酶等。有机畜牧生产虽然允许使用一部分非有机饲料,但经化学方法加工后的油料作物饼粕不允许饲喂家畜。另外,基因工程生产的作物也不符合有机生产的原理,有机农业禁止使用基因工程产品。

4. 饲料补充料与添加剂

饲料质量对畜禽健康的重要性不容忽视。虽然放牧家畜通过采食草本植物可满足其矿物质需要,但有时日粮中添加微量元素和维生素也是十分必要的。一个很好的例子是关于微量元素硒。土壤中缺乏硒的地区,饲料中必须添加硒。即便动物没有明显或典型的矿物质缺乏症,如生长受阻及吃土或舔食畜舍地面等其他异常行为,家畜也可能存在问题。生产者就应利用一切可能的渠道如从发芽的谷物或发酵工业的酵母中获得维生素。在运输过程和其他活动中产生应激时,处于应激状态的畜禽需要额外添加微量元素和维生素。海藻、天然石灰和糖蜜是矿物质饲料添加剂很好的来源,但是也不能忽略直接补饲土壤和混合肥料。食盐在反刍动物营养中也十分重要,建议使用天然岩石盐,但其他来源的食盐也可使用。

为保证畜牧业顺利进行,必须对饲料来源、日粮组成和饲喂量进行记录,这是一项强制性的工作。要经常检查所购饲料的质量,保证其不霉变和不含其他异源物。要预先留一些饲料样品,以便畜群发病时进行检查。

5.5.6　疾病的预防和治疗

1. 有机畜禽生产的防病原则

1) 健康养殖和以防为主的原则

(1) 选择抗病性强并适合当地气候与环境特点的畜禽品种;

(2) 采用能满足动物生物学和生态学特性的饲养方式;

(3) 提供适合畜禽要求的生活环境,预防传染病,增强畜禽本身抗病能力;

(4) 高质量的饲料配给、结合有规则的运动和放牧,有益于提高牲畜自然的免疫力;

(5) 保持合适的饲养密度,避免过度放牧和出现任何影响牲畜健康的问题。

2) 有机畜禽生产中的兽药使用原则

(1) 如果治疗效果较好且条件允许,应优先使用有机农业标准和条例中列出的草药,如植物提取物(除抗生素)、香精等;顺势疗法的药物,如植物、动物或者矿物质,微量元素及其产品;最后选用非化学合成的对抗疗法的兽药或抗生素;

(2) 允许在兽医的监督下使用化学合成的对抗疗法的兽药或抗生素;

(3) 禁止使用化学合成的兽药或抗生素预防疾病。

3) 其他规则

(1) 禁止使用促进生长或生产的物质(包括抗生素和其他促进生长的人工助剂)以及控制繁殖(诱导或发情调节剂)或其他目的的激素类物质,激素只可用于治疗畜禽个体。

(2) 允许实施国家法律规定的改善建筑物、装备和设施的措施以及畜禽的医疗措施。当生产单位所在地区发生传染性疾病时,可针对性的使用疫苗和免疫药品。一旦畜禽生病或受伤,应立即治疗;如果必须隔离,应有合适的圈舍。

(3)无论何时使用兽药,必须清楚的记录药品种类(包括主要的药理成分)、诊断细节、用药剂量、管理方法、患病家畜的畜号或其他标志、疗程和停止用药期。这些记录必须在畜禽及其产品作为有机生产的产品销售前上报给认证机构。治疗过的大牲畜必须逐个标志,小家畜如禽类可逐个或成批标志。必须在经过所用药物停药期的2倍时间(如停药期不足48 h,则必须达到48 h)后,该畜禽及其产品才可作为有机产品出售。

(4)除了接种疫苗,清除寄生虫治疗和其他国家规定的动物检疫项目,饲养周期超过1年的牲畜或畜禽群,每年不得接受超过3个疗程的化学合成对抗性兽药或抗生素(若畜禽生长期小于1年则只允许1次)治疗,否则上述畜禽及其产品不能作为有机产品销售。

(5)家畜饮用水满足人类饮用水标准。给家畜饲喂满足人类饮用水标准的饮水,可防止家禽脱水和肺炎菌的繁殖扩散。

2.有机畜禽的健康维护措施

疾病控制是家畜有机养殖管理的主要方面。从整体思想出发认为畜禽的健康是一种平衡状态,并且在日粮、饲养、管理和观察等方面都达到平衡,那么畜禽的医疗费用就会减少。有机畜禽生产的目的是通过营养和育种手段来降低家畜应激,保持家畜强壮、健康。如果牧场中的畜禽经常发病或长期发病,就须对整个牧场进行检查,必要时,也可找兽医进行咨询。除了通过提供平衡日粮和优良环境来抵抗致病因子的影响外,还可通过以下方法提高免疫力,保持畜禽健康。

1)为使家畜获得抗体,应保证幼畜吃到初乳

新生仔畜肠道从初乳中吸收抗体的时间很短(出生12 h后这种能力急剧下降)。为了急救的需要,应准备一些初乳,这些初乳可以来自牧场内年龄较大的母畜。

2)通过使用有益微生物建立非特异性免疫

犊牛饲喂乳酸杆菌可以增加肠道有益菌群的数量。乳酸杆菌可以抑制大肠杆菌在肠道内的附着,使其易于排出体外。

3)新引进的畜禽应尽可能隔离起来

对于新引进的畜禽,要进行必要的隔离,使之远离生产圈舍。畜群中的致病微生物虽然没有引起外在症状,但也有可能存在。新引进的畜禽可能是病原菌的携带者,从而把病原菌带入畜群,导致整个群体发病。

4)整体管理是有机畜牧业生产的特点

在不使用抗生素、驱虫剂、疫苗和矿物质添加剂的情况下,加拿大的 Taylor Hyde 设计了牛场整体管理的几点做法,这些做法也适合于其他畜种的管理。

(1)建立良好的人畜关系 改变自己的传统观点,要认为家畜的所有疾病都是由养殖人员自己造成的,而不是有生物、气候、政治、法律或技术上的失误造成的。

(2)保持适宜的饲养环境 家畜饲养在适宜的条件下(避免过度灰尘、泥、冷风等),可降低应激和避免免疫机能下降。

(3)定时定量饲喂,防止家畜饥饿或饮食过多 要保证饲料中有一定量的干物质,通常成年家畜日粮中的干物质占8%～24%。而且一天中要有8 h的采食或放牧时间。

(4)日粮中的矿物质要平衡 饲料要多样化。划区轮牧时,家畜吃完放牧区牧草高度的一半时,应轮换放牧地块,可以防止腐蹄病、红眼病和肺炎。

(5)减少草场粪便污染 放牧时,尽量减少放牧地中的粪便残留(避免采食腐败牧草)。这样可以减少寄生虫的寄生、降低球虫病、痢疾、红眼病的发病率。

(6)保持日粮稳定 严禁突然改变日粮种类(如从干饲料变为多汁饲料,由高蛋白饲料改为高能量饲料)。这样可以避免肠毒、酸中毒、肺炎和痢疾。

(7)及时淘汰病残家畜 记录并淘汰所有病残家畜,淘汰空怀母牛。从经过严格淘汰的畜群中购买种畜。这样可以避免疾病发生和体弱畜禽的培育,这种体弱畜禽要么用药要么死掉。

(8)使用对动物友好的驱赶方式 用一些与动物和谐的动作驱赶家畜,不使用暴力方式,这样可以避免应激。在家畜管理中是一种值得推广的方法。

(9)保持适量运动 保持家畜每天都运动。这样可以避免肥胖,提高免疫力。

3.疫苗接种

畜禽未患病时,不能注射药物,但可接种疫苗。有机饲养管理中,只有在法定的情况下或牧场中确有某种病原菌,且这种病原菌用其他方法无法治疗时才能使用疫苗接种。一般情况下,不提倡疫苗接种。接种既有好处又有坏处。作为预防接种的目的是刺激动物免疫应答和由此产生保护,但疫苗能妨碍和抑制动物自我免疫系统的发展和表达方式。疫苗绝不是100%的有效,使用它们的潜在的危险是疫苗在贮存、运输和使用不当时,会造成很大的损失。

使用疫苗时,单联苗比多联苗好,多联苗会引起家畜免疫机能产生应激,一些家畜如妊娠家畜和泌乳家畜应激尤其严重。梭状芽孢杆菌病一般用疫苗接种来控制。这些病菌通常需经过诱发因子诱导才能发病,一般情况下不会致病。通过良好的管理避免诱发因子出现,可以减少发病机会。如:损伤是黑腿病、恶性水肿和破伤风的诱发因子;肠毒血症的诱发因子是寄生虫、缺乏运动、日粮改变、饲料中纤维含量少或日粮中淀粉含量过高。

4.日常管理与维护

在养殖生产中,人们经常忽略对畜禽的观察或对观察的重视程度不够。每天要有一定的时间观察畜禽(就像放牧、饲喂、圈舍清扫等常规工作一样),观察一定要仔细,这样可以及时发现问题,及时改变管理方法。一般可从下面几点观察畜禽。

(1)所有畜禽是否都在?缺少哪一头?

(2)畜禽的站立姿势如何?有疾病的症状包括:精神萎靡、弓背、两耳下垂、缺乏兴趣、耷拉脑袋、烦躁不安,用一支腿不能支持体重等。

(3)畜禽的乳房情况如何?软硬程度如何?有否肿胀?羊是否瘸腿?

(4)触摸家畜的感觉如何?皮光滑程度如何?身上是否有肿块?是否有虱子?

(5)排出的粪、尿如何?拉稀、便秘情况如何?粪中是否有虫卵?尿是否变色?

(6)畜禽如何跑动?有瘸的家畜吗?哪头家畜走得慢了?

(7)幼畜情况如何?羔羊和犊牛状态好吗?需要补饲吗?母畜是否拒绝仔畜?

(8)畜禽怎样躺卧、怎样采食?

(9)畜禽是否乱叫?

5.药物治疗

有机畜禽生产主要采用中兽医、顺势疗法、微生态制剂和家畜管理实践经验等方法防治疾病。及时的诊断和治疗是保障动物健康的基础。当动物承受患病或寄生虫侵袭的痛苦时,如果当地缺乏有效的治疗手段,或有机生产方式不能恢复其健康时,都要对患病动物进行药物控制和治疗。

6. 紧急疾病的处理

一旦发现家畜出现异常,应立即采取行动,使用兽药的天然替代物如草药和利用顺势疗法一般能取得很好的效果。及早治疗是关键,切勿等到家畜真的发病了再治疗。对于有机畜禽生产业,当使用替代疗法不见效时,可在兽医的指导下利用传统兽药进行治疗。经常使用或预防性使用兽药是不允许的。某些情况下,肉用家畜使用抗生素就不能按有机产品销售。但是,在不能进行顺势疗法时,一味地为了保持有机状态而禁止使用药物也是不可取的。用药确实能收到好的效果,有时必须使用药物以挽救畜禽生命或避免不必要的损失,但用药不能根除病因。药物疗法通常会掩盖症状,降低动物的免疫机能,使动物增加其他疾病的易感性。疾病不能单独依靠药物来治疗,应主要通过良好的饲养管理和锻炼来提高畜禽免疫系统的正常功能。

第6章 有机水产品养殖基本要求

6.1 转换

有机转换是建立和发展有活力的、可持续的水产生态系统的过程。有机转换期是从有机管理开始到产品获得有机认证之间的时间。水产品生产可以根据其生物学特性、采用的技术、地理条件、所有制形式以及时间跨度等因素,确定转换期长度。《有机产品》国家标准规定,"封闭水体养殖场从常规养殖过渡到有机养殖,至少需要经过12个月的转换期"。"所有引入的水生生物都必须在其后的至少三分之二的养殖周期内采用有机方式养殖。"生产者须按照有机生产标准对全部有机生产进行转换。在转换期间,生产负责人应该有详细的有机转换计划,并根据实际情况,在合适的时候及时更新。该计划的内容包括:历史和现在状况、转换的时间表和转换时可能发生变化的因素。如果一个生产单元不能够一次转换,那么应该满足以下要求。①常规和有机生产区域之间有物理分界且保持一定的距离。②在有机生产地能够清楚地检查水质、饲料、药物、投入因素以及标准所要求的内容。③清楚、明确、翔实的有机和常规生产系统的生产记录。④转换期生产单元不能在有机和常规管理之间来回变化。

采集的野生或固定的水产生物可不需要转换期,但采集区域必须经过检查,其水质、饲料等都符合有机生产标准。采集区域为水体可自由流动而且不受任何禁止物质影响的开阔水域。

6.2 原则

管理技术应该根据生物的生理学和行为学特性来制定。生物应该被允许按照自身的行为方式进行生存,所有的管理技术特别是生产水平和生长速度,应该根据生物健康和福利而定。

管理技术的主要措施包括:①鼓励和加强包括微生物、植物和动物在内的生物循环。②利用不适于人类消费的饲料配料。③采用各种非化学防治方法控制病虫害。④禁止使用人工合成的肥料,避免化学治疗药物。⑤提倡多种水产品生产。

6.3 环境

虽然我国有辽阔的水产养殖区域,但由于近几年工业、农业的迅速发展,很多区域受到不同程度的污染,所以,在确立养殖和采集有机水产品水域时,应该特别注意其周围的环境与水体情况。有机水产品养殖区应具备以下条件:①水源充足,常年有足够的流量;②水质符合国家《渔业水域水质标准》;③附近无污染源(工业污染、生活污染),生态环境良好;④池塘进排水方便;⑤海水养殖区应选择潮流畅通、潮差大、盐度相对稳定的区域。养殖区注意不得靠近河口,以防污染物直接进入养殖区造成污染,或因洪水期受淡水冲击使盐度大幅度下降,导致鱼虾的死亡;⑥水温适宜,5—10月为15~30℃,其中7—9月应在25~30℃,可根据不同养殖对象灵活掌握;⑦交通方便,有利于水产品苗种、饲料、成品的运输。

6.4 养殖区

苗种放养前须先进行池塘修整和用药物清塘,主要目的如下:①杀死有害动物和野杂鱼,减少敌害和争食对象;②疏松底土,改善土层通气条件,加速有机物转换为营养盐类,增加水体的肥度;③杀死细菌、病原体、寄生虫及有害生物,减少病害的发生;④清出淤泥,既可作肥料,又可加深池塘的深度,晒干后还可用于补堤。

清塘一般在收获后进行,先排干塘水,暴晒数日后挖出多余的淤泥,耕翻塘底,再暴晒数日,平整塘底,同时修补堤沟。放苗前7~15天用药物清塘。清塘药物的种类、使用方法和清塘效果见表6-1。

表 6-1　清塘药物的种类、使用方法和效果

种类	亩用量	使用方法	清塘效果	药效消失时间/天
生石灰	水深5~10 cm,50~75 kg;水深1 m,125~150 kg	将生石灰倒入池塘四周小坑内加水溶化,随即向全池泼洒;浅水池翌日使石灰浆与淤泥充分混合以提高药效	①杀死野杂鱼、蛙卵、蝌蚪、蚂蟥、蟹、水生害虫及一些水生植物、寄生虫和病原菌②使池水呈微碱性③增加钙肥,促使淤泥释放氮、磷、钾等养分④提高池水碱度、硬度,增加缓冲能力	7~10(深水池时间长些)
茶粕	水深15 cm,10~12 kg;水深1 m,40~50 kg	捣碎后用水浸泡一昼夜,连渣带水全池泼洒	杀死野杂鱼、蛙卵、蝌蚪、螺、蚂蟥和部分水生害虫,毒杀力较生石灰稍差	5~7
茶粕、生石灰混合	水深1 m,茶粕35 kg,生石灰45 kg	将浸泡后的茶粕倒入生石灰水内,搅匀后全池泼洒	兼有茶粕和生石灰两种药物的效果	7
漂白粉	水深5~10 cm,5~10 kg;水深1 m,13.5 kg	将漂白粉加水溶解后立即全池泼洒	杀死野杂鱼和其他有害生物效果与生石灰相同,但无改良水质和肥水作用	4~5
巴豆	水深0.3 m,1.5 kg;水深1 m,3 kg	捣碎后装入坛内,用3%盐水浸泡,2~3天后加水稀释全池泼洒	能杀死大部分野杂鱼,但不能杀灭蛙卵、蝌蚪、水生害虫、寄生虫、病原菌等	7

6.5　品种和育种

有机水产品除选择高产、高效益的品种外,还应考虑对疾病的抗御能力,尽量选择适应当地生态条件的优良品种。为了避免近亲繁殖和品种退化,有条件的有机水产养殖场应尽可能选用大江、大湖、大海的天然苗种作为养殖对象。

有机水产养殖人工育苗,应以"在尽可能的低投入条件下,获得具有较高生长速度的优质种苗"为宗旨。育种时应注意以下几点:①亲本培育。亲本池应建在水源良好、排灌方便、无旱涝之忧、阳光充足、环境安静、不受人为干扰的地方。亲本放养密度、雌雄比例要合理恰当;要根据养殖对象的生物学特性,投喂适口饵料和营养全面的配合饲料。创造适合养殖对象繁殖所需的生态环境,尽可能使其自行产卵、孵化。②杂交制种。利用不同品种或地方种群之间的差异进行杂交,其子一代生长性能通常好于亲本,但必须养殖在人工能完全控制的水体中。子一代成体仅供食用,不可留种,因为二代性状分离十分严重,丧失了杂交优势;也不可放养或流失于江河湖泊中,以免"污染"自然种群的基因库。③在条件许可的情况下应该从有机系统引入生物。④不允许使用三倍体生物和转基因品种。

6.6　营养

6.6.1　营养需求

1.蛋白质和氨基酸

蛋白质是鱼体的主要成分,鱼的生长主要是蛋白质在体内积累的结果,饲料中的蛋白质含量是决定鱼体生长速度的主要因子。饲料中的蛋白质除供给其生长、修补组织和构成生物活性物质外,还是主要的能源物质,这是由于鱼类对碳水化合物利用能力较差的缘故。所以,鱼类饲料中的蛋白质含量,应明显高于家禽和家畜。

蛋白质由多种氨基酸组成。按营养上的重要性,氨基酸分为必需氨基酸和非必需氨基酸两类。饲料中蛋白质的质量决定于必需氨基酸的含量和组成,但是,非必需氨基酸也有节约或替代部分必需氨基酸的功能,这种节约作用在配制饲料时应充分利用。

2.脂肪

脂肪能够提供能源,与必需脂肪酸一并作为脂溶性维生素的媒介物。脂肪在鱼饲料中的含量约为10%。脂肪的数量和质量对鱼类的健康和生长均起很大的作用。海水鱼类和冷水性鱼类对脂肪酸的要求一般高于淡水鱼类。

3.碳水化合物

碳水化合物是廉价能源。鱼类具有消化碳水化合物的酶类,因此碳水化合物能够作为鱼类的能源物质,具有节约蛋白质的功能。但是,鱼类利用碳水化合物的能力有限,不仅因种类而异,而且与饲料营养因素的平衡状况有关。一般冷水性和温水性鱼类饲料适宜的碳水化合物含量分别为20%和30%左右。

4.矿物质

矿物质也称无机盐类,是鱼体的重要组成成分,对维持鱼体正常的内部环境,保持物质代谢的正常进行,以及保证各种组织和器官的正常活动是不可缺少的。鱼类所需的矿物元素主要有钙、磷、镁、钠、钾、氯、铁、铜、碘、锰、锌、硒等。

5.维生素

维生素是动物生长发育必不可少的一类营养物质,缺少了它就会影响动物的生长发育。

6.6.2 营养供应

有机水产养殖对象的营养,主要来源于有机产地和无污染的草场、矿区、水域。饲料和饵料既要保持水产养殖对象所需的营养成分,又要避免农残、兽残、病原体及其他有害物质的污染。

应该根据生物的营养需求平衡水产生物的饲料,水生生物的饲料应该含有100%的有机认证的饲料或者野生饲料。如果没有足够的有机认证饲料或野生饲料,可以允许最高5%的饲料来自常规系统。不适合人类消费的有机认证的加工副产品和野生海洋产品可以用作饲料配料。在需要饲料投入的系统内,至少50%的水产动物蛋白应来自不适合人类消费的加工副产品、下脚料或其他材料。只要矿物添加物质是天然形态,就允许使用。饲养生物时允许天然的摄取行为,尽量减少食物流失到环境中。

1.饲料添加剂

饲料添加剂一般是指为了某种特殊需要而添加于饲料中的某种或某些微量物质。根据我国制定的"饲料管理条例"规定,饲料添加剂可以分为3大类。

1)补充营养成分的添加剂

这类添加剂主要有氨基酸添加剂、维生素添加剂和矿物质添加剂等。这类添加剂的用途是补充饲料营养成分的不足,促其达到营养成分的平衡,满足养殖动物的需要。因此这类添加剂也称之为饲料补充物。

2)药物性添加剂

这类添加剂主要有抗生素添加剂、激素类添加剂、抗菌剂和中草药添加剂等。

3)改善饲料质量添加剂

这类添加剂主要有抗氧化剂、促生长剂、防霉剂、黏结剂、调味剂、促消化剂、着色剂等。

在有机水产品生产中,下列产品不能作为添加剂或以其他任何形式提供给生物,它们包括人工合成的生长促进剂和兴奋剂,人工合成的开胃剂,人工合成的抗氧化剂和防腐剂,人工合成的着色剂,尿素,从同种生物来的材料,用溶剂(如乙烷)提取的饲料,纯氨基酸,基因工程生物或产品,禁止任何形式处理的人粪尿。

在允许的条件下,应该使用天然的维生素、微量元素,细菌、真菌和酶,产品工业的废料(如糖蜜),植物产品作为水生生物的饲料添加剂。

2.施肥

1)目的和意义

(1)培养天然饵料 施肥能培养浮游植物、腐生性细菌,然后通过食物链满足各种食性养殖种类的饵料需要。

（2）改善养殖生物的环境条件　施用钙肥能改善水的硬度和 pH。施肥刺激了浮游植物的发育，加强了光合作用，与此同时吸收了水中的氨。释放出氧气，可改善养殖动物的环境条件。

（3）促进水域中的物质循环　施肥满足了细菌的营养需要，增大了细菌的数量，提高了细菌的生命活动，因此促进了水域中的矿化作用、硝化作用和固氮作用，也就加速了水域中的物质循环。

（4）为养殖动物直接利用　施有机肥时，肥料的一部分能以腐屑或菌团的形式直接为养殖动物作为饵料加以利用。

2）保证肥效的条件

（1）水质　接受施肥的水域，水质应呈中性或弱碱性且硬度较高，否则施肥效果差，应先进行石灰处理；

（2）底质　底质宜为壤土或沙壤土，沉积物不宜堆积过深（以 10 cm 左右为宜）；

（3）透明度　因黏土或腐殖质悬浮过多而浑浊（致使透明度低于 30～40 cm）的水域，施肥效果不好，应先解决浑浊问题；

（4）水草　对水草过多的水域施肥（培育浮游植物）效果差，应先清除水草。施肥水域的水，变换不能太快，交换一次的时间要在 3～4 周以上。

（5）肥料　有机水产养殖使用的肥料种类应符合有机农业的肥料要求和标准。有机肥使用时，要腐熟、消毒、杀菌。禁止使用未经处理的生活污水污泥。

6.7　疾病预防与治疗

因为水生生物大部分生活在水中，疾病既不易发现，又难以治疗，因此应以预防和防止传染为主。同时，由于疾病的发生与其本身的抗病力、病原的存在和不良的环境条件有着密切的关系，所以预防工作必须贯穿于养殖全过程。应从各项技术管理措施和不同的环境条件出发，全面考虑病害的预防问题，其措施主要包括以下 6 个方面。

（1）抓好池塘的清淤、清池和药物消毒工作，这是防病的重要环节；

（2）实行苗种消毒，减少病原体的传播，控制放苗密度，掌握准确的投苗数量，为养成期的科学投饵管理打好基础；

（3）加强水质的监测和管理，坚持对养殖用水进行定期监测，包括水温、盐度、酸碱度、溶解氧、透明度、化学耗氧量、病原体等，发现问题及时采取防范措施；

（4）定期投喂植物源或矿物源的药饵，提高养殖对象的抗病能力；

（5）改革养殖方式和方法，开展生态防病，如稻田养鱼、养蟹、养蛙。虾鱼、虾贝、虾藻混养和放养光合细菌等，净化和改善水质；

（6）加强疾病的检测工作，早发现早治疗，切断病菌的传播途径，以防蔓延。

有机水产养殖的疾病防治用药应严格按照有机标准，禁止使用对人体和环境有害的化学物质、激素、抗生素；禁止使用预防性的药物和基因产品（包括疫苗），提倡使用中草药及其制剂、矿物源渔药、动物源药物及其提取物、疫苗及微生物制剂，严禁任何形式的去势。

6.8 收获、运输、保鲜和屠宰

1. 收获

有机水产品的捕捞,尽可能采用网捕、钩钓、人工采集方法。禁止使用电捕、药捕等破坏资源、污染水体、影响水产品品质的捕捞方式和方法。

产品的捕捞或采收不应该超过生态系统的可持续产量,或者对其他生物的生存造成危险。

2. 运输

根据水质、温度、氧气,选择适合的运输工具,尽量减少运输距离和次数。在运输期间应该定期照看活体动物,并制定出具体的运输规定,包括水体的质量、温度和氧气含量、水体数量、密度、运输距离和时间及防止逃脱的措施等。

运输不应该对动物产生可以避免的影响或物理损害;运输设备或材料不应该有潜在的毒性;运输前或运输期间不能够使用化学合成的镇静剂和兴奋剂;运输期间应该有专人对动物的健康负责。

3. 保鲜

有机水产品要尽量保鲜、保活。在运输过程中,禁止使用对人体有害的化学防腐剂和保鲜保活剂,确保有机水产品不受污染。

4. 屠宰

屠宰期间的危害和影响应该尽量减少,屠宰措施和技术应该根据生物的生理学和行为学特性仔细考虑,而且应该考虑民族习惯。

第7章　有机蜜蜂养殖基本要求

养蜂是对环境、农业以及林业生产具有重要贡献的活动,它通过蜜蜂的采蜜活动为人类制造大量的蜂产品,给人类的生活和身心健康带来诸多好处。蜜蜂传粉,还能够提高农产品的产量和质量,为此,养蜂已经作为一种产业在发展,同时,也作为一类特定有机产品来生产。

作为有机产品,养蜂产品的品质与蜂场的场地、蜜蜂的管理、病虫害的防治和环境质量紧密相关,也与它的提取、加工和存储有关。

7.1　转换

蜂产品的有机生产同有机农产品、有机畜禽产品和有机水产品生产一样,要经过转换过程。虽然蜜蜂的采集活动介于人工和自然之间,但只有在完全遵守《有机产品》国家标准所要求的有机产品生产方法至少1年以后,其产品才能作为有机产品出售。在整个转换期内,人工蜂蜡必须被天然的蜂蜡所替代。

7.2　品种

选择蜜蜂品种时,必须考虑其生存能力和对疾病抵抗能力是否能适应当地的环境条件,应当优先选择意大利蜂、中华蜜蜂及适合当地生态环境的蜜蜂品种及其变种。

7.3　饲养场所

养蜂场所的环境条件与产品的产量与质量和蜜蜂的健康与福利密切相关。应经过周密的调查,选择蜜源丰富、环境适宜的地方建立蜂场。养蜂场地周围3 km半径范围内,全年至少要有1～2种大面积的主要蜜源植物,同时,还需有多种花期交错的辅助蜜源、粉源植物。依赖辅助蜜源植物可以培养壮大蜂群、造脾和生产蜂王浆;利用流蜜量大的主要蜜源可大量生产蜂蜜。

养蜂场地要求背风向阳,地势高燥,不积水,小气候适宜。蜂场周围的小气候,直接影响蜜蜂的飞行、出勤、收工时间以及植物产生花蜜。西北面最好有院墙或密林;在山区,应选在山脚或山腰南向的坡地,背有挡风屏障,前面地势开阔,阳光充足,场地中间有稀疏的小树。这样的场所,冬春季可防寒风吹袭,夏季有小树遮阳,免遭烈日曝晒,是理想的建场地方。蜂场附近应有清洁的水源,若有长年流水不断的小溪,以供蜜蜂采水,则更为理想。蜂场前面不可紧靠水库、湖泊、大河,以免蜜蜂被大风刮入水中,蜂王交尾时容易溺水,这对蜜蜂的福利十分重要,是常规养殖经常忽略的问题。有些工厂排出的污水有毒,在污水源附近不可设置蜂场。蜂场的环境要求安静,没有牲畜打扰,没有振动。在工厂、铁路、牧场附近和可能受到山洪冲击或有塌方的地方不宜建立蜂场。农药厂或农药仓库附近放蜂,容易引起蜜蜂中毒,也不宜建场。在糖厂或果脯厂附近放蜂,不仅影响工厂工作,还会引起蜜蜂伤亡损失。

一个蜂场放置的蜂群以不多于 50 群为宜,以保证蜂群有充足的蜜源,并减少蜜蜂疾病的传播。注意查清附近有无虫、兽敌害,以便采取相应的防护措施。

7.4 饲养

蜂群一年要经过恢复时期、发展时期、强盛时期、秋季蜜蜂的更新时期和越冬时期。每个时期都有其相应的管理技术。

(1)恢复时期 这一时期是从早春蜂王开始产卵、蜂群开始哺育蜂子起,到蜂群恢复到越冬前的群势为止。这一时期,当年培育的新蜂代替老蜂,育子能力提高 2~3 倍,为蜂群的迅速发展创造了条件。

(2)发展时期 在这个时期,蜜蜂哺育蜂子能力迅速提高,蜂王产卵量增加,每天羽化的新蜂超过了老蜂的死亡数,蜂群发展壮大,蜜蜂和子脾数量都持续增长。有的蜂群出现雄蜂子和雄蜂。蜂群发展到 8~10 框蜂(蜜蜂在 2 万只以上),便进入强盛时期。

(3)强盛时期 蜜蜂的强盛时期,北方一般出现在夏季,长江中下游地区出现在春末夏初。强盛时期,常有主要蜜源植物大量开花、流蜜,是蜂群突击采集饲料的时期,也是生产蜂产品的时期。

(4)秋季蜜蜂更新时期 秋季在主要蜜源植物流蜜期结束后,蜂群培育的冬季蜂更替了夏季蜂。冬季蜂主要是没有哺育过幼虫的工蜂,它们的上颚腺、舌腺、脂肪体等都保持发育状态,能够度过寒冬,到第二年春季仍然能够哺育幼虫。为使蜜蜂在冬季存活,蜂箱里必须有充足的蜂蜜和花粉。

(5)越冬时期 晚秋,随着气温下降,蜂王产卵减少,最后完全停止。气温下降到 5℃ 以下,蜜蜂周围温度接近 6~8℃ 时,蜜蜂结成越冬蜂团。越冬期间没有新蜂羽化,只有老蜂死亡,蜜蜂数量逐渐减少,到早春数量减少到最低点。这个时期,可能需要为蜜蜂补充食物,保证其生存和来年蜂群的发展。

当极端的气候条件使蜜蜂难以存活时,可进行人工饲喂。应饲喂有机生产的,而且最好是来自同一有机生产单位的蜂蜜;但当由于气候原因而引起蜂蜜结晶的时候,可以使用有机生产的糖浆或糖蜜来替代蜂蜜进行人工饲喂。并应如实记录人工饲喂的信息,包括产品类别、日期、数量和使用的地点。人工饲喂只能在最后一次收获蜂蜜后、下一次收获蜂蜜的 15 天前进行。

7.5 疾病的预防与治疗

7.5.1 蜜蜂病害

蜜蜂的病害可分为传染性和非传染性两大类。传染性病害又可根据它们侵染方式的不同,分为侵染性病害和侵袭性病害。侵染性病害是由病原微生物引起的,而侵袭性病害是由寄生虫所致。非传染性病害是指由于遗传因子、有毒、有害等不良因子引起的病害。

病毒、细菌、寄生虫引起的传染性蜜蜂病虫害对养蜂生产有很大的危害,应采取"预防为主,治疗为辅"的方针,选育和饲养抗病力强的蜂种、饲养强群。发生传染病要抓紧治疗,将蜂箱、巢脾、蜂具彻底消毒,消灭病原。

蜜蜂的致病病毒有 10 余种,主要包括囊状幼虫病和麻痹病。细菌病有美洲幼虫腐臭病和欧洲幼虫腐臭病;真菌病有白垩病和黄曲霉病;寄生螨有大蜂螨和小蜂螨两种。

7.5.2　疾病预防和防治

1. 预防措施

(1)选择相对健壮的品种;

(2)采取一定的措施来增强蜂群对疾病的抵抗力。如定期更换蜂王;对蜂箱进行系统的检查;定期更换蜂蜡;在蜂箱内保留足够的花粉和蜂蜜;

(3)材料和设施的定期消毒,销毁被污染的材料和设施;蜂具消毒的办法有如下几条。

①福尔马林 1 份,水 9 份,配成 4% 的水溶液,将空脾、小件蜂具浸泡 24 h,甩净药液,清水冲洗,晾干。或将装有福尔马林 2 份、水 1 份的磁质或玻璃容器从窗口放入巢箱,再向药液中加高锰酸钾 2 份,迅速糊严窗口,用所产生的福尔马林蒸汽熏蒸 24 h。

②水 1 L 加食盐 360 g,配成食盐饱和溶液,可将空脾和小件蜂具放在其中泡 24 h。

③80% 冰醋酸用来熏蒸空脾。每箱巢脾用 80% 冰醋酸 100~150 mL,以玻璃容器盛装,放于继箱上面,密闭熏蒸 3~5 d。适于消毒患孢子虫病的巢脾。

④火碱 1 kg,加热煮洗蜂具、覆布、工作服等。

⑤50 L 水加漂白粉 2.5 kg,洗刷蜂箱及木制蜂具。

⑥每继箱巢脾用硫黄 3~5 g,点燃,密闭熏蒸巢脾。

⑦10%~20% 石灰乳生石灰 5~10 kg,加水 50 L,喷刷地面和墙壁,给越冬室、蜂场消毒。

2. 隔离

采取上述预防措施后,蜂群仍然染病或大量感染,应立即对该区域采取处理措施,如有必要,应设立隔离区。

3. 药物治疗

药品的使用应按照有机产品标准要求,优先使用光线疗法和顺式疗法性质的药品。在感染时,可以使用蚁酸、乳酸、醋酸、草酸、薄荷醇、麝香草酚、桉油精或樟脑。禁止使用化学合成药品进行疾病预防。

如果使用化学合成的药品进行治疗,在这段时期里,该养蜂地区应被隔离,并且所有的蜂蜡都必须替换成有机蜂蜡。随后,该地区应实行 1 年的转换期。

无论何时使用药品,都应详细的记录如下内容:诊断的细节、药品的类型(包括主要成分)、剂量、用药的方法,治疗持续时间、停药时间。必要时需将其呈报给认证机构或相关部门。

思考题

1.有机农业畜禽养殖的特点是什么?

1.为什么有机农业强调满足动物的福利?

2.如何保证有机水产品的质量和防止污染?

第8章　有机产品加工基本要求

8.1　食品加工

8.1.1　原则

有机加工产品是有机产品的重要组成部分,作为有机加工产品,其质量、加工方式和加工过程均与常规产品有明显的差别。有机产品安全、营养、美味的特性,不仅与有机的生产方式有关,也与正确的加工方式有关。所以,在有机产品加工过程中应该遵循有机、节约、清洁、持续的原则。

1. 有机原则

有机加工方式应保持产品的天然营养特性和自然风味。在产品加工中,要防止或尽量减少加工过程中营养物质的流失、氧化、降解,最大限度地保留其营养价值。产品的外观,特别是产品的天然颜色能激起人们的购买欲,香味能刺激和引起人们的食欲,故加工中保持产品的天然颜色和固有的风味是十分重要的。例如,加工果汁时可将其香味物质回收再加入果汁成品中以保持原风味。

2. 节约原则

在有机产品加工时应本着节约能源和物质再循环利用的原则,综合利用现有的原料,开发系列化产品,做到物尽其用。以苹果为例,用苹果制果汁,制汁后剩余皮渣采用固态发酵生产乙醇,余渣通过微生物发酵生产柠檬酸,再从剩下的发酵物中提取纤维素,生产粉状苹果纤维产品或作为固态产品中非营养性填充物,剩下的废物经厌气性细菌分解产生沼气。这样,既提高了经济效益,又减少了加工中副产品的产生。

3. 清洁原则

有机产品加工过程中既要保证产品质量,又要控制二次污染,在保证产品不受任何污染的同时,也要保证在产品加工过程中不对环境和人类产生其他形式的污染与危害,做到既不污染自己,也不污染别人。产品加工过程中,加工厂的环境、设备的材料和清洗、加工过程、原料、添加剂的使用、生产人员操作不当等都可能造成最终产品的污染或混淆。因此,必须严格控制加工过程的每一环节、步骤,制定各种措施以防止加工中有机产品的二次污染或与常规产品的混淆。

8.1.2　加工厂(场)

食品加工厂应符合《食品生产通用卫生规范》(GB 14881—2016)的要求,其他加工厂应符合国家及行业部门有关规定。有机食品加工厂周围不得有粉尘、有害气体、放射性物质和其他扩散性污染源;不得有垃圾堆、粪场、露天厕所和传染病医院;不得有昆虫大量滋生的潜在场所。生产区建筑物与外缘公路或道路应有防护地带。

1. 环境条件

加工厂应满足地理位置适合,建筑布局合理,具有完善的供排系统,良好的卫生条件,有效的管理系统等条件,以保证生产中免受外界污染。

1) 防止周边环境对企业的污染

产品中某些生物性或化学性污染物质常来自空气或虫媒传播。因此,新建、扩建、改建的有机产品加工企业在选择厂址时,首先要考虑周围环境是否存在污染源。一般要求厂址应远离重工业区,必须在重工业区选址时,要根据污染范围设 500~1000 m 防护林带。在居民区选址时,25 m 内不得有排放尘、毒的作业场所及暴露的垃圾堆、坑或露天厕所,500 m 内不得有粪场和传染病医院。机动车排放的废气对公路干线两侧 100 m 范围有明显的铅污染影响,再考虑到公路扬尘等的影响,因此一般要求将有机食品加工厂安排在距离公路干线较远的地方,或在工厂与道路间设置防护地带或防护物。除了上述规定,厂址还应根据常年主导风向,选择在污染源的上风向。

2) 防止企业对环境和居民区的污染

有机生产不仅要防止其产品被外界污染,也要考虑自身生产不影响周围环境和居民的生活。一些产品企业排放的污水、污物可能带有致病菌或化学污染物等。因此,屠宰厂、禽类加工厂等单位一般应远离居民区,间隔距离可根据企业性质、规模大小,按《工业企业设计卫生标准的规定》执行,最好距居民区 1 km 以上。其位置应位于居民区主导风向的下风向和饮用水水源的下游,同时应具备"三废"净化处理装置。

2. 地理条件

1) 地势高、干燥

为防止地下水对建筑物墙基的浸泡和便于废水排放,厂址应处于地势较高并具有一定坡度的地区。

2) 水资源丰富,水质良好

产品加工企业需要大量的生产用水,因此,建厂必须保证有充足的供水量。用于有机产品生产、容器、设备洗涤的水必须符合国家饮用水标准。使用自备水源的企业,需对地下水丰水期和枯水期的水质、水量进行全面的检验分析,证明能满足生产需要后才能定址。

3) 土壤清洁,便于绿化

干燥疏松的土壤在受到污染时,可借助细菌和空气中氧的作用,使污染物无害化和无机化。绿化能改善小气候,美化环境,使人心情舒畅。绿化又能减少灰尘,减弱噪声,是防止污染的天然屏障。所以,厂址应选择在土壤清洁且适于绿化的地方。

4) 交通方便

为了加工的原料、辅料和产品能及时运输,加工企业应建在交通便利但与公路有一定距离的地方,以免尘土飞扬造成污染。

8.1.3 配料

1. 组成

有机食品加工过程中所使用的并最后进入终产品的所有原料都属于有机食品配料,国际上通常将有机加工中的所有原料统称为配料,只要是在终产品中存在的成分,不管其所占比例大小,都属于配料。

食品添加剂也是配料的一种,只是所占的比例一般都很小。添加剂是指为改善产品色、香、味、形、营养价值以及为保存和加工工艺的需要而加入产品中的化学合成或天然物质。食品添加剂可以是一种物质或多种物质的混合物,但大多不是产品原料本身固有的物质,而是在生产、贮存、包装、使用等过程中为达到某一目的而有意添加的物质。食品添加剂虽然不是组成食品的主要成分,但最终还是要进入产品,并被消费者食用,因此对添加剂的要求和管理就像种植业中的肥料和农药一样重要。

加工助剂则与添加剂不同,使用助剂的目的并不是产品本身的成分需要,而是工艺过程的需要,如催化剂就属于助剂。助剂理论上在使用结束后应全部脱离终产品,因此不应该在终产品中存在。

1)有机原料

有机原料是有机食品加工的命脉。原料质量控制是加工环节的"第一车间"。有机食品因其不同于普通产品的特性及对产品品质较高的要求,更增加了原料选择的难度与严格程度。

有机食品的加工原料应来源于有机农业生产基地。固定的、良好的原料基地能够保证加工原料的质量和数量。目前,一些加工企业开始投资农业,建立自己的有机原料基地,这种反哺农业的企业发展趋势十分适合有机食品加工业的发展。

有机食品加工的主要原料成分都应是已经认证的有机产品。辅料应有固定的供应来源,并应遵循有机产品加工过程中允许使用的非农业源成分和配料的要求。

加工原料应适合加工工艺,并符合最终产品的要求。

有机食品加工所用的配料必须是经过认证的有机原料、天然的或认证机构许可使用的。这些有机配料在终产品中所占的重量或体积不得少于配料总量的95%。同一种配料禁止同时含有有机、常规或转换成分,这有利于保证食品的有机完整性。如制造某种有机豆制品需要100 t大豆原料,如果只能买到96 t有机大豆,于是加工厂就使用了4 t转换期大豆或常规大豆,该做法就违反了《有机产品》国家标准。在这种情况下申请者只要不使用这4 t转换期大豆或常规大豆,减少一点豆制品的产量,就可以满足标准的要求。同理,对于小比例配料的要求也是如此。

应尽可能使用已经获得有机认证证书的加工配料,在无法获得有机配料时,可以使用常规的、非人工合成的配料,但总量不得超过5%。一旦有条件获得有机配料时,应立即替换。使用了非有机配料的加工厂都必须提交将其配料转换为100%有机配料的计划。但一定要注意,非有机配料也不允许是转基因工程的产品。

2)水和食用盐

作为配料的水和食用盐,必须符合国家食品卫生标准,并且不计入有机配料计算中。加工所用的水符合国家相关食品加工用水标准,就可以在有机加工中使用。某些有机饮料中水分占了很大比例,如果计入总量,势必不能反映有机产品各类成分的真实比例,因此不能将水计入总量。水和食用盐在国际上也都不计入有机配料,就是说,在计算有机配料比例时,应扣除水和食用盐的重量。如一种有机饮料是由 90% 的水、5% 的有机水果原汁和 5% 的常规糖配置加工而成的,由于水不能计入配料,该产品实际配料比是有机配料与常规配料各占 50%,所以这样的产品是不能被认证为有机饮料的。再如一种油炸花生产品中有 94% 有机花生,4% 常规棕榈油和 2% 的食用盐,如果将食用盐计入配料,则该产品就不符合 95% 有机配料的要求,但由于食用盐不计入配料,所以有机花生占配料的实际比例是 95.9%,因此可以被认证为有机产品。根据有机产品标准,任何形式的水(包括矿泉水、纯净水、地下水等)和食用盐都不应该被纳入有机认证之列。

3)食品添加剂

食品添加剂的发展趋势是向国际化和标准化发展,即向安全、天然、营养、多功能型方向发展。添加剂的安全性是有机产品加工中最为关注的问题。产品添加剂可按来源分成两类:一类是从动、植物体组织细胞内提取的天然物质,另一类是人工化学合成物质。一般说来,天然添加剂更安全。

添加剂有酶制剂、营养强化剂、风味剂、抗氧化剂、防腐剂等。有机食品加工中,对酶制剂、营养强化剂等一般要求符合国家标准即可,但对抗氧化剂、防腐剂、色素、香精等物质,要求十分严格。如加工中必须使用,则尽量使用天然添加剂,化学或人工合成的添加剂是禁止使用的。

各种添加剂及其使用范围,不但必须严格遵守《有机产品》国家标准中的相关条款,而且还要满足国家相关法律法规的要求。国家制定了《食品添加剂使用标准》(GB 2760—2014)予以规范。2005 年 1 月 1 日实施的《食品质量安全市场准入审查通则(2004 版)》也明确规定"使用食品添加剂必须符合《食品添加剂使用标准》,严禁在食品中超量或超范围使用食品添加剂"。列入国家标准《有机产品　生产、加工、标识与管理体系要求》(GB/T 19630—2019)附录 A 中的添加剂和加工助剂只涉及《食品添加剂使用标准》中的一小部分物质,使用这些物质时必须严格按照《食品添加剂使用标准》的规定。需要注意的是,《食品添加剂使用标准》几乎每年都在增加或修订内容,所以有机加工的申请者、操作者和认证机构,包括检查员都应当随时关注其变化。认证机构或相关管理部门应当承担起动态跟踪《食品添加剂使用标准》并及时通知检查员、有机加工申请者和操作者的任务。《食品添加剂使用标准》国家标准中对 5% 的常规配料的规定是"非人工合成的",而超出附录 A 范围的添加剂和加工助剂,使用条件应符合《食品添加剂使用标准》的规定。有机加工中也允许使用国家标准《食品添加剂使用标准》中指定的天然色素、香料和添加剂,但禁止使用人工合成的此类物质。需使用其他物质时,应事先由认证机构按照评定程序对该物质进行评估。

4)有机食品加工中允许使用的非农业源配料及添加剂

(1)非农业源食品添加剂和加工助剂　有机食品加工中允许使用的非农业源食品添加剂和加工助剂见表 8-1。

表 8-1　非农业源食品添加剂和加工助剂列表

序号	物质名称	说明	国际标号 INS
01	琼脂	增稠剂,用于各类食品	406
02	阿拉伯胶	增稠剂,用于饮料、巧克力、冰激凌、果酱	414
03	碳酸钙	膨松剂、添加剂和加工助剂,用于面粉,30 mg/kg[1]	170
04	氯化钙	凝固剂,用于豆制品	509
05	氢氧化钙	玉米面的添加剂和糖加工助剂	526
06	硫酸钙(天然)	稳定剂、凝固剂,用于面粉、豆制品	516
07	活性炭	加工助剂	
08	二氧化碳	防腐剂、加工助剂,必须是非石油制品。用于碳酸饮料、汽酒类	290
09	柠檬酸	酸度调节剂,必须是碳水化合物经微生物发酵的产物。用于各类食品	330
10	膨润土(皂土、斑脱土)	澄清或过滤助剂	
11	高岭土	澄清或过滤助剂	559
12	硅藻土	过滤助剂	
13	乙醇	溶剂	
14	乳酸	酸度调节剂,不能来自转基因生物。用于各类食品	270
15	氯化镁(天然)	稳定剂和凝固剂,用于豆制品	
16	苹果酸	酸度调节剂,不能是转基因产品。用于各类食品	296
17	氮气	用于食品保存,仅允许使用非石油来源的不含石油级的	941
18	珍珠岩	过滤助剂	
19	碳酸钾	酸度调节剂,仅在不能使用天然碳酸钠的情况下允许使用。用于面食制品	501
20	氯化钾	用于矿物质饮料、运动饮料、低钠盐酱油、低钠盐	508
21	柠檬酸钾	酸度调节剂,用于各类食品	332
22	碳酸钠	酸度调节剂,用于面制食品、糕点	500
23	柠檬酸钠	酸度调剂,用于各类食品	331
24	酒石酸	酸度调节剂,用于各类食品	334
25	黄原胶	增稠剂,用于果冻、花色酱汁	415
26	二氧化硫	漂白剂,用于葡萄酒、果酒	220
27	亚硫酸氢钾(焦亚硫酸钾)	漂白剂,用于啤酒	224
28	抗坏血酸(维生素C)	抗氧化剂,用于啤酒、发酵面制品	300
29	卵磷脂	抗氧化剂	322
30	磷酸铵	加工助剂	
31	果胶	增稠剂,用于各类食品	440

续表 8-1

序号	物质名称	说明	国际标号 INS
32	碳酸镁	加工助剂,用于面粉加工	504
33	氢氧化钠	酸度调节剂,加工助剂	524
34	二氧化硅	抗结剂,用于蛋粉、奶粉、可可粉、可可脂、糖粉、植物性粉末、速溶咖啡、粉状汤料、粉状香精	551
35	滑石粉	加工助剂	553
36	明胶	增稠剂,用于各类食品	
37	海藻酸钠	增稠剂,用于各类食品	401
38	海藻酸钾	增稠剂,用于各类食品	402
39	碳酸氢铵	膨松剂,用于需添加膨松剂的各类食品	503
40	氩	用于食品保存	938
41	蛋清蛋白	加工助剂	
42	瓜尔胶	增稠剂,用于各类食品	412
43	槐豆胶	增稠剂,用于果冻、果酱、冰激凌	410
44	氧气	加工助剂	948
45	酒石酸氢钾	膨松剂,用于发酵粉	336
46	丹宁酸	酒类过滤助剂	184
47	卡拉胶	增稠剂,用于各类食品	407
48	巴西棕榈蜡	加工助剂	903
49	酪蛋白	加工助剂	
50	云母(滑石)	加工助剂(填充剂)	
51	植物油	加工助剂	

1 该数值为 GB 2760—2014 中规定的该物质的最大使用量。对没有标明最大使用量的物质,则按生产需要适量使用。

(2)调味品　①香精油:以油、水、酒精、二氧化碳为溶剂通过机械和物理方法提取的天然香料;②天然烟熏味调味品;③天然调味品:须根据《有机产品　生产、加工、标识与管理体系要求》(GB/T 19630—2019)附录 B 评估添加剂和加工助剂的准则来评估认可。

(3)微生物制品　①天然微生物及其制品:基因工程生物及其产品除外;②发酵剂:生产过程未使用漂白剂和有机溶剂。

(4)其他配料　①饮用水;②食盐;③矿物质(包括微量元素)和维生素　法律规定必须使用,或有确凿证据证明食品中严重缺乏时才可以使用。

禁止使用矿物质(包括微量元素)、维生素、氨基酸和其他从动植物中分离的纯物质,法律规定必须使用或可证明食物或营养成分中严重缺乏的例外。此类物质的使用前提是"法律规定"或"严重缺乏",如果不能提供法律规定文件,或不能证明严重缺乏,则禁止使用,否则不能获得认证。

禁止使用来自转基因的配料、添加剂和加工助剂。

8.1.4 加工

1. 平行生产

有机加工也存在平行生产问题,有机加工及其后续全过程的有效控制除了应做好有机加工自身的控制外,最主要的就是要做好平行加工(包括加工、包装、贮存、运输)的有效控制。平行加工是指加工者、贸易者同时从事相同品种的常规或有机转换加工、贸易。相同品种的有机与常规或有机转换产品在同一个加工单位加工,是平行加工;而品种虽然不同,却不易区分的同类产品,如不同品种的大米,不同品种的茶叶等产品的加工,也应当作为平行加工进行管理。平行加工的质量控制与管理的核心是不能混杂不同性质的产品(有机、转换、常规),以免严重影响到产品的有机完整性。

如果加工企业既生产有机产品又生产非有机产品,那么在加工过程中,必须在环境卫生、加工设备、人员、管理体系和文档记录等方面建立健全的管理体制,避免各种可能的混淆和污染。

如果必须与转换期产品或常规加工共用设备,则在常规加工结束后必须进行彻底清洗,并不得有清洗剂残留。也可在有机转换或常规产品加工结束、有机产品加工开始前,先用少量有机原料进行加工,将残存在设备里的前期加工物质清理出去(即冲顶加工)。经冲顶加工后,再清理好的设备,才能正式开始有机产品的加工。冲顶加工的产品应作为常规或转换产品处理,而不能作为有机产品销售。冲顶加工的全过程(加工、包装、仓储、运输)及冲顶加工产品的处置(包括销售)必须有详细记录。

2. 加工设备

所选的加工设备应对产品的质量和风味没有任何影响;其材料,尤其是与产品直接接触部位的材料,应对人体无害。

不同产品的加工工艺、设备区别较大,所以对机械设备的材料构成不能一概而论。一般来讲,不锈钢、尼龙、玻璃、产品加工专用塑料等制造的设备都可用于有机产品加工。产品工业中,金属加工设备的品种日益增多,国家允许应用铁、不锈钢、铜等金属。铜、铁制品毒性极小,但易被酸、碱、盐等产品腐蚀,且易生锈。不锈钢食具也存在铅、铬、镍向产品中溶出的问题。故应注意合理使用不锈钢、铁制品,并遵照执行不锈钢食具产品卫生标准与管理办法。加工过程中,使用表面镀锡的铁管、挂釉陶瓷器皿、搪瓷器皿、镀锡铜锅及焊锡焊接的薄铁皮盘等,都可能导致产品含铅量大大增高。特别是在接触 pH 较低的原料或添加剂时,铅更容易溶出。铅主要损害人的神经系统,造血器官和肾脏,可造成急性腹痛和瘫痪,严重者甚至休克、死亡。镉和砷主要来自电镀制品,砷在陶瓷制品中有一定含量,在酸性条件下易溶出。

因此,首先应考虑选择使用不锈钢材质设备。在一些常温常压、pH 中性的条件下使用的器皿、管道、阀门等,可采用玻璃、铝制品、聚乙烯或其他无毒的塑料制品制成,但食盐对铝制品有强烈的腐蚀作用。应特别注意的是,加工设备的轴承、枢纽等处使用润滑油的部位应全部封闭,并尽可能用食用油润滑。机械设备上的润滑剂严禁使用多氯联苯。

产品机械设备布局应合理,符合工艺流程,便于操作,防止交叉污染。设备管道应设有观察口并便于拆卸修理,管道转弯处应呈弧形以利冲洗消毒。生产有机产品的设备应尽量专用,不能专用的应在批量加工有机产品后再加工常规产品,加工后对设备进行必要的清洗,并不得有清洗剂残留。

3.加工工艺

工艺要合理,避免加工中交叉污染;选用天然添加剂及无害的洗涤液,尽量采用先进技术、工艺和物理加工方法,减少添加剂、洗涤剂污染产品的机会,利用生物方法进行保鲜、防腐及改善产品风味,或添加天然营养强化剂以增加产品营养。

应采用先进工艺加工有机产品,只有先进、科学、合理的工艺,才能最大限度地保留产品的自然属性及营养,并避免产品在加工中受到二次污染。但先进工艺必须符合有机产品的加工原则,较先进的辐照保鲜工艺是有机产品加工所禁止的。

采用先进工艺的加工产品一般有较好的品质。如果汁饮料杀菌,国内多用高温巴氏杀菌和添加防腐剂等方法。而国际上(CAC即产品法典委员会)规定,果汁饮料应采用物理杀菌方法,禁用高温、化学及放射杀菌。此规定符合有机产品营养(不用高温杀菌可减少对营养物质的破坏)、无污染(不加防腐剂,不用化学方法杀菌)的宗旨,其产品也较易达到有机产品标准要求。

有机产品加工还应注意保持产品的色、香、味,尽量避免破坏固有营养和风味。加工工艺可引起产品营养成分和色、香、味的流失。有机产品加工则要求较多的(或最大限度地)保持产品原有的营养成分和色、香、味。有资料表明,由于粮谷类物质中营养素(蛋白质、脂类、碳水化合物、矿物质、维生素)分布的不均匀性,粮食加工研磨时将丢失部分营养素,其丢失量往往随加工精度增加而增多。如当小麦的出粉率由85%递降至80%、70%时,硫胺素的损失率相应地由11%递增至37%、80%。粮谷加工如过分粗糙,虽然营养素丢失较少,但感官性状差,消化吸收率亦相应下降。因此,粮谷加工工艺的最佳标准应为能保持最好的感官性状,最高的消化吸收率,同时又能最大限度地保留各种营养成分。果蔬的加工适性很强,营养丰富,特别是含有大量的维生素、矿物质营养,可以制成各种制品,如速冻品、干制品、罐藏品、制汁、酿造、胶制品、粉制品等。不论哪种制品均应最大限度地保存其天然营养成分及原有的色、香、味。一般来讲,速冻品、干制品、罐藏品、汁、干粉制品均能较好地保存其营养成分,若在色、脆性、香味及风味上采取相应的保护措施则可大大提高其价值。蔬菜含有叶绿素,叶绿素在加工过程中易变色,但在碱性环境中则能保持稳定。因而,在腌制蔬菜时如先将蔬菜浸泡在含有适量石灰乳、碳酸钠、碳酸镁的溶液中,则既能保持制品的绿色,又能起保脆作用。

必须改进与有机产品加工原则相抵触的工艺环节。粉丝生产中必须加入明矾增稠、稳定,才能使粉丝成型,但早在1989年,世界卫生组织(WHO)就已将"铝"确定为产品中有害元素加以控制,并认为铝是人体不需要的金属元素,所以,粉丝生产工艺中明矾的问题不解决,就不可能通过有机产品认证。

因此,加工工艺在不破坏食品的主要营养成分的前提下,可以使用机械、冷冻、加热、微波、烟熏等处理方法及微生物发酵工艺;可以采用提取、浓缩、沉淀和过滤工艺,但提取溶剂仅限于符合国家食品卫生标准的水、乙醇、动植物油、醋、二氧化碳、氮或羧酸,在提取和浓缩工艺中不得添加其他化学试剂。

1)干燥技术

干燥是食品保藏的重要手段,也是一项重要的食品加工技术。农产品、食品的种类繁多,而且绝大多数农产品和食品的加工都与干燥密切相关。人们认识到,可长期贮存的腌制、熏制和罐头食品有致癌因素或营养损失的缺点,而经脱水的干制食品则具有绿色、方便和健康的特点。农产品和食品的种类各异,物料的物理性状也多种多样,如液态、泥状及颗粒状等,所以干燥器也种类繁多。据统计,文献上报道过的干燥器有300多种,工业上实际开发、应用干燥技术产品有100种左右。按加热介质的种类可分为热风干燥、蒸汽或过热蒸汽干燥、红外及微波干燥等。

2)微波加热技术

微波加热技术是一种频率高、波长短的电磁波,其波长为1~1000 mm,频率在300~300000 MHz。微波即可作为清洁的加热形式,也可作为杀菌技术应用。

(1)微波加热技术的特点

①加热速度快:微波加热是利用被加热物体本身作为发热体进行加热,不靠热传导作用,因此可以令物料内部温度迅速提高,缩短加热时间。

②加热均匀性好:微波加热是辐射加热,而且具有自动平衡的性质,与外部传导加热方式相比较,容易达到均匀加热的目的,避免了加工物料表面硬化及加热不均匀等现象的发生。

③易于瞬时控制:微波加热的热惯性小,可以立即发热和升温,切断电源即可停止加热,易于控制,有利于配备自动化流水线。

④选择性吸收:极化程度大的成分非常容易吸收微波,极化程度小的成分则不易吸收微波,这种微波加热的选择性有利于产品质量的提高。

⑤加热效率高:微波加热设备虽然在电源部分及电子管本身要消耗一部分的能量,但由于加热作用始于加工物料本身,基本上不辐射散热,所以热效率可高达80%。

(2)微波加热技术的应用

①干燥与膨化方面:微波能够穿透物料,迅速使物料深层水分蒸发形成较高的内部蒸汽压力,迫使物料膨化,因此可用微波加热膨化干燥淀粉类食品。与传统的油炸干燥方法相比,微波加工的方便面能保持原有的色、香、味,减少营养成分及维生素的损失,食用卫生安全,而且能延长方便面的保质期(油炸干燥方便面保质期为3个月,微波加热干燥方便面保质期达8~10个月)。采用微波膨化工艺还可以生产许多点心食品,如在面条制作过程中添加蛋白质、膨化剂、发泡剂和佐料,然后用微波膨化干燥即可生产出复水性好的速食面。

②烹调方面:用微波可以烹调鱼、肉、蔬菜、米饭和面食等,节约时间的同时还有利于保持食品中的营养成分和风味。

③焙烤方面:微波可用于焙烤食品,如面包烤制,不仅使产品质量大为改善,而且可缩短生产时间,延长产品的货架期。微波可以快速杀灭面粉中的α-淀粉酶,用该法烤制面包,其内芯不粘牙。

④解冻方面:深度冻结的物料需解冻后才能进一步加工,尤其是大块的冷冻食品原料。在传统的加工方法中,冷冻食品物料的解冻过程费时费力。微波解冻所需时间短,物料风味、鲜度、营养成分保持率高,无污水排放,工作环境整洁。适用于肉、鱼、蛋粉冻块的解冻以及快速熔化巧克力、油脂等。

⑤其他方面:近年来,国内外对大蒜的研究极为重视,尤其在大蒜的脱臭技术上研究颇多。微波加热对大蒜有很好的脱除臭味作用,经微波法脱臭的大蒜不仅营养素得到很好的保留,而且对大蒜质地的影响也很小。

3）杀菌技术

（1）冷杀菌技术　冷杀菌是指在常温或小幅度升温条件下进行杀菌，主要采取物理方法，有利于保持食品功能成分的生理活性、营养成分和色、香、味。目前国内外研发的冷杀菌技术有紫外线杀菌、超高压杀菌、脉冲电场杀菌、脉冲强光杀菌等。

（2）微波杀菌技术　微波杀菌技术不同于以往食品工业中所采用的高温杀菌、巴氏杀菌和高压杀菌等，是一项新兴的辐射杀菌技术，在食品工业中的应用越来越多。

①微波杀菌的特点：微波辐射杀菌是一种理想的杀菌技术，相对热力杀菌来说，微波杀菌具有加热时间短、升温速度快、杀菌均匀、食品营养成分和风味物质破坏和损失少等特点。与化学杀菌方法相比，微波杀菌无化学物质残留而具有更高的安全性。

②微波杀菌技术的应用：微波杀菌技术广泛应用于各种食品加工过程中，主要的有以下几个方面。

■乳制品方面：生产牛奶等乳制品的过程中，消毒杀菌是最重要的工艺环节。传统方法是采用高温短时巴氏杀菌，其缺点是需要庞大的锅炉和复杂的管道系统，而且耗费能源、劳动强度大，还会污染环境等。利用微波技术，鲜奶在80℃左右处理数秒钟后，大肠杆菌和一些杂菌的指标完全达到卫生标准要求，不仅营养成分保持不变，而且经微波作用后其脂肪球直径变小，起到均质作用，增加了奶香味，提高了产品的稳定性，有利于营养成分被人体所吸收。

■焙烤类食品方面：用传统方法制作的蛋糕、面包和月饼等焙烤食品的保鲜期都很短，微波焙烤的蛋糕比传统方法制作的蛋糕保鲜期更长，而且香味更浓。这主要是由于常规加热过程中，热量由表及里传导，食品中心升温滞后于表面，内部温度不易达到细菌致死温度或者持续时间不够，不能完全杀死内部细菌，从而引起食品变质。相反微波对这些制品有很强的穿透力，能在烘烤的同时杀死细菌，使食品的保鲜期大大延长。

■豆制品方面：豆制品是价廉物美深受人们喜爱的低脂高蛋白食品，多年来一直沿用传统制作工艺，但在高温炎热季节豆腐等豆制品容易腐败。利用微波辐照，使豆制品中心温度迅速提高，从而达到明显的杀菌效果，可以延长豆制品的保质期。另外，用电热和微波法制成的干制豆腐皮，产品香脆、复水性好，又因加工过程中有微波杀菌，所以保质期较长。

■饮料、蔬菜制品方面：饮料制品经常发生霉变和细菌含量超标现象，并且不允许高温加热杀菌。采用微波杀菌技术，杀菌温度低、速度快，能够杀灭饮料中的各种细菌，防止贮藏过程中产生霉变。利用微波技术对小包装紫菜进行杀菌保鲜研究，结果表明，与常规高温灭菌法比较，微波杀菌后细菌总数均低于对照组，且营养成分损失少，保鲜期延长。

■肉制品方面：传统的肉制品杀菌一般采用高温或高压杀菌，杀菌时间长、能耗大、营养成分和风味物质损失大。而利用微波杀菌不仅时间短，效果好，还能较好地解决软包装肉制品的杀菌问题。在香酥鸭丁的加工过程中，对其软包装肉产品采用微波杀菌，不仅杀菌时间短，而且能使鸭丁的肉质更为酥软，产品保质期延长。软包装酱牛肉的杀菌试验表明，微波杀菌的效果接近于高温杀菌，但其感观评价较好，营养成分损失小。微波杀菌工艺还可用于卤制鸡腿、卤鸡蛋、兔肉等肉制品的加工。

■其他方面：除用于以上食品外，微波杀菌技术还可用于营养保健品、水产品、水果和酱油等食品的杀菌和保鲜。此外，还可利用微波杀菌技术处理一些食品包装材料，减少其对食品的影响。

4）发酵技术

发酵工程是指传统的发酵工艺与现代科技结合而发展形成的现代发酵技术。现代发酵工程包括微生物资源开发利用；微生物菌种的选育、培养；生物反应器设计；发酵条件的利用及自动化控制；产品的分离提纯等技术等。对食品工业的贡献在于：

（1）改造传统的食品加工工艺

■ 以微生物发酵代替化学合成生物技术　发酵工程技术已成为食品添加剂生产的首选方法。目前，利用微生物发酵生产的食品添加剂主要有维生素 C，维生素 B_{12}，维生素 B_6、甜味剂、增香剂和色素等产品。发酵工程生产的天然色素、天然新型香味剂，正在逐步取代人工合成的色素和香精，这也是现今食品添加剂研究的方向。

■ 以现代发酵工程改造传统发酵食品　利用现代发酵工程技术改革传统工艺，已取得明显效果。如在酿酒工艺过程中，构建由己酸菌和甲烷菌组成的"人工老窖"，大大提高了产品的产量和成品味感；以往人们一直应用酵母发酵生产酒精，近年来广泛开展了细菌发酵生产酒精的研究，以期得到耐高温、耐酒精的新菌种。

（2）单细胞蛋白（SCP）的生产　微生物菌体的蛋白质含量很高，一般细菌蛋白质含量为 $60\%\sim70\%$，酵母为 $45\%\sim65\%$，霉菌为 $35\%\sim40\%$，因此它们是一种理想的蛋白质资源。利用发酵技术生产微生物蛋白是解决全球蛋白质资源紧缺的重要途径之一。为了和来源于植物、动物的蛋白质相区别，人们把微生物蛋白称作为单细胞蛋白（sole cell protein，SCP）。

（3）开发功能性食品　所谓功能性食品是指在某些食品中含有某些有效成分，它们具有对人体生理作用产生功能性影响及调节的功效，实现"医食同源"，使人们的膳食具有良好的营养性、保健性和治疗性，从而达到健康及延年益寿的目的。因此，这类功能性食品在保健食品产业中形成一个新的主流，也是它发展的必然趋势。

5）膜分离技术

膜分离技术包括反渗透（RO）、超滤（UF）和电渗析。反渗透是借助半渗透膜，在压力作用下进行水与溶于水物质（无机盐、胶体物质）的分隔，可用于牛奶、豆浆、酱油、果蔬汁的冷浓缩。超滤是利用人工合成膜在一定压力下对物质进行分离的一种技术，如植物蛋白的分离提取。电渗析是在外电场作用下，利用一种对离子具有不同的选择透过性的特殊膜（离子交换膜）使溶液中的阴、阳离子和溶液分离的技术，可用于海水淡化、水的纯化处理等。膜分离技术可广泛用于食品加工中水处理及饮料工艺中，可提高产品质量。

6）超临界提取技术

超临界提取技术是利用某些溶剂的临界温度和临界压力去分离多组分的混合物。如二氧化碳超临界萃取沙棘油，其工艺过程无任何有害物质加入，完全符合有机产品加工原则和要求。

另外，挤压膨化、无菌包装、低温浓缩等技术也都可以利用到有机产品中去。

8.1.5　卫生要求

1.车间组成及布局

产品企业需有与产品品种、数量相适应的产品原料处理、加工、包装、贮存场所及配套的辅助用房、锅炉房、化验室、容器洗消室、办公室和生活用房（食堂、更衣室、厕所等）等。各部分建筑物要根据生产工艺顺序,按原料、半成品到成品的程序保持连续性,避免原料和成品、清洁产品和污物或废弃物交叉污染。锅炉房应建在生产车间的下风向,厕所应为便冲式且远离生产车间。

2.卫生设备

产品车间的配置分垂直配置和水平配置两种。垂直式是按生产过程自上而下的配置,可避免交叉污染。水平配置通风采光好,运输方便,但增加了设置各种卫生技术设备的困难。产品车间必须具备以下卫生设备。

(1)通风换气设备 分为自然通风和机械通风两种。必须保证足够的换气量,以驱除生产性蒸汽、油烟及人体呼出的二氧化碳,保证空气新鲜。

(2)照明设备 分为自然照明和人工照明。自然照明要求采光门窗与地面比例为1:5。人工照明要有足够的强度,一般为 50 lx,检验操作台应达到 300 lx。

(3)防尘、防蝇、防鼠设备 产品必须在车间内制作,原料、成品均需加盖贮存。生产车间需装有纱门、纱窗。在货物的频繁出入口处可安排风幕或防蝇道。车间外可设捕蝇笼或诱蝇灯等设备。车间门窗要严密。当有虫害、鼠害发生时,可以使用机械、电或黏着性捕害工具和声、光等器具,必要时使用中草药进行熏蒸和使用以维生素 D 为基本有效成分的杀鼠剂。

(4)卫生通过设备 我国《工业企业设计卫生标准》规定工业企业应设置生产卫生室,工人上班前在生产卫生室内完成个人卫生处理后再进入生产车间。生产卫生室可按每人 0.3～0.4 m² 设置,内部设有更衣柜和厕所。工人穿戴工作服、帽、口罩和工作鞋后,先进入洗手消毒室,在双排多个脚踏式水龙头洗手槽中用肥皂水洗手,并在槽端消毒池盆中浸泡消毒。冷饮、罐头、乳制品车间还应在车间入口处设置低于地面 10 cm,宽 1 m、长 2 m 的鞋消毒池。

(5)工具、容器洗刷消毒设备 有机食品企业必须有与产品数量、品种相适应的工具、容器洗刷消毒间,这是保证产品卫生质量的重要环节。消毒间内要有浸泡、刷剔、冲洗、消毒的设备,消毒后的工具、容器要有足够的贮存室,严禁露天存放。

(6)污水、垃圾和废弃物排放处理设备 产品企业生产、生活用水量很大,各种有机废弃物也比较多,在建筑设计时,要考虑污水和废弃物处理设备。为防止污水反溢,下水管直径应大于 10 cm,辅管要有坡度。油脂含量高的废水,管径应更粗一些并安装除油装置。

3.地面、墙壁结构

地面应由耐水、耐热、耐腐蚀的材料铺成;应有一定的坡度以便排水,并设有排水沟。墙壁要被覆一层光滑、浅色、不渗水、不吸水的材料,离地面 2.0 m 以下的部分要铺设白瓷砖或其他材料的墙裙,生产车间四壁与屋顶交界处应呈弧形以防止积垢和便于清洗。

8.1.6 有害生物控制

(1)在对有害生物进行控制时,应优先采取以下管理措施来预防有害生物的发生:①消除有害生物的滋生条件;②防止有害生物接触加工和处理设备;③通过对温度、湿度、光照、空气等环境因素的控制,防止有害生物的繁殖。

(2)允许使用机械类的、信息素类的、气味类的、黏着性的捕害工具、物理障碍、硅藻土、声光电器具,作为防治有害生物的设施或材料。

（3）允许使用以维生素 D 为基本有效成分的杀鼠剂。

（4）在加工或贮藏场所遭受有害生物严重侵袭的紧急情况下，提倡使用中草药进行喷雾和熏蒸处理；限制使用硫黄。如果必须使用常规熏蒸剂对加工设备或贮藏场所实施熏蒸，则必须先将有机产品移出熏蒸场所，熏蒸后至少经过 5 d 才可将有机产品移回经过熏蒸的场所。

（5）禁止使用持久性和致癌性的消毒剂和熏蒸剂。

8.1.7 包装、贮藏与运输

1. 包装

产品包装是指为了在产品流通过程中保护产品、方便运输、便于贮藏、促进销售，按一定技术方法而采用的材料、容器及辅助物的总称，也指为了达到上述目的而在采用材料、容器及辅助物的过程中运用的一定的技术措施等操作活动。

产品包装具有保护产品、提供方便、促进销售的功能。保护是包装最重要的功能，产品从离开生产厂家到消费者手里，短的要数日，长的达数月甚至 1 年以上的时间，要使产品能完好的到达消费者手中，产品包装必须要防机械损伤、防潮、防污染及防微生物的作用，有些产品还须防光照、防冷、防热等。提供方便是指包装为产品的装卸、运输、贮藏、识别、零售和消费者提供方便。商业功能，即促进销售是指通过产品包装装潢艺术，吸引、刺激消费者的消费心理，从而达到宣传、介绍和推销产品的目的。

产品包装应使产品具有较长的保质期或货架寿命，不会带来二次污染，不减少原有营养及风味损失，贮藏、运输方便、安全，增加美感、引起消费欲望。包装成本不宜过高。

有机产品包装，应根据产品的特点，选择相应的包装材料。有机产品对包装材料的要求有以下 4 点。

（1）安全性　包装材料本身要无毒，不会释放有毒物质，以防污染产品，影响消费者的身体健康。

（2）可降解性　应尽可能使用由木、竹、植物茎叶和纸制成的包装材料。在产品消费完以后，剩余包装可降解，不会对环境造成污染。

（3）可重复利用性　在遵循可持续发展的原则下，有机产品要求在消费后，剩余的包装材料可重复利用，既节约了资源，又可减少垃圾的产生。如用塑料包装，应简单、实用，并应考虑回收利用。

（4）避免过度包装　有机产品应避免过度包装，以减少浪费和污染。

2. 贮藏与运输

（1）有机产品的贮运　产品的贮运是市场经济的客观需要，也是产品流通的重要环节。只要产品不是直接从生产领域进入到消费者手中，那么它就必然要经过贮运这个阶段，因此在贮运过程中必须保证产品安全、无损害、无污染、无混淆，完好地到达消费者手中。

（2）有机产品的贮藏　有机产品的贮藏是根据有机产品的贮藏性能、贮藏原理和各种贮藏技术的机理、生产可行性和卫生安全性，选择适当的贮藏方法和有效的贮藏技术的过程。在贮藏期内，要通过科学的管理，最大限度地保持产品的原有品质，不带来二次污染，降低损耗，节省费用，促进产品流通，更好地满足人们对有机产品的需求。有机产品的贮藏环境必须洁净卫生,仓库经常清扫,防止对有机产品引入污染。在贮藏中,有机产品应有明显的标识,不能与非有机产品混堆贮存,最好有单独的原料库、成品库存放。

(3)贮藏方法　①贮藏室空气调控;②温度控制;③干燥;④湿度调节。

(4)有机产品的运输　有机产品的运输,除要符合国家对产品运输的有关要求外,必须根据产品的类别、特点、包装要求、贮藏要求、运输距离及季节不同等采用不同的手段。在装运过程中,所用工具(容器及运输设备)必须洁净卫生,不能对有机产品引入污染,禁止和农药、化肥及其他化学制品等一起运输。在运输过程中,有机产品不能与同种非有机产品混堆、混放和同箱、车、船运输。在运输和装卸过程中,外包装上的有机产品标志及有关说明不得被玷污或损毁。

8.2　纺织品加工要求

在世界性崇尚自然、绿色消费的浪潮下,各国都在积极开发、生产有利于人体健康和环保的产品。随着国际自由贸易进程的推进,发达国家通过立法或制定严格的标准来限制进口,我国是纺织品生产大国和出口大国,必将会遇到更为严格的技术壁垒。因此,制定和发布有机纺织品国家标准,可以提高我国纺织行业的生态生产意识,将纺织品中的有害物质降低到最小,引导企业逐渐实现环保健康纺织品的生产,从而为企业进入国际市场提供有利条件。

有机纺织品的种类包括棉纱、织物、成衣、服装、地毯、服饰纺织品和非机织产品。有机纺织品在一些发达国家已经有了很好的市场,国际市场对有机棉花等有机纤维的需求也日渐上升。我国的有机纤维(主要是棉花)基本都来自西北和新疆地区,而且主要是作为原料供应国际市场,我国自己的有机纺织品 2004 年才刚开始萌芽。

纺织品的组成主要是纤维,如果是服装,则还有缝线、纽扣、装饰物、衬里、拉链等。有机产品标准要求有机纺织品的纤维原料必须是有机的,常见的非化学纤维原料有棉花、麻、蚕茧、羊毛、兔毛、驼毛等,目前《有机产品》国家标准的纺织品范围只涉及棉花和蚕茧。

8.2.1　原料

纺织品的原料包括有机棉和有机蚕丝。从原料来源讲,既包括种植业(棉花和养蚕的桑叶)又包括养殖业(蚕),所以,有机棉和桑叶均需按照有机种植业的标准和技术要求种植;蚕需按照有机养殖的标准和技术要求养殖。在加工过程中纺织品的加工原料 100% 为有机原料;使用的染料和助剂应以天然的为主,若在一定时间内,无法获得天然的、无害的染料和助剂,应按照有关标准,选择易生物降解和重金属不超标的物质。

纺织工业是我国重点工业污染行业之一,印染废水始终是环境保护部门监控的重点,纺织印染废水的治理也是环保专家们研究和攻关的重点。基于有机产品的生产应有利于环境和生态保护的原则,有机纺织品的生产更不应以破坏环境为代价,对环境的影响应最小化。因此,《有机产品》国家标准对纺织品的原料要求包括以下 3 个方面。①纺织品的纤维原料应该是100% 的有机原料;②在原料加工成纤维的过程中,应尽可能减少对环境的影响;③纺织品中的非纺织原料,在生产、使用和废弃物的处理过程中,不应对环境和人类造成危害。

8.2.2 加工

除对纤维原料要求 100% 有机外,有机纺织品生产中允许使用表面活性剂、浆液、纺织油、编织油,甚至还允许使用氢氧化钠等物质,这些物质应尽可能是易生物降解和可循环利用的,这是完全符合工业清洁生产、废弃物最小化以及循环经济原理的。加工过程的基本要求如下。①在纺织品加工过程中应采用最佳的生产方法,使其对环境的影响程度降至最小;②禁止使用对人体和环境有害的物质,使用的任何助剂均不得含有致癌、致畸、致突变、致敏性的物质,对哺乳动物的毒性口服 LD_{50} 大于 2000 mg/kg;③禁止使用已知为易生物积累的和不易生物降解的物质;④在纺织品加工过程中能耗应最小化,尽可能使用可再生能源;⑤如果在工艺或设备上将有机加工和常规加工分离会对环境或经济造成显著不利的影响,而不分离不会导致有机纺织品与常规加工过程中使用的循环流体(如碱洗、上浆、漂洗等工序)接触的风险,则允许有机和常规工艺不分离,但加工单位必须保证有机纺织品不受禁用物质污染;⑥加工单位应采用有效的污水处理工艺,确保排水中污染物浓度不超过《纺织染整工业水污染物排放标准》(GB 4287—2012);⑦在初次获得有机认证的当年,应制订出生产过程中的环境管理改善计划;⑧煮茧过程或洗毛过程所用的表面活性剂应该选择易生物降解的种类;⑨浆液应易于降解或至少有 80% 可得到循环利用;⑩在丝光处理工艺中,允许使用氢氧化钠或其他的碱性物质,但应最大限度地循环利用;⑪纺织油和编织油(针油)应选用易生物降解的或由植物提取的油剂。

8.2.3 染料和染整

2020 年 10 月 21 日国家质检总局发布了推荐性国家标准《生态纺织品技术要求》(GB/T 18885—2020),该标准的发布,标志着我国政府不仅对食品和药品类产品的安全性实施严格监控,也对危险性相对较小的纺织品和服装的安全性问题开始了关注。通过制定和发布生态纺织品的国家标准,逐渐引导生产者制造生态纺织品,并倡导消费者更加重视对纺织产品安全性和环保性。

为了使生态纺织品达到标准中的指标,要求企业在原材料和工艺选择上严格控制标准中列出的以下 14 大类物质或指标:甲醛、pH、可萃取重金属、杀虫剂、含氯酚、有机氯载体、PVC 增塑剂、有机锡化合物、有害染料、抗菌整理、阻燃整理、色牢度、挥发性物质释放和气味。该标准中规定禁止使用可分解的芳香胺类染料、致癌和致敏染料,也禁止采用抗菌整理和阻燃整理工艺,并将纺织品分为婴幼儿用品、直接接触皮肤用品、不直接接触皮肤用品和装饰材料四类,分别就这些制成品中的有害物质含量做了具体规定,例如在婴幼儿的用品中就规定不得含有甲醛,所有生态纺织品中都不得检出六价铬等。具体要求有以下 6 项。

(1)应使用植物源或矿物源的染料;

(2)禁止使用《生态纺织品技术要求》(GB/T 18885—2020)中规定的禁止使用的有害染料及物质,如对人体和环境有害的有毒芳胺、含氯酚、杀虫剂、有机氯载体、PVC 增塑剂、禁用阻燃剂等;

(3)允许使用天然的印染增稠剂;

(4)允许使用易生物降解的软化剂;

(5)禁止使用含有会在污水中形成有机卤素化合物的物质进行印染设备的清洗；

(6)染料中的重金属类含量不得超过表 8-2 中的指标。

表 8-2　染料中重金属类含量指标

金属名称	指标/(mg/kg)	金属名称	指标/(mg/kg)	金属名称	指标/(mg/kg)
锑	50	砷	50	钡	100
铅	100	镉	20	铬	100
铁	2500	铜	250	锰	1000
镍	200	汞	4	硒	20
银	100	锌	1500	锡	250

8.2.4　制成品

(1)辅料(如衬里、装饰物、纽扣、拉链、缝线等)必须使用对环境无害的材料，尽量使用天然材料。

(2)制成品加工过程(如砂洗、水洗)不得使用对人体及环境有害的助剂。

(3)制成品中有害物质含量不得超过 GB/T 18885—2020 的规定。

思考题

1.有机农业加工的基本要求是什么？

2.有机产品加工的技术和内容？

3.有机产品加工质量保证措施？

4.有机纺织品加工的基本要求？

第9章　有机产品标识和销售要求

9.1　基本要求

1.加施标识要求

有机产品标识属于产品的标识。我国对产品的标识在相关法规如《商标法》《商标法实施细则》《消费品使用说明　总则》《食品标签通用标准》《有机产品认证管理办法》中均有明确的要求。为此使用者在印制有机标识时,首先要符合国家法规中对文字和图形方面的要求,不可随意选择字体或图形,也不能更改国家已规定标识中的有关内容。其次作为宣传,标志所用的文字、图形或符号应清晰,颜色要鲜明,既要保证引起消费者的注意,也不应误导消费者或引起混淆。

"有机"字样和有机产品标志只能用在已通过有机产品认证的产品上。在国内销售的进口有机产品,也必须按我国有关的认证法规和《有机产品　生产、加工、标识与管理体系要求》(GB/T 19630—2019)标准的要求对该产品进行认证。其有机产品标识也应该符合我国有关的法规和标准的要求。

根据国外有机法规或标准以及按国外购货商合同要求,生产或认证的出口产品,可以根据出口国或合同订购者的有机标识要求进行产品标识。但如果这些有机产品同时在国内市场销售,则其标识与销售也应符合我国有关法规及《有机产品　生产、加工、标识与管理体系要求》的相关要求。

按有机标准生产并获得有机产品认证的产品,方可在产品名称前标识"有机",在产品或者包装上加施中国有机产品认证标志并标注认证机构的标识或者认证机构的名称。

2.有机配料计算

有机配料百分比计算不包括加工过程中以及以配料形式添加的水和盐。

1)固体产品

对于固体形式的有机产品,其有机配料百分比按照下列公式计算:

$$Q = \frac{m_1}{m} \times 100\%$$

式中:Q 为有机配料百分比;m_1 为产品有机配料的总质量,kg;m 为产品总质量,kg。

注:计算结果均向下取整数。

2)液体产品

对于液体形式的有机产品,其有机配料百分比按照下列公式计算(对于由浓缩物经重新组合制成的产品,应在配料和产品成品浓缩物的基础上计算其有机配料的百分比):

$$Q = \frac{V_1}{V} \times 100\%$$

式中：Q 为有机配料百分比；V_1 为产品有机配料的总体积，L；V 为产品总体积，L。

注：计算结果均向下取整数。

3）包含固体和液体形式的产品

对于包含固体和液体形式的有机产品，其有机配料百分比按照下列公式计算：

$$Q = \frac{m_1 + m_2}{m} \times 100\%$$

式中：Q 为有机配料百分比；m_1 为产品中固体有机配料的总质量，kg；m_2 为产品中液体有机配料的总质量，kg；m 为产品总质量，kg。

注：计算结果均向下取整数。

3. 产品的标识要求

有机配料含量等于或者高于 95% 并获得有机产品认证的加工产品，方可在产品名称前标识"有机"，在产品或者包装上加施中国有机产品认证标志并标注认证机构的标识或者认证机构的名称。认证机构的标识不能含有误导消费者将有机转换产品作为有机产品的内容。

4. 中国有机产品认证标志

中国有机产品标志如图 9-1。

"中国有机产品标志"和"中国有机转换产品标志"的主要图案由三部分组成。

（1）标志外围的圆形形似地球，象征和谐、安全，圆形中的"中国有机产品"和"中国有机转换产品"字样为中英文结合方式，既表示中国有机产品与世界同行，也有利于国内外消费者识别。

（2）标志中间类似种子的图形代表生命萌发之际的勃勃生机，象征了有机产品是从种子开始的全过程认证，同时昭示出有机产品就如同刚刚萌生的种子，正在中国大地上茁壮成长。

C100 M0 Y100 K0

C0 M60 Y100 K0

图 9-1　中国有机产品标志

（3）种子图形周围圆润自如的线条象征环形的道路，与种子图形合并构成汉字"中"，体现出有机产品植根中国，有机之路越走越宽广。同时，处于平面的环形又是英文字母"C"的变体，种子形状也是"O"的变形，意为"China Organic"。

绿色代表环保、健康，表示有机产品给人类的生态环境带来完美与和谐。橘红色代表旺盛的生命力，表示有机产品对可持续发展的作用。"中国有机转换产品认证标志"中的褐黄色代表肥沃的土地，表示有机产品在肥沃的土壤上不断发展。

作为有机产品的最后一个环节，如何在销售过程中不破坏有机产品的完整性？销售者在销售过程中应该采取的三项基本要求，即不许与非有机产品混放；不许与标准中规定的禁用物质接触；建立销售全过程记录。由于每个销售者、销售现场的情况不同，可以根据具体情况有针对性地制定一些措施来保证有机产品的完整性，如固定的容器，在容器上有明显标识等。

销售商在购进有机产品时应向产品供应者索取有机产品的认证证书等证明材料，销售者在索取了认证证书的同时,要通过食品农产品信息网、咨询认证机构或有关部门以验证证书的真伪,在确认证书合格的前提下保留证书复印件。在销售有机产品的场所,应把有机产品认证证书放在显著的位置,以便消费者看清。

销售有机产品应设专柜,且有机专柜与非有机产品销售区应有明显的划分,并应确保有机产品不会受到其他产品的影响。有机销售专柜应放置有机证书复印件。

9.2 有机产品销售

9.2.1 销售方式

总体而言,有机类产品,无论食品还是非食品类,所占总体份额还很小。在全球,有机食品所占比率仅为 2%～3%。

从各个国家来看,美国有机产品市场规模最大且发展最为成熟,欧洲市场最为稳定;在世界范围内,有机市场目前还集中在发达国家。美国有机市场全球占比 48%,欧洲占 42%,其中德国占比 14%,法国占比 8%,英国占比 4%,加拿大占比 4%,瑞士占比 3%,意大利占比 3%,欧美以外的国家占 10% 左右。

随着我国有机产品生产的数量和生产规模逐渐扩大,刺激了中国有机产品市场的需求量,所以国内外生产商同时供应国内市场,就形成了本地生产和进口的双向局面,国内和国外的生产商将其生产的产品以不同的销售渠道输入市场供消费者选择。销售渠道包括进口商、加工商、分包商和不同形式的零售商,其所占市场的销售比例不同,其中超市和电商是有机产品销售的主要渠道。

9.2.2 案例分析

由于我国产业结构和产品的丰富度与市场需求存在一定的差异,因此,成熟的市场销售模式不明显,呈现多样化的销售情形,本部分以欧美成熟的有机市场模式分析,以求对我国未来的有机产品销售提供借鉴。

1.欧洲市场

成熟的有机产品销售市场应该是这样的,如欧盟消费者可从生产商、天然产品店、传统健康产品店及普通零售贸易渠道(超市等)购买有机产品。常规产品的超市将成为有机产品销售的最主流渠道,如丹麦、瑞士、英国和德国等。

消费者也可直接从农场或有机产品集市购买有机产品。当地生产商可通过在农场设立的"农产品商店"直接销售其产品,也可在每周一次的农产品集市出售,此种方式便于生产商和消费者之间的交流,价格也比专卖店低很多,有些农户还开展送货上门服务。

目前餐饮业出售有机产品所占比重不大,因为单独运输、处理费用较高,而且有机产品价格较高也妨碍了对餐饮业的销售,但一些大学餐厅已开始购买有机产品,某些航空公司也开始提供有机产品餐和小吃。

有机产品零售渠道中,天然产品店、传统健康产品店和普通杂货零售商店最为重要,而且各具特色,结构也不尽相同,下面分别加以介绍(表 9-1)。

1）天然产品店

第一批天然产品店于 20 世纪 70 年代初出现在欧洲大都市，以出售干果类产品为主，为消费者提供个性化的产品选择，而并非像今天这样更强调产品是否为有机方式生产。

近几十年来，特别在 21 世纪 80 年代，天然产品店的数目发展较快。据统计，德国有 2000 家，英国 1600 家，荷兰 400 家，丹麦 100 家（丹麦有机产品销售以超市为主）。荷兰和德国以天然产品店为有机产品的主要销售渠道。

德国 Bundesverb and Naturkost Naturnaren e. v. (BNN)是生产商、批发商和零售商联合会，有 550 家会员。该联合会的天然产品零售商努力根据 BNN 制定的质量标准采购货物。

德国对有机产品比较重视，要求按有机产品的标准加工产品，包装必须对环保有利，倾向于可回收利用的包装物，如用可回收瓶和罐装奶制品等。

天然产品店主要出售下列产品：新鲜产品（面包、糕点、水果、蔬菜、奶制品、肉类、香肠等）；加工产品（坚果、籽类、干果、食用油、糖果、香料、饮料、茶叶、咖啡、可可等）；非食品类产品（化妆品、医药品、家用清洁品、书籍、服装、鞋类、木制品、涂料等）。

德国 BNN 经常检查其会员所售产品的质量，1993 年 10 月还将其天然产品和天然产品商标注册。天然产品店的产品陈列多由店主自行设计。

2）传统健康产品店

德国健康产品店经销健康产品由来已久，第一家店建于 1887 年，此类产品店随着人们的生活改进和对健康的日益关注而不断发展。据统计，德国有 1258 家传统健康产品店和 714 家设有有机产品货架的商店，德国东部各州也建立了 128 家许可销售点，他们均是传统健康产品改进协会（Neuform，association of Reformhauser）和有机产品协会会员。在欧洲其他国家也设有传统健康产品店，英国有 1600 家、丹麦 50 家、荷兰 700 家、奥地利 85 家。

传统健康产品店以销售健康产品及相关产品为主，如未经加工的麦粒、粗加工面包、辅助产品（维生素等）、减肥产品、草本化妆品和植物制成的药品和补品等。

健康产品应尽量减少加工处理，其有害物质含量必须符合传统健康产品改进协会的标准，不得使用人造添加剂和防腐剂，如必须使用，可用天然防腐剂。健康产品店也出售相当数量的非有机产品。

传统健康产品店的客户以年长、对健康比较关注的人士为主，其消费群体中的青年消费者数目也在日益增多。传统健康产品店正以更为现代化的形象招揽客户，所售产品的范围已扩大至日常所需用品。

3）普通杂货零售商店

普通杂货零售商店（如超市等）出售有机产品，因其完善的商店形象（合时宜、积极关注环保），吸引了关注环保和健康的客户群。

欧洲最重要的超市批发商是法国和比利时的 Cereal（Wander-Sandoz）公司，法国、意大利和比利时的 Bjorg（Distriborg）公司，荷兰、比利时和德国的 Zonnatura（Smits Reform）公司。欧盟法规对有机产品进行了清楚的界定，目前使用主流标牌的产品必须是符合欧盟有机产品规定的产品，如德国 Tengelmann 公司的"naturkind"标志。

德国经销有机产品的公司是 Tengelmann 和 Rewe。1992 年 Tengelmann 将其商标

Naturkind 修改为只用于 100％的有机产品,目前约有 90 多种产品。该公司成功引入牛奶和奶酪生产线,还成功出售有机水果和蔬菜。Rewe 公司不仅出售脱水有机产品,还出售新鲜有机水果和蔬菜,其注册商标为"Fillhorn"和"gut & gerne"。Rewe 公司 1994 年首次在科隆的超市推出新鲜有机产品,获得成功后,规模不断扩大,1997 年 Rewe 对有机产品的国际需求量已成为推动其生产的动力。

生产商、加工商和专业批发商都是有机产品普通零售渠道的主要供货商,如 ALNATURA 公司。新鲜有机产品往往由当地农户供给。

在超市出售有机产品也存在一些尚需克服的障碍和困难,表现为批发商或生产商持续、高质量供货能力有限,到 1997 年为止有机产品批发商还不具备为超市供货的技术条件;赢得消费者对有机产品的信任度,有机产品价格比普通产品高,而销售人员不能解释二者之间的区别;缺乏足够的信息和强有力的促销活动。

普通零售渠道面对广大消费者,以此渠道销售可扩大有机产品的覆盖面,因此如果拥有众多客户的超级市场开始出售有机产品,那么将导致需求的重大变化。

表 9-1 欧洲有机产品零售渠道构成情况   ％

国家	超市	专卖店(1)	其他(2)
丹麦	70	15	15
法国	40	30	30
德国	25	45	20
荷兰	20	75	5
瑞典	90	5	5
瑞士	60	30	10
英国	65	17.5	17.5

2. 美国市场

美国食品杂货零售在 20 世纪末 21 世纪初产生了明显的两极分化现象,并在今天仍旧存在。Whole Foods、Trader Joe's 以有机、天然产品为卖点的零售商,在 20 世纪 90 年代中后期才得到快速发展。

在 20 世纪 90 年代后期,美国有机品市场发展很快。2000 年后,美国食品销售年增长率一直在 5％以下,而有机食品 2000—2007 年维持 20％的年增长率;2008—2009 年受经济危机影响,人们对高端食品消费减少,其增长大幅放缓;2010 年后,增长率再次上升。2003 年后,美国普通产品销售年增长接近于零,2008—2009 年更是陷入负增长,而有机产品在经济危机中依然保持近 10％的年增长速度。

从原理上讲,有机产品供应链与普通产品类似。在其起初阶段,生产者(农户)直接与消费者发生交易,或者由地区商铺/商贩代为出售,这两种交易方式费时费力,更谈不上规模效益。伴随有机产品诞生了很多衍生产品,比如有机牛奶、有机麦片等,于是便产生了为数不少的有机品加工商和有机品品牌。他们往往从当地农户进货,加工之后出售给代理商或零售商(同时兼顾生产和加工的也不少见)。除了有机产品本身生产加工成本高于普通产品(一般高 10％～40％)之外,分散的供应链也是造成其价格高昂的主要原因,但是撤去规模化效益不谈,当时有机市场的两个特点:小规模和本地化,倒是很符合"有机运动"的初衷。

但是市场参与者马上试图通过规模化优化供应链,而第一步就是减少市场参与者。有机市场的兼并融合发生在三个层面(图 9-2)。

①生产者、加工者层面的横向合并　20 世纪 90 年代中后期,美国共有规模较大的有机品加工商 40 余家,经过横向兼并整合后,仅存 13 家。其中排名前七的 Coca Cola、Kraft、Kellogg、Dole、Heinz、Novartis、General Mills 占据了绝大部分市场份额。

②零售层面横向合并　首先是零售渠道从个体商贩过渡到连锁超市,1991 年仅有 7% 有机品在超市销售,其他渠道(主要是农贸市场)占 93%;2003 年这两者的比例是 50% 对 50%;到 2010 年超市销售比例已占 67%。同时,各大高端连锁商也纷纷进行扩张兼并,其中最显著的是 Whole Foods。20 世纪 90 年代后,Whole Foods 共收购了 13 家连锁商,2007 年更是收购了最大竞争对手 Wild Oats,后者之前共收购了 12 家连锁商。

③生产加工和零售层面的纵向整合　这主要体现在零售商纷纷创立自有品牌,比如之前提到的 Whole Foods,2012 年 11% 的销售额来自自有品牌。

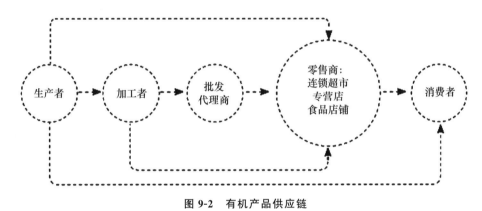

图 9-2　有机产品供应链

但是与普通产品的供应链相比,有机品供应链还相当落后,主要体现在:

(1)有机品的规模化生产本身难度大,或违背有机品定义,其农业生产受季节影响也很显著。

(2)有机品供应商与传统供应商相比规模较小,规模效益尚未完全体现。以美国最大的天然有机产品供应商 Hain Celestial Group 和综合类食品供应商 General Mills(也生产有机产品,但非主营业务)做对比,Hain Celestial Group 在毛利率和营业毛利率上都低于对方近 10%,2012 年其资产回报率 4.7%,低于食品加工行业水平。

而从发展趋势上看,有机产品供应商还处于快速扩张阶段,Hain Celestial Group 表示近期战略就是扩张及兼并,而其近年来销售增长一直保持在 10%~20%。

(3)零售商在供应链端控制力较弱。有机产品可以分为两类,易腐烂类和非易腐类。易腐烂产品以生鲜为主,若本地有货源供应,零售商一般与本地农户签订采购合同,如 Whole Foods 26% 产品来自本地农户;若本地无法供应,如海鲜类产品,零售商则通过中间商采购或设立采购点。非易腐类产品,分自有品牌和从供应商采购两种。零售商对自有品牌拥有控制力,但对供应商没有很强的议价能力,并且存在依赖个别供应商的现象。部分高端连锁超市甚至将供应链管理全权外包,自己只负责终端销售,而从仓库到运输都交由第三方负责,如

Fresh Market 将自己 58% 的采购交给 Burris 物流负责。

总而言之,有机产品的现代供应链还处于刚起步阶段,远远落后于普通产品,但是其行业集中已初步形成,未来很有可能加速实现规模效应。

(4)高端食品杂货连锁超市:

Whole Foods Market:目前世界排名第一的天然有机食品连锁零售商,2012 年末拥有店铺 335 家,年销售额 117 亿美元。

Fresh Market:高端连锁食品杂货超市,2012 年末拥有店铺 129 家,年销售额 13 亿美元。

Natural Grocers by Vitamin(Natural Grocers):天然有机食品连锁超市,2012 年末拥有店铺 59 家,年销售额 3.36 亿美元。

Trader Joe's:高端食品杂货连锁超市,2012 年末拥有店铺 387 家,2012 年销售额不详,2009 年估计为 80 亿美元(未上市)。

普通食品杂货连锁超市:

Safeway:北美最大的食品杂货零售商之一,2012 年末拥有店铺 1641 家,年销售额 392 亿美元(不包括燃料销售)。

Kroger:美国第三大连锁零售商,2012 年末拥有店铺 2424 家,年销售额 779 亿美元(不包括燃料销售)。

从美国市场近十年表现来看,有机产品平均年增长速度是普通产品的近 4 倍,与之对应的高端食品超市的销售增长也远快于普通超市。以 2012 年来看,普通超市的同店铺销售增长接近于零,而在美国上市的三家高端食品杂货超市 Whole Foods、Fresh Market、Natural Grocers 的同店铺销售增长分别为 8.4%、5.7% 和 11.6%(图 9-3)。

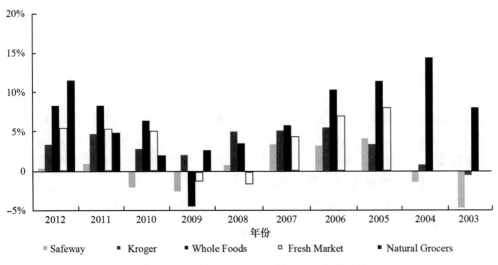

图 9-3 2003—2012 年同店铺销售增长率比较

注:Fresh Market 2010 年上市,只拥有 2005 年以后数据;Natural Grocers 2012 年上市,只拥有 2009 年以后的数据。

在资本市场上,Whole Foods、Fresh Market 的市盈率在 32 倍左右,Natural Grocers 为 63 倍;而传统连锁超市 Safeway 的市盈率为 8.55 倍,Kroger 为 12.29 倍。市盈率可以理解为当

前投资者愿意支付该公司股票每 1 美元收益的价格,高端零售商拥有更高的市盈率表明投资者认为其未来发展将会很快(但往往也意味着风险较大)(图 9-4)。

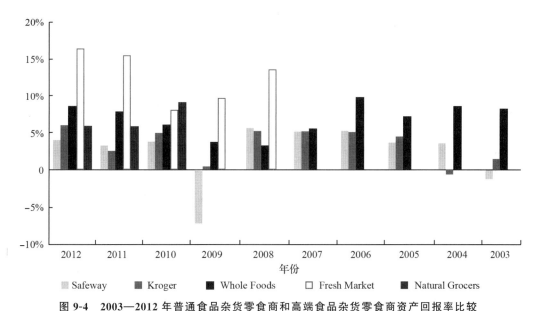

图 9-4　2003—2012 年普通食品杂货零食商和高端食品杂货零食商资产回报率比较

注:Fresh Market 2010 年上市,只拥有 2005 年以后数据;Natural Grocers 2012 年上市,只拥有 2009 年以后的数据。

　　在地域分布上,高端零售商分布在经济发达和人口密集地区,如美国的东西海岸、中部的伊利诺伊州、南部的得克萨斯州和佛罗里达州。而各个零售商也有自己的主营地区,如 Whole Foods 在得克萨斯州起家,其在南部分布最多;而 Trader Joe's 总部在加利福尼亚州,其在西部分布最密。从发展阶段上看,美国高端食品杂货零售商处于快速扩张阶段,圈地运动还未结束,而其中主要手段就是收购和兼并,如 Whole Foods 就是通过收购,成为极致扩张型的典型。Whole Foods 成立于 1978 年,当时 25 岁的 John Mackey 大学辍学,从亲朋好友处借了4500 美元,在得克萨斯州奥斯丁市开了家小型天然食品商店,取名为 SaferWay(山寨当时大型连锁商 Safeway)。1980 年,SaferWay 与另一家天然食品店 Clarksville 合并,Whole Foods Market 正式成立。在余下的 30 多年里,Whole Foods 进行了大范围扩张,现在全美拥有店铺数量 335 家,年营业额近 117 亿美元。在扩张过程中,Whole Foods 大量并购现有连锁商,目前超 1/3 营业面积通过并购获得。2004 年,Whole Foods 通过收购 7 家英国连锁商铺进入英国市场;2007 年,Whole Foods 斥资 5.65 亿美元收购其在美国最大竞争对手 Wild Oats。

　　超级市场 Trader Joe's 与 Whole Foods 风格截然不同,是极致简约的典型,是一家高端食品杂货连锁超市,成立于 1958 年,截至 2012 年末,全美拥有店铺数量 387 家。美国《财富》杂志于 2009 年估计其年销售达到 80 亿美元。从店铺数量和销售额来看,Trader Joe's 在同类型店铺中排名第二,落后于 Whole Foods;而从 Trader Joe's 单位面积销售额来看,其达到了惊人的 1750 美元/平方英尺(因为 Trader Joe's 非上市公司,其销售业绩均由相关机构估算),高于 Whole Foods 近一倍;如果再比较普通食品连锁超市,Safeway 2012 年单位面积销售额除去燃料销售后为 505 美元/ft²，Kroger 为 522 美元/ft²（表 9-2）。

表 9-2　高端食品杂货零食商比较

经销商	全美店铺数量 （2012 年底）	平均店铺面积 /ft²	平均 SKU	店铺地段
Trader Joe's	387	12000	4000	邻近居民区、低地租地段
Whole Foods	335	38000	21000	购物中心、高人流量地段
Fresh Market	129	21000	10000	百货大厦、购物中心周边
Natural Frocers	59	9700	19500	商业黄金地段

首先，Trader Joe's 中 trader 的中文意思就是贸易商，它不同于单纯的零售商从批发商处进货，而是尽可能地直接从生产商处采购，然后运至自己的配送中心，贴上自己的标签后再运输至各个店铺（Trader Joe's 店铺中拥有自己标签的商品占到 80%）。这种做法的好处主要有两点：①简化供应链环节以节约中间成本。②Trader Joe's 的店铺规模普遍较小，直接从当地配送中心订货更为准确且无须过多的贮存空间。

所以 Trader Joe's 的供应链是建立在配送中心基础之上的，效率较高，但也限制了 Trader Joe's 的扩张速度。如佛罗里达州和得克萨斯州人口密度和消费层次都较高，非常适合高端零售商进驻，但是 Trader Joe's 受限于在当地没有相应的配送服务设施而迟迟难以大范围进驻。在所售产品种类上，Trader Joe's 远少于同类零售商。这与 Trader Joe's 从供应商处直接采购有关。Trader Joe's 提供有限商品种类的做法与会员制商场（如 Costco、Same Club）类似，主要好处有：简化商场管理、享受更大的进货折扣、提高库存周转速度等。但是限制商品种类会减少顾客的选择余地，普通大型超市往往不会采用这种做法。对此，会员制商场的理念是，只提供有限的商品，但保证是最优惠的价格；而 Trader Joe's 以高端零售商的形象出现，主要提供自有品牌商品，对其品牌已产生信任感的顾客相信只要出现在 Trader Joe's 货架上的商品就一定是好的，所以从某种程度上来说，Trader Joe's 没有必要提供大量品牌选择。

9.2.3　中国有机产品出口

按照国际惯例，出口到国外的有机产品必须获得消费地国家的认证和许可，2020 年，在中国境内按照国际有机标准进行认证的有机作物总面积为 86.97 万 hm²，产量为 427.05 万 t，畜禽类产品总产量为 2.35 万 t，加工产品 810.95 万 t。

2020 年中国有机产品总出口贸易额为 9.8 亿美元，总贸易量为 49.24 万 t。初级农产品出口贸易量为 26.82 万 t，初级产品贸易额为 2.44 亿美元；加工产品的贸易量为 22.31 万 t，贸易额为 7.31 亿美元，没有动物产品出口。我国有机产品共出口到 30 多个国家和地区，这些国家主要分布在欧洲，如英国、德国、荷兰、意大利、法国、瑞典、瑞士、丹麦、西班牙、荷兰等。其次是亚洲，有日本、韩国、新加坡和泰国等国家，以及北美洲的加拿大和美国等国家，大洋洲的澳大利亚和新西兰等国家。另外，我国的有机产品也出口到了非洲、南美洲等地区。

9.2.4　国外有机产品进口

同样国外其他国家生产的有机产品进口到中国也必须符合中国的有机标准和经过中国国家认可的认证机构的认证。因此，国外有机产品欲进入中国市场，必须由获得中国认证资质的认证机构在国外按照中国标准进行认证并获得证书后,才可进入中国市场。

2020 年,共有 14 家认证机构在 45 个国家进行了境外中国有机标准认证,颁发有机证书 484 张,认证了 265 家企业。获得证书数量最多的国家是澳大利亚(57 张),其次是意大利(56 张)、美国(54 张)、新西兰(32 张)、西班牙(31 张)、韩国(26 张)、法国(22 张)、丹麦(21 张)和荷兰(20 张)。境外获得中国有机产品认证总面积 67.89 万 hm²(含牧场面积 54.1 万 hm²),主要分布在澳大利亚、德国、丹麦、巴西和意大利;生产的有机产品总产量 685.1 万 t;其中巴西的认证产品产量为 314.0 万 t,占境外认证总产量的 47.7%;其次是丹麦,认证的产品产量为 76.1 万 t,占 11.6%;排名第三至第五的国家分别为德国、美国和阿根廷。

2020 年在境外开展有机产品认证的 14 家机构中,有 11 家认证机构共发放了 7191.9 万枚有机标签,核销的有机产品重量为 3.9 万 t。在进口的 49 种产品中,婴幼儿配方乳粉、灭菌乳、乳清粉(液)、乳粉、调制乳粉的标志发放数量列前五位。2020 年共向 28 个国家的有机产品发放了有机标签,包括欧洲的 10 个国家(爱尔兰、奥地利、英国、丹麦、德国、法国、荷兰、瑞士、西班牙、意大利)、亚洲的 8 个国家和地区(韩国、菲律宾、马来西亚、斯里兰卡、泰国、土耳其、新加坡、越南)、大洋洲的澳大利亚和新西兰、非洲的突尼斯和南非、北美洲的 3 个国家(美国、加拿大和墨西哥)、南美洲的巴西和智利。

思考题

1. 有机产品标识基本要求?

2. 有机产品进入市场的途径和方法有哪些?

3. 如何正确理解市场需求与产品开发的关系?

第 10 章　有机认证和管理体系

10.1　认证机构

认证机构的授权目前主要有两种形式：政府授权和非政府组织授权。目前欧盟、美国以及日本等国家和地区既可通过政府组织（如农业部等）进行授权，又可通过私人组织进行授权；如私人机构按照 ISO 65 的规定进行第三方授权。目前欧盟第三方授权主要是通过其成员国认证组织的管理机构完成的（有些国家目前还没有此类机构）。国际有机农业联盟（IFOAM）认证授权属于非政府组织，其活动主要通过总部设在美国的国际有机认证服务部（IOAS）公司完成，据 IOAS 称，其活动是严格按照国际标准 ISO 65 的原理进行操作的。由于 IFOAM 在世界上影响非常大，尽管它是非政府组织，但有些国家和政府也承认 IFOAM 授权的机构。

10.1.1　认证机构授权

我国认证机构的授权依据为《中华人民共和国认证认可条例》。认证认可是国际上通行的提高产品、服务质量和管理水平，促进经济发展的重要手段。近年来，我国认证认可工作不断发展，认证已由过去单纯对产品进行认证，拓展到服务、管理体系认证、认证机构和认证培训机构认可、实验室和检查机构认可、认证人员注册等诸多领域。国家认证认可的行政管理和工作框架基本确立，结构趋于合理，但是，仍然存在许多问题。

一是认证认可法律规范相对滞后。原《中华人民共和国产品质量认证管理条例》的调整范围仅限于产品质量认证，只对认证活动做了若干规定，不涉及认可，已经不能适应社会主义市场经济发展的需要，不能适应我国加入世贸组织后对服务、管理体系认证和认可实施监督管理的需要。

二是认证认可工作中政出多门、多重标准、监督不力、有效性不强的问题比较突出，在一定程度上制约了认证认可的进一步发展。

三是目前认证认可市场存在一定的混乱现象，影响了认证认可市场的健康、有序发展。

四是对外商投资认证机构、境外认证机构代表机构、认证培训机构和认证咨询机构的监督管理缺乏明确的法律依据。

五是我国在加入世贸组织时已经承诺：对重要的进口产品质量安全许可制度和产品安全认证制度将实行"四个统一"（即统一产品目录，统一技术规范的强制性要求、标准和合格评定程序，统一标志，统一收费标准），使我国的认证认可工作符合世贸组织规则。

因此，《中华人民共和国认证认可条例》的颁布，标志着我国认证认可工作在法制化方面向前迈出了一大步，是我国认证认可事业发展史上的一个重要里程碑。它的颁布为我国履行加入世界贸易组织承诺和参与经济全球化，整顿和规范认证认可市场秩序，适应社会生产力发展需要，提高产品质量、服务质量和管理水平，不断满足人民群众日益增长的物质文化需要提供了有利的法律保障。

10.1.2　认证机构授权机构

我国认证机构的授权机构为国家认证认可监督管理委员会。《中华人民共和国认证认可条例》以下简称《认证认可条例》第四条规定:国家实行统一的认证认可监督管理制度。国家对认证认可工作实行在国务院认证认可监督管理部门统一管理、监督和综合协调下,各有关方面共同实施的工作机制。

《认证认可条例》第三十七条规定:国务院认证认可监督管理部门确定的认可机构,独立开展认可活动。除国务院认证认可监督管理部门确定的认可机构外,其他任何单位不得直接或者变相从事认可活动。其他单位直接或者变相从事认可活动的,其认可结果无效。按照这一规定,国家实行统一的认可制度,只建立一套认可体系,国家认证认可监督管理委员会要按照国际通行做法,对现有的认可机构进行调整,建立集中统一的认可机构。

《认证认可条例》第九条规定:设立认证机构,应当经国务院认证认可监督管理部门批准,并依法取得法人资格后,方可从事批准范围内的认证活动。未经批准,任何单位和个人不得从事认证活动。第十条规定:设立认证机构,应当符合下列条件:①有固定的场所和必要的设施;②有符合认证认可要求的管理制度;③注册资本不得少于人民币 300 万元;④有 10 名以上相应领域的专职认证人员。

从事产品认证活动的认证机构,还应当具备与从事相关产品认证活动相适应的检测、检查等技术能力。

10.1.3　认证机构认可

认可是国家依法设立的权威机构对认证机构实施认证的能力进行评定和承认,它可以使不同的认证机构均能依据相同的国际导则或认可规范性文件,按照相同的程序从事认证活动,从而使认证结果具有可比性并得到互认。认可制度体现了国家意志,它为保证认证工作的客观性和公正性建立了一套科学化、规范化的程序和管理制度。

2002 年 4 月我国统一的国家认可制度建立后,将分属不同部门的认可机构进行了整合,成立了统一的认可机构——中国认证机构国家认可委员会(CNAB),分别开展不同领域的认证机构认可工作。产品认证认可的依据为 ISO/IEC 导则 65《产品认证机构通用要求》及 IAF 对 ISO/IEC 导则 65 的应用指南。目前,该导则已转换为《产品认证机构通用要求》(GB/T 27065—2004)。ISO/IEC 导则 65 由 ISO/IEC 合格评定委员会(CASCO)制定,1996 年发布,CASCO 于 2000 年对该导则的适用性进行了确认。制定该导则的目的是希望从事产品质量认证的机构遵循导则中提出的要求,以确保认证机构"以可靠一致的方式运作产品认证制度,使其便于为国家或国际所接受,从而促进国际贸易"。导则所包含的要求是运作产品质量认证制度的认证机构所应遵循的基本准则,在特定的工业领域或有诸如对健康和安全等有特殊要求时,还必须考虑在 ISO/IEC 导则 65 的基础上增加相应的特殊要求。

2001 年 6 月 19 日,国家环境保护总局以总局第 10 号令的形式正式发布《有机食品认证管理办法》。该办法明确了国家对有机食品认证机构实行资格认可制度,也就是说,凡从事有机食品认证的机构,必须向国家环境保护总局设立的有机食品认可委员会申请并取得认可资格证书后,方可从事有机食品认证活动。《有机食品认证管理办法》的发布,表明了我国有机产品认可制度的正式建立。

2002 年 11 月,国家认证认可监督管理委员会正式授权中国认证机构国家认可委员会(CNAB)依据国际有关认可准则开展有机产品认证机构认可工作。国际上对有机产品认证机构实施认可的准则依据有两个,一是 ISO/IEC 导则 65,二是依据国际有机产品运动联盟发布的《有机生产和加工认证机构的认可准则》。我国目前执行的《〈产品认证机构通用要求〉有机产品认证的应用指南》是在《产品认证机构通用要求》(ISO/IEC 导则 65)的基础上,结合《有机产品 生产、加工、标识与管理体系要求》中有机产品生产和加工的特定要求制定的,该准则的编制思路是我国认可工作的一种创新体现,这种创新做法同时也得到了国际同行的一致好评。另外,为了规范有机产品认证认可工作,国家认证认可监督管理委员会还发布了《有机产品认证管理办法》及《有机产品认证实施规则》,国家认证认可监督管理委员会及《有机产品 生产、加工、标识与管理体系要求》(GB/T 19630—2019)。国家有机产品标准的发布与实施,结束了我国有机产品无国家标准的历史,为推动我国有机事业发展以及提高我国有机产品生产及认证水平提供了技术基础。这些文件的发布对推动我国有机产品认证认可工作将会起到重要的作用。

10.2　有机产品认证流程

目前国内外各认证机构对有机认证现场检查的流程、检查的重点、检查的方式等差异比较大,有的偏重于现场过程的检查,有的偏重于质量保证体系的检查,以至于各认证机构在互认认证结果时存在较大困难,从一定程度上说,统一检查的尺度甚至难于对认证依据的统一,其原因在于缺少一个统一的指导有机产品认证现场检查的指南。为了避免重蹈国外诸多认证机构在此问题上的覆辙,通过研究和实践,引入《质量和(或)环境管理体系审核指南》(ISO 19011—2018)的原则和方法,用于指导有机产品认证的检查活动。

10.2.1　认证检查流程

认证检查流程见图 10-1。

10.2.2　检查的启动

认证机构在受理申请后,首先应根据申请者的专业特点和性质确定认证依据,然后选择并委派进行现场检查的检查员,组成检查组,向检查组下达检查任务,这些工作标志着检查活动的开始。检查组由国家注册的有机产品认证检查员组成,必要时配备相应领域的技术专家。

认证机构在检查前应下达检查任务书,检查任务书的内容包括但不限于:①申请人的联系方式、地址等;②检查依据,包括认证标准和其他相关法律法规;③检查范围,包括检查产品种类和产地(基地)、加工场所等;④检查要点,包括管理体系、追踪体系和投入物的使用等;对于上一年度已获得认证的单位或者个人,应重点检查其对前次检查提出的整改意见的执行情况等。

认证机构根据检查类别,委派具有相应资质和能力的检查员,并应征得受检查方的同意,但受检查方不得指定检查员。对同一受检查方不能连续三年委派同一检查员实施检查。

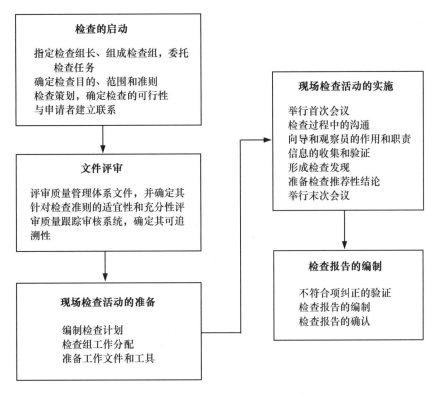

图 10-1　有机产品认证检查的程序

10.2.3　文件审核

在接受认证机构的委托之后,检查组要对即将实施的认证检查进行整体的策划,对各阶段的工作目标、活动等计划做出周到的安排,使得全部检查活动能够有条不紊地展开。

首先,应仔细检查和阅读认证机构移交的文件资料,熟悉申请者的情况。多数情况下,认证机构在委托现场检查任务的同时,也将文件审核的任务委托给从事现场检查的检查组(有的认证机构是在委托检查前由专人实施文件审核),把文件审核与检查前的准备工作有机地结合起来,在对受检查方递交的有机产品认证所需要文件资料的符合性、完整性、充分性进行审核和基本判定的同时,熟悉受检查方的基本情况。文件审核时应重点了解申请认证的地块或场所的分布情况,产地环境条件和生态状况,作物或畜禽的种类及其生产方式或模式,终端产品的形式及其销售状况,以往的产品质量和卫生检测情况,还应重点关注支撑有机产品质量的有机生产技术规程、有机加工操作规程、与保持有机完整性有关的基本情况及其控制程序,以及法律法规的基本要求等。对于不明确或者有疑问的地方,应及时与受检查方沟通并予以澄清。

在文件审核并熟悉情况的基础上,检查员可以结合自己以往同类检查的经验,并在必要时查阅相关技术资料,确定该认证申请的有机生产或加工的关键控制点,评估可能存在的风险,以便在现场检查时进行重点检查与核实。这是现场检查前必备的功课,但往往会被检查员忽视。

10.2.4　现场检查活动的准备

现场检查活动准备的一项重要工作是编制现场检查计划,检查计划应包括检查依据、检查内容、访谈人员、检查场所及时间安排等。应在现场检查日期之前将检查计划以书面形式通知受检查方,请受检查方做好各项准备,配合现场检查工作,并得到受检查方的确认。检查计划编制应当充分考虑农业生产的特点,可以依据认证标准按照检查要素、生产过程或申请者的部门编制检查计划。

由于农业生产具有特殊性,如果现场的情况与编制计划时掌握的信息有很大出入,允许现场修改或调整检查计划,但应征得申请方的同意。

检查准备工作还包括备齐必要的资料和物品,如认证标准和相关法律法规、调查表格、检查表、检查报告母本、前一年的检查报告及认证建议等(适用时)、必备的文具、相机、采样用品(样品袋、标签等)、野外活动必要的用具和简单的急救药品等。

10.2.5　现场检查活动的实施

现场检查的目的是根据认证依据的要求对受检查方申请认证产品的生产、加工等相关活动进行检查、核实和评估,确定生产过程的操作活动及其产品与相关标准的符合程度。在首次会或见面会上,检查组应向受检查方明确检查的目的、依据、范围及检查的方法和程序,就检查计划与申请方进一步沟通予以确认,请受检查方确定作为向导、桥梁和见证作用的陪同人员,确认检查所需要的资源,向受检查方做出保密承诺,说明整改意见、不符合项、认证推荐等规定。

检查组的工作主要是在受检查方的现场,对照检查依据,检查有机生产和加工、包装、贮存、运输等全过程及其场所,核实保证有机生产过程的技术措施与管理措施,核对产品检测报告,对相关技术文件和管理体系文件进行风险评估,收集与认证相关的证据和资料。对于初次认证,应重点检查质量保证体系和投入物的使用;对于年度复查,应侧重于质量跟踪体系及对前次检查中提出的改进要求的执行情况等。检查活动主要有以下几项。

(1)核实　提供给检查员的材料是否完整、真实?生产或加工的产品是否与申请认证的内容相一致?种植、养殖或加工的场所及其位置、面积和生产能力如何?作物种植、动物养殖或有机加工的方法和模式是否与申报的相一致?在认证年度内的产量?相关法律法规的要求是否满足?其他需要检查核实的事项等。

(2)检查　相关的场所和设施(农田、家畜、设备、建筑物等);边界和可能的污染物,农场的生态环境及周边环境情况;作物病、虫、草害防治管理和动物疾病治疗和预防管理;投入物及其贮藏地点;投入物的使用方法和频次;产品的收获、贮藏、运输和销售方式等。

(3)访谈　与生产管理人员、质量控制人员、生产操作者进行交流和访谈,了解他们对有机标准的理解程度、是否受过有机知识培训以及是否具有相关资质等情况,以及具体的管理、实施和操作等方面的情况。访谈强调一定要与一线生产操作者交流,以期获得客观、真实的信息、事实及证据。

(4)分析和评估　对照认证依据分析并评估作物或动物的生长和生产情况;土壤肥力的管理,饲料、添加剂、农药和兽药的管理;有害生物的管理(杂草、病虫、动物等);畜禽疾病的治疗和预防的管理;生产或加工过程中的有机控制点和有机完整性;生产或加工过程中的不符合性及其纠正措施与效果等。

(5)审核 审核记录系统及其可追溯性,包括以下多个方面的要求。

①初次检查的农场,其最后一次使用禁用物质的日期及受其影响的地块、动植物和产品。

②申请转换期的土地,检查其前三年生产的详细记录,包括耕作、施肥及病虫草害防治记录。

③产品品种及产量记录。

④种子、种苗、种畜禽等繁殖材料的种类、生物学特性、来源、数量等信息。

⑤按地块或面积施用堆肥的来源、类型、堆制处理方法和原材料使用量比例。

⑥为控制病虫草害而施用的物质的名称、来源、使用方法和使用时间。

⑦所有农业投入物的产地、性质和数量(不论有机或非有机),包括判别集装箱和包装完整性的检验记录。

⑧畜禽场(及养蜂场)要有完整的库存登记表。包括所有进入该单元动物的详细内容:品种、产地、进入日期、有机状态和过去有关兽医治疗的细节。还必须提供所有的出栏畜禽的详细资料,年龄、屠宰时的重量、标识及目的地等。

⑨畜禽场关于所有兽药的使用情况记录。

检查组一般在现场检查结束前向受检查方通报和确认检查的结果,包括整改意见和不符合项,也可以是以随后出具检查报告的形式告知受检查方。受检查方应在认证机构规定的期限内予以纠正,由于客观原因(如农时、季节等)而在短期内不能完成纠正的,会要求受检查方对实施纠正的措施和完成纠正的时间做出承诺。认证机构(或委托的检查组)会对纠正情况进行有效性验证。检查组可以提出不符合项,但不应对申请者是否通过认证做出全面结论。

10.2.6 检查报告的编制

在完成现场检查后,检查组根据现场检查发现,编制并向认证机构递交公正、客观和全面的关于认证要求符合性的检查报告。各认证机构一般都设计有固定的检查报告格式,有表格形式的,有叙述格式的,也有兼容两种格式的,主要是为了便于报告撰写者对有机认证关键控制点的描述,做到准确且全面。一般认证机构还要求在检查报告中依照认证依据和判定规则,对有机生产和加工过程、产品质量和安全质量等的符合性做出判定,提出是否予以颁证的推荐性意见。

在撰写检查报告的同时,检查组或检查员还要整理在现场检查中收集到的各种证据和材料,将它们有逻辑的组织起来,用以支持检查报告中叙述的检查发现、观点和结论等。认证机构或检查组及时将完整的检查报告通知受检查方,有的认证机构还要求受检查方对检查报告的实事和结果等予以确认,有异议时可以要求认证机构予以澄清。

10.3 质量管理体系

10.3.1 质量控制

建立完善的管理体系是促进有机生产系统更有效实施的基本保证。有机产品生产、加工和经营者应建立和维护有机生产、加工和经营管理体系。其内容包括以下 5 个方面。

(1)生产基地或加工、经营等场所的位置图;

(2)应按比例绘制生产基地或加工、经营等场所的位置图。应及时更新图件,以反映单位的变化情况。图件中应相应标明但不限于以下的内容:

①种植区域的地块分布,野生采集/水产捕捞区域的地理分布,加工、经营区的分布,水产养殖场、蜂场分布,畜禽养殖场及其牧草场、自由活动区、自由放牧区的分布;

②河流、水井和其他水源;

③相邻土地及边界土地的利用情况;

④畜禽检疫隔离区域;

⑤加工、包装车间;原料、成品仓库及相关设备的分布;

⑥生产基地内能够表明该基地特征的主要标示物。

(3)有机产品生产、加工、经营质量管理手册 应编制和保持有机产品生产、加工、经营质量管理手册,该手册应包括以下内容:

①有机产品生产、加工和经营者的简介;

②有机产品生产、加工和经营者的经营方针和目标;

③管理组织机构图及其相关人员的责任和权限;

④有机生产、加工和经营的实施计划;

⑤内部检查;

⑥跟踪审查;

⑦记录管理;

⑧客户申、投诉的处理。

(4)生产、加工、经营操作规程 应制定并实施生产、加工和经营的操作规程,操作规程中至少应包括:

①作物栽培、野生采集、畜禽、蜜蜂、水产养殖等有机生产、加工和经营的操作规程;

②禁止有机产品与转换期产品及非有机产品相互混合,以及防止有机生产、加工和经营过程中受禁用物质污染的规程;

③作物收获规程及收获后运输、加工、贮藏等各道工序的管理规程;

④畜禽、水产等产品的屠宰、捕捞、加工、运输及贮藏等管理规程;

⑤机械设备的维修、清扫规程;

⑥员工福利和劳动保护规程。

(5)记录控制 有机产品生产、加工和经营者应建立并保存记录。记录应清晰准确,并为有机生产、加工活动提供有效证据。记录至少保存5年并应包括但不限于以下内容。

①土地、作物种植和畜禽、蜜蜂、水产养殖历史记录及最后一次使用禁用物质的时间及使用量。

②种子、种苗、种畜禽等繁殖材料的种类、来源、数量等信息。

③施用堆肥的原材料来源、比例、类型、堆制方法和使用量。

④为控制病、虫、草害而施用的物质的名称、成分、来源、使用方法和使用量。

⑤对畜禽养殖场(及养蜂场)要有完整的存栏登记表。其中包括所有进入该单元动物的详细信息(品种、产地、数量、进入日期等),还应提供所有的出栏畜禽的详细资料,年龄、屠宰时的重量、标识及目的地等。

⑥畜禽养殖场(及养蜂场)要记录所有兽药的使用情况,包括:购入日期和供货商;产品名称、有效成分及采购数量;被治疗动物的识别方法;治疗数目、诊断内容和用药剂量;治疗起始日期和管理方法;销售动物或其产品的最早日期。

⑦畜禽养殖场要登记所有饲料的详情,包括种类、成分及其来源等。

⑧加工记录,包括原料购买、加工过程、包装、标识、贮藏和运输记录。

⑨加工厂有害生物防治记录和加工、贮存、运输设施清洁记录。

⑩原料和产品的出入库记录,所有购货发票和销售发票。

⑪标签及批次号的管理。

10.3.2　质量追踪

所谓质量追踪体系也就是一套完整的可溯源保障机制,即当在有机生产、运输、加工、贮存、包装、销售等任何环节出现问题时,依照追踪体系的相关记录进行追溯,找到问题产生来源的过程。

为保证有机生产的完整性,有机产品生产、加工者应建立完善的追踪系统,保存能追溯实际生产全过程的详细记录(如地块图、农事活动记录、加工记录、仓储记录、出入库记录、销售记录等)以及可跟踪的生产批号系统。具体内容包括下面 3 点。

(1)生产者建立的可追溯系统。

(2)生产者保存的能追溯实际生产全过程的记录(如生产活动记录、贮藏记录、出入库记录、运输记录、销售记录等)以及生产批号系统。

(3)每一批产品都能够追踪其来源。

10.3.3　质量监管

由于有机产品贸易具有复杂性(多环节、跨地区、消费者与生产者不易直接接触)和有机农业生产方式的特殊性(强调生产过程的控制和有机系统的建立),因而需要建立一套完整的监督控制体系来保证有机产品的质量。宏观上讲,有机产品质量控制体系就是对有机产品生产、加工、贸易、服务等各个环节进行规范约束的一整套的管理系统和文件规定,它为消费者提供从土地到餐桌的质量保证,维护消费者对有机产品的信任。它包括有机产品认证机构及其认证标准、政府管理机构及有关政策法规、协会等各级群众团体和生产者(企业)内部的自上而下的管理系统。

1.监管的依据

1)有机产品认证管理办法

有机产品认证管理办法包括总则、认证实施、有机产品进口、认证证书和认证标志、监督管理、罚则和附则共计 7 章 63 条,主要规定内容如下。

①总则(第 1～6 条)　分别从立法目的和依据、定义、范围、管理体制、统一的制度、国际合作与互认进行规范和管理。

②认证实施(第 7～16 条)　明确了认证机构和人员要求、认证委托、材料审核、现场检查、产品检测和环境监测、出具认证证书、记录要求、跟踪检查、销售证、有机配料加工产品认证的管理和要求。

③有机产品进口（第17～24条）　明确了等效性评估、签署备忘录的进口有机产品、进口有机产品认证、进口有机产品认证委托、进口有机产品认证、入境检验检疫申报、入境查验、境外有机产品认证的管理和要求。

④认证证书和认证标志（第25～36条）　明确了证书和标志制定主体、证书有效期、认证证书内容、证书变更、认证证书注销、认证证书暂停、认证证书撤销、认证标志、有机码使用规定、认证标志加施规定、禁止误导性规定以及暂停、注销、撤销证书标志回收规定等。

⑤监督管理（第37～46条）　明确了国家认监委监管职责、地方认证监管部门监管职责、地方认证监管部门监管方式、信息系统、档案记录、销售者行为义务、风险预警（舆情）、退出机制、申投诉规定、举报规定等规定。

⑥罚则（第47～58条）　明确了伪造、冒用、非法买卖认证标志的处罚、伪造、变造、冒用、非法买卖、转让、涂改认证证书的处罚、超范围认证处罚、误导标识处罚、对认证机构的处罚［信息系统、超发标志、减低标准发标（低于95%）未及时撤销证书］、对获证产品的认证委托人的处罚、拒绝接受监督检查的处罚、不如实提供进口有机产品的真实情况或者逃避检验的处罚规定、其他违法行为的处罚等。

⑦附则（第59～63条）　明确了收费、出口有机产品、有机配料、解释权和实施日期等要求。

2）有机产品认证实施规则

有机认证属于产品认证的范畴，虽然各认证机构的认证程序有一定差异，但根据《中华人民共和国认证认可条例》、国家质量监督检验检疫总局《有机产品认证管理办法》、国家认证认可监督管理委员会《有机产品认证实施规则》和中国认证机构国家认可委员会《产品认证机构通用要求：有机产品认证的应用指南》的要求以及国际通行做法，有机产品认证的模式通常为"过程检查＋必要的产品和产地环境检测＋产品检测＋证后监督"，认证程序一般包括认证申请和受理、检查准备与实施、合格评定和认证决定、监督与管理这些主要流程。详细流程和实施条款见附件1.

2. 监管方式

1）有机行业专项监督

以问题为导向，分别从行政监管、认可监督、认证人员管理3个方面，针对认证检测领域存在的薄弱环节和突出问题，进行重点检查和综合整治。在此次专项监督检查中，针对社会关注度高的有机产品认证，组织开展对认证机构的全覆盖检查，要求认证机构对所有获证企业逐一排查，并抽检蔬菜、果品和茶叶等有机产品。

2）有机行业日常监管

为全面落实《"十三五"市场监管规划》精神，按照《国务院关于加强质量认证体系建设促进全面质量管理的意见》（国发〔2018〕3号）关于加强认证认可检验检测活动事中事后监管的要求，各级市场监管部门充分认识到加强认证检测市场监管对于维护各类市场主体公平竞争，实现行业优胜劣汰的重要意义，把认证检测市场监管作为日常监管工作的重要内容，发挥综合监管作用，常抓不懈，营造良好的有机产品市场准入环境、竞争环境、消费环境。

各级市场监管部门按照《中华人民共和国认证认可条例》《认证机构管理办法》《检验检测机构资质认定管理办法》《强制性产品认证管理规定》等法律法规要求，根据法定职责分工，对辖区内认证检测活动和认证检测结果实施日常监督检查和随机抽查,并依法对有机认证检测违法违规行为进行严肃查处。

监管部门加强了对获证有机食品农产品生产、加工、销售活动的监管,重点检查以下违法违规行为:一是认证机构擅自降低有机认证标准,现场检查避重就轻,产品检测不能覆盖所有认证产品种类,认证决定流于形式;二是企业伪造、冒用有机认证标志或有机码;三是有机认证基地使用禁用投入物质等。

3)有机产业舆情

有机产品安全依然是有机行业舆情的热点话题,其中自媒体平台成为行业舆情的重要来源。总体来看,中国有机行业的大环境较往年有所改善,特大有机产品质量问题较往年有所减少,但又存在一些新的监管问题。其中有关"有机行业谣言"的新闻,也成为有机产业舆情中的重要问题,由于有机产品多贴近民众生活,关系到人民群众的切身权益,民众对有机行业的新闻关注度也越来越高,因此一旦发生有关有机产品质量相关的舆情事件,引发的讨论也相应增多。

为促进有机产业健康发展,加强有机产业的专项监督和日常监督尤为重要,在不断提升有机认证认可工作产品和服务质量的同时,加强对有机产业舆情的关注、推广、监管,加深人们对有机产业的了解,使消费者"不信谣、不传谣",全面、客观、真实地看待有机产业。

思考题

1.有机产品认证机构的授权和认可的条件是什么?

2.有机产品检查的程序有哪些?

3.有机产品认证的流程是什么?

4.中国有机产品监管的途径和特点?

附　件

附件1　有机产品认证实施规则(2019)

1. 目的和范围

1.1　为规范有机产品认证活动,根据《中华人民共和国认证认可条例》《认证机构管理办法》和《有机产品认证管理办法》等有关规定制定本规则。

1.2　本规则规定了有机产品认证程序与管理的基本要求。

1.3　在中华人民共和国境内从事有机产品认证以及有机产品生产、加工和经营的活动,应遵守本规则的规定。

未与国家认证认可监督管理委员会(以下简称认监委)就有机产品认证体系等效性方面签署相关备忘录的国家(或地区)的进口有机产品认证,应遵守本规则要求;已与认监委签署相关备忘录的国家(或地区)的进口有机产品认证,应遵守备忘录的相关规定。

1.4　遵守本规则的规定,并不意味着可免除其所承担的法律责任。

2. 认证机构要求

2.1　认证机构应具备《中华人民共和国认证认可条例》规定的条件和从事有机产品认证的技术能力,并获得认监委的批准。

2.2　认证机构应建立内部制约、监督和责任机制,使受理、培训(包括相关增值服务)、检查和认证决定等环节相互分开、相互制约和相互监督。

2.3　认证机构不得将认证结果与参与认证检查的检查员及其他人员的薪酬挂钩。

3. 认证人员要求

3.1　从事认证活动的人员应具有相关专业教育和工作经历,接受过有机产品生产、加工、经营、食品安全和认证技术等方面的培训,具备相应的知识和技能。

3.2　有机产品认证检查员应取得中国认证认可协会的执业注册资质。

3.3　认证机构应对本机构的各类认证人员的能力做出评价,以满足实施相应认证范围的有机产品认证活动的需要。

4. 认证依据

《有机产品　生产、加工、标识与管理体系要求》(GB/T 19630—2019)

5. 认证程序

5.1　认证机构受理认证申请应至少公开以下信息:

5.1.1　认证资质范围及有效期。

5.1.2　认证程序和认证要求。

5.1.3　认证依据。

5.1.4　认证收费标准。

5.1.5　认证机构和认证委托人的权利与义务。

5.1.6　认证机构处理申诉、投诉和争议的程序。

5.1.7　批准、注销、变更、暂停、恢复和撤销认证证书的规定与程序。

5.1.8　对获证组织正确使用中国有机产品认证标志、有机码、认证证书、销售证和认证机构标识（或名称）的要求。

5.1.9　对获证组织正确宣传有机生产、加工过程及认证产品的要求。

5.2　认证机构受理认证申请的条件：

5.2.1　认证委托人及其相关方应取得相关法律法规规定的行政许可（适用时），其生产、加工或经营的产品应符合相关法律法规、标准及规范的要求，并应拥有产品的所有权①。

5.2.2　认证委托人建立并实施了有机产品生产、加工和经营管理体系，并有效运行 3 个月以上。

5.2.3　申请认证的产品应在认监委公布的《有机产品认证目录》内。枸杞产品还应符合附件 6 的要求。

5.2.4　认证委托人及其相关方在五年内未因以下情形被撤销有机产品认证证书：

（1）提供虚假信息；

（2）使用禁用物质；

（3）超范围②使用有机认证标志；

（4）出现产品质量安全重大事故。

5.2.5　认证委托人及其相关方一年内未因除 5.2.4 所列情形之外其他情形被认证机构撤销有机产品认证证书。

5.2.6　认证委托人未列入国家信用信息严重失信主体相关名录。

5.2.7　认证委托人应至少提交以下文件和资料：

（1）认证委托人的合法经营资质文件的复印件。

（2）认证委托人及其有机生产、加工、经营的基本情况：

①认证委托人名称、地址、联系方式；不是直接从事有机产品生产、加工的认证委托人，应同时提交与直接从事有机产品的生产、加工者签订的书面合同的复印件及具体从事有机产品生产、加工者的名称、地址、联系方式。

②生产单元/加工/经营场所概况。

③申请认证的产品名称、品种、生产规模包括面积、产量、数量、加工量等；同一生产单元内非申请认证产品和非有机方式生产的产品的基本信息。

④过去三年间的生产历史情况说明材料，如植物生产的病虫草害防治、投入品使用及收获等农事活动描述；野生采集情况的描述；畜禽养殖、水产养殖的饲养方法、疾病防治、投入品使

---

①　产品的所有权是指认证委托人对产品有占有、使用、收益和处置的权利。

②　范围是指认证范围，包括产品范围、场所范围和过程（生产、加工、经营）范围。其中产品范围是指有机认证涉及的产品名称和数量；场所范围是指认证的所有生产场所、加工场所、经营场所（含办公地、仓储），包括生产基地和加工场所名称、地址和面积或养殖基地规模，以及加工、仓储和经营等场所；过程（生产、加工、经营）范围是指有机生产、加工、经营涉及的生产、收获、加工、运输、贮藏等过程。

用、动物运输和屠宰等情况的描述。

⑤申请和获得其他认证的情况。

(3)产地(基地)区域范围描述,包括地理位置坐标、地块分布、缓冲带及产地周围临近地块的使用情况;加工场所周边环境描述、厂区平面图、工艺流程图等。

(4)管理手册和操作规程。

(5)本年度有机产品生产、加工、经营计划,上一年度有机产品销售量与销售额(适用时)等。

(6)承诺守法诚信,接受认证机构、认证监管等行政执法部门的监督和检查,保证提供材料真实、执行有机产品标准和有机产品认证实施规则相关要求的声明。

(7)有机转换计划(适用时)。

(8)其他。

5.3 申请材料的审查

对符合5.2要求的认证委托人,认证机构应根据有机产品认证依据、程序等要求,在10个工作日内对提交的申请文件和资料进行审查并作出是否受理的决定,保存审查记录。

5.3.1 审查要求如下:

(1)认证要求规定明确,并形成文件和得到理解;

(2)认证机构和认证委托人之间在理解上的差异得到解决;

(3)对于申请的认证范围,认证委托人的工作场所和任何特殊要求,认证机构均有能力开展认证服务。

5.3.2 申请材料齐全、符合要求的,予以受理认证申请;对不予受理的,应书面通知认证委托人,并说明理由。

5.3.3 认证机构可采取必要措施帮助认证委托人及直接进行有机产品生产、加工、经营者进行技术标准培训,使其正确理解和执行标准要求。

5.4 现场检查准备

5.4.1 根据所申请产品对应的认证范围,认证机构应委派具有相应资质和能力的检查员组成检查组。每个检查组应至少有一名认证范围注册资质的专职检查员。

5.4.2 对同一认证委托人的同一生产单元,认证机构不能连续3年以上(含3年)委派同一检查员实施检查。

5.4.3 认证机构在现场检查前应向检查组下达检查任务书,应包含以下内容:

(1)检查依据,包括认证标准、认证实施规则和其他规范性文件。

(2)检查范围,包括检查的产品范围、场所范围和过程范围等。

(3)检查组组长和成员,计划实施检查的时间。

(4)检查要点,包括投入品的使用、产品包装标识、追溯体系、管理体系实施的有效性和上年度认证机构提出的不符合项(适用时)等。

5.4.4 认证机构可向认证委托人出具现场检查通知书,将检查内容告知认证委托人。

5.4.5 检查组应制定书面的检查计划,经认证机构审定后交认证委托人并获得确认。为确保认证产品生产、加工、经营全过程的完整性,检查计划应:

(1)覆盖所有认证产品的全部生产、加工、经营活动。

(2)覆盖认证产品相关的所有加工场所和工艺类型。

（3）覆盖所有认证产品的二次分装或分割的场所（适用时）、进口产品的境内仓储、加施有机码等场所（适用时）。

（4）对由多个具备土地使用权的农户参与有机生产的组织（如农业合作社组织，或"公司＋农户"型组织），应首先安排对组织内部管理体系进行评估，并根据组织的产品种类、生产模式、地理分布和生产季节等因素进行风险评估。根据风险评估结果确定对农户抽样检查的数量和样本，抽样数不应少于农户数量的平方根（如果有小数向上取整）且最少不小于 10 个；农户数量不超过 10 个时，应检查全部农户。若认证机构核定的人日数无法满足现场所抽样本的检查，检查组可在认证机构批准的基础上增加人日数。

（5）制订检查计划还应考虑以下因素：

①当地有机产品与非有机产品之间的价格差异。

②申请认证组织内的生产体系和种植、养殖品种、规模、生产模式的差异。

③以往检查中发现的不符合项（适用时）。

④组织内部管理体系的有效性。

⑤再次加工分装分割对认证产品完整性的影响（适用时）。

5.4.6　现场检查时间应安排在申请认证产品的生产、加工、经营过程或易发质量安全风险的阶段。因生产季等原因，认证周期内首次现场检查不能覆盖所有申请认证产品的，应在认证证书有效期内实施现场补充检查。

5.4.7　认证机构应在现场检查前至少提前 5 日将认证委托人及生产单元、检查安排等基本信息报送到认监委网站"中国食品农产品认证信息系统"。

地方认证监管部门对认证机构提交的检查方案和计划等基本信息有异议的应至少在现场检查前 2 日提出；认证机构应及时与该部门进行沟通，协调一致后方可实施现场检查。

5.5　现场检查的实施

检查组应根据认证依据对认证委托人建立的管理体系进行评审，核实生产、加工、经营过程与认证委托人按照 5.2.7 条款所提交的文件的一致性，确认生产、加工、经营过程与认证依据的符合性。

5.5.1　检查过程至少应包括以下内容：

（1）对生产、加工过程、产品和场所的检查，如生产单元有非有机生产、加工或经营时，也应关注其对有机生产、加工或经营的可能影响及控制措施。

（2）对生产、加工、经营管理人员、内部检查员、操作者进行访谈。

（3）对 GB/T 19630 所规定的管理体系文件与记录进行审核。

（4）对认证产品的产量与销售量进行衡算。

（5）对产品追溯体系、认证标识和销售证的使用管理进行验证。

（6）对内部检查和持续改进进行评估。

（7）对产地和生产加工环境质量状况进行确认，评估对有机生产、加工的潜在污染风险。

（8）采集必要的样品。

（9）对上一年度提出的不符合项采取的纠正和纠正措施进行验证（适用时）。

检查组在结束检查前，应对检查情况进行总结，向受检查方和认证委托人确认检查发现的不符合项。

5.5.2　样品检测

(1)认证机构应编制抽样检测的技术文件,对抽样检测的项目、频次、方法、过程等做出要求。

(2)认证机构应对申请生产、加工认证的所有产品抽样检测,在风险评估基础上确定需检测的项目。对植物生产认证,必要时可对其生长期植物组织进行抽样检测。如果认证委托人生产的产品仅作为该委托人认证加工产品的唯一配料,且经认证机构风险评估后配料和终产品检测项目相同或相近时,则应至少对终产品进行抽样检测。

认证证书发放前无法采集样品并送检的,应在证书有效期内安排抽样检测并得到检测结果。

(3)认证机构应委托具备法定资质的检验检测机构进行样品检测。

(4)产品生产、加工场所在境外,产品因出入境检验检疫要求等原因无法委托境内检验检测机构进行检测,可委托境外第三方检验检测机构进行检测。该检验检测机构应符合 ISO/IEC 17025《检测和校准实验室能力的通用要求》的要求。对于再认证产品,可在换发证书有效期内的产品入境后由认证机构抽样,委托境内检验检测机构进行检测,检测结果不符合认证要求的,应立即暂停或撤销证书。

(5)有机生产或加工中允许使用物质的残留量应符合相关法律法规或强制性标准的规定。有机生产和加工中禁止使用的物质不得检出。

5.5.3　对产地环境质量状况的检查

认证委托人或其生产、加工操作的分包方应出具有资质的监测(检测)机构对产地环境质量进行的监测(检测)报告。产地环境空气质量可采信县级以上(含县级)生态环境部门公布的当地环境空气质量信息或出具其他证明性材料,以证明产地的环境质量状况符合 GB/T 19630 规定的要求。

进口产品的产地环境检测委托人应为认证委托人或其生产、加工操作的分包方。检查员可结合现场检查实际情况评估是否接受认证委托人已有的土壤、灌溉水、畜禽饮用水、生产加工用水等有效的检测报告。否则,应按照 GB/T 19630 的要求进行检测,检测机构可以是符合 ISO/IEC 17025《检测和校准实验室能力的通用要求》要求的境外检测机构。关于环境空气质量,认证机构应根据现场检查实际情况,结合当地官方网站、大气监控数据或报告等内容,确认是否符合 GB/T 19630 规定的要求。

5.5.4　对有机转换的检查

(1)多年生作物存在平行生产时,认证委托人应制定有机转换计划,并事先获得认证机构确认。在开始实施转换计划后,每年须经认证机构派出的检查组核实、确认。未按转换计划完成转换并经现场检查确认的地块不能获得认证。

(2)未能保持有机认证的生产单元,需重新经过有机转换才能再次获得有机认证,且不应缩短转换期。

(3)有机产品认证转换期起始日期不应早于认证机构受理申请日期。

(4)对于获得国外有机产品认证连续 4 年以上(含 4 年)的进口有机产品的国外种植基地,且认证机构现场检查确认其符合 GB/T 19630 要求,可在风险评估的基础上免除转换期。

5.5.5　对投入品的检查

(1)有机生产或加工过程中允许使用 GB/T 19630 附录列出的物质。

(2)对未列入 GB/T 19630 附录中的物质,认监委可在专家评估的基础上公布有机生产、加工投入品临时补充列表

5.5.6　检查报告

(1)认证机构应规定本机构的检查报告的基本格式。

(2)检查报告应叙述 5.5.1 至 5.5.5 列明的各项要求的检查情况,就检查证据、检查发现和检查结论逐一进行描述。

对识别出的不符合项,应用写实的方法准确、具体、清晰描述,以易于认证委托人及其相关方理解。不得用概念化的、不确定的、含糊的语言表述不符合项。

(3)检查报告应随附必要的证据或记录,包括文字或照片或音视频等资料。

(4)检查组应通过检查报告提供充分信息对认证委托人执行标准的总体情况作出评价,对是否通过认证提出意见建议。

(5)认证机构应将检查报告提交给认证委托人。

5.6　认证决定

5.6.1　认证机构应在现场检查、产地环境质量和产品检测结果综合评估的基础上作出认证决定,同时考虑产品生产、加工、经营特点,认证委托人及其相关方管理体系的有效性,当地农兽药使用、环境保护、区域性社会或认证委托人质量诚信状况等情况。

5.6.2　对符合以下要求的认证委托人,认证机构应颁发认证证书(基本格式见附件1、附件 2)。

(1)生产、加工或经营活动、管理体系及其他检查证据符合本规则和认证标准的要求。

(2)生产、加工或经营活动、管理体系及其他检查证据虽不完全符合本规则和认证依据标准的要求,但认证委托人已经在规定的期限内完成了不符合项纠正和/或纠正措施,并通过认证机构验证。

5.6.3　认证委托人的生产、加工或经营活动存在以下情况之一,认证机构不应批准认证。

(1)提供虚假信息,不诚信的。

(2)未建立管理体系或建立的管理体系未有效实施的。

(3)列入国家信用信息严重失信主体相关名录。

(4)生产、加工或经营过程使用了禁用物质或者受到禁用物质污染的。

(5)产品检测发现存在禁用物质的。

(6)申请认证的产品质量不符合国家相关法律法规和(或)技术标准强制要求的。

(7)存在认证现场检查场所外进行再次加工、分装、分割情况的。

(8)一年内出现重大产品质量安全问题,或因产品质量安全问题被撤销有机产品认证证书的。

(9)未在规定的期限完成不符合项纠正和/或纠正措施,或提交的纠正和/或纠正措施未满足认证要求的。

(10)经检测(监测)机构检测(监测)证明产地环境受到污染的。

(11)其他不符合本规则和(或)有机产品标准要求,且无法纠正的。

5.6.4　申诉

认证委托人如对认证决定结果有异议,可在 10 日内向认证机构申诉,认证机构自收到申诉之日起,应在 30 日内处理并将处理结果书面通知认证委托人。

认证委托人如认为认证机构的行为严重侵害了自身合法权益,可以直接向各级认证监管部门申诉。

6. 认证后管理

6.1 认证机构应每年对获证组织至少安排一次获证后的现场检查。认证机构应根据获证产品种类和风险、生产企业管理体系的有效性、当地质量安全诚信水平总体情况等,科学确定现场检查频次及项目。同一认证的品种在证书有效期内如有多个生产季的,则至少需要安排一次获证后的现场检查。

认证机构应在风险评估的基础上每年至少对5%的获证组织实施一次不通知检查,实施不通知检查时应在现场检查前48小时内通知获证组织。

6.2 认证机构应及时了解和掌握获证组织变更信息,对获证组织实施有效跟踪,以保证其持续符合认证的要求。

6.3 认证机构在与认证委托人签订的合同中,应明确约定获证组织需建立信息通报制度,及时向认证机构通报以下信息:

6.3.1 法律地位、经营状况、组织状态或所有权变更的信息。

6.3.2 获证组织管理层、联系地址变更的信息。

6.3.3 有机产品管理体系、生产、加工、经营状况、过程或生产加工场所变更的信息。

6.3.4 获证产品的生产、加工、经营场所周围发生重大动植物疫情、环境污染的信息。

6.3.5 生产、加工、经营及销售中发生的产品质量安全重要信息,如相关部门抽查发现存在严重质量安全问题或消费者重大投诉等。

6.3.6 获证组织因违反国家农产品、食品安全管理相关法律法规而受到处罚。

6.3.7 采购的配料或产品存在不符合认证依据要求的情况。

6.3.8 不合格品撤回及处理的信息。

6.3.9 销售证的使用情况。

6.3.10 其他重要信息。

6.4 销售证和有机码

6.4.1 销售证是获证产品所有人提供给买方的交易证明。认证机构应制定销售证的申请和办理程序,在获证组织销售获证产品过程中(前)向认证机构申请销售证(基本格式见附件3),以保证有机产品销售过程数量可控、可追溯。对于使用了有机码的产品,认证机构可不颁发销售证。

6.4.2 认证机构应对获证组织与购买方签订的供货协议的认证产品范围和数量、发票、发货凭证(适用时)等进行审核。对符合要求的颁发有机产品销售证;对不符合要求的应监督其整改,否则不能颁发销售证。

6.4.3 销售证由获证组织交给购买方。获证组织应保存已颁发的销售证的复印件,以备认证机构审核。

6.4.4 认证机构可按照有机配料的可获得性,核定使用外购有机配料的加工认证证书有效期内的产量,但应按外购有机配料批次与实际加工的产品数量发放有机码或颁发销售证。

6.4.5 认证机构应按照编号规则(见附件5),对有机码进行编号,并采取有效防伪、追溯技术,确保发放的每个有机码能够溯源到其对应的认证证书和获证产品及其生产、加工单位。

认证机构不得向仅获得有机产品经营认证的认证委托人发放有机码。

6.4.6　认证机构对其颁发的销售证和有机码的正确使用负有监督管理的责任。

7. 再认证

7.1　获证组织应至少在认证证书有效期结束前3个月向认证机构提出再认证申请。

获证组织的有机产品管理体系和生产、加工过程未发生变更时,认证机构可适当简化申请评审和文件评审程序。

7.2　认证机构应在认证证书有效期内进行再认证检查。

因生产季或重大自然灾害的原因,不能在认证证书有效期内安排再认证检查的,获证组织应在证书有效期内向认证机构提出书面申请说明原因。经认证机构确认,再认证可在认证证书有效期后的3个月内实施,但不得超过3个月,在此期间内生产的产品不得作为有机产品进行销售。

7.3　对超过3个月仍不能再认证的生产单元,应按初次认证实施。

8. 认证证书、认证标志的管理

8.1　认证证书基本格式

有机产品认证证书有效期最长为12个月。再认证有机产品认证证书有效期,不超过最近一次有效认证证书截止日期再加12个月。认证证书基本格式应符合本规则附件1、附件2的要求。经授权使用他人商标的获证组织,应在其有机认证证书中标明相应产品获许授权使用的商标信息。

认证证书的编号应从认监委网站"中国食品农产品认证信息系统"中获取,编号规则见附件4。认证机构不得仅依据本机构编制的证书编号发放认证证书。

8.2　认证证书的变更

按照《有机产品认证管理办法》第二十八条实施。

8.3　认证证书的注销

按照《有机产品认证管理办法》第二十九条实施。

8.4　认证证书的暂停

按照《有机产品认证管理办法》第三十条实施。

8.5　认证证书的撤销

按照《有机产品认证管理办法》第三十一条实施。

8.6　认证证书的恢复

8.6.1　认证证书被注销或撤销后,认证机构不能以任何理由恢复认证证书。

8.6.2　认证证书被暂停的,需在证书暂停期满且完成对不符合项的纠正或纠正措施并确认后,认证机构方可恢复认证证书。

8.7　认证证书与标志使用

8.7.1　获得有机转换认证证书的产品只能按常规产品销售,不得使用中国有机产品认证标志以及标注"有机""ORGANIC"等字样和图案。

8.7.2　认证证书暂停期间,认证机构应通知并监督获证组织停止使用有机产品认证证书和标志,获证组织同时应封存带有有机产品认证标志的相应批次产品。

8.8　认证证书被注销或撤销的,获证组织应将注销、撤销的有机产品认证证书和未使用的标志交回认证机构,或由获证组织在认证机构的监督下销毁剩余标志和带有有机产品认证标志的产品包装,必要时,获证组织应召回相应批次带有有机产品认证标志的产品。

8.9 认证机构有责任和义务采取有效措施避免各类无效的认证证书和标志被继续使用。

对于无法收回的证书和标志,认证机构应及时在相关媒体和网站上公布注销或撤销认证证书的决定,声明证书及标志作废。

9. 信息报告

9.1 认证机构应及时向认监委网站"中国食品农产品认证信息系统"填报认证活动的信息。

9.2 认证机构应在 10 日内将暂停、撤销认证证书相关组织的名单及暂停、撤销原因等,通过认监委网站"中国食品农产品认证信息系统"向认监委报告,并向社会公布。

9.3 认证机构在获知获证组织发生产品质量安全事故后,应及时将相关信息向认监委和获证组织所在地的认证监管部门通报。

9.4 认证机构应于每年 3 月底之前将上一年度有机认证工作报告报送认监委。报告内容至少包括:颁证数量、获证产品质量分析、暂停和撤销认证证书清单及原因分析等。

10. 认证收费

认证机构应根据相关规定收取认证费用。

附件2　有机产品认证证书基本格式

证书编号：＊＊＊＊＊＊＊＊＊＊＊＊＊＊＊＊＊＊＊＊＊

有机产品认证证书

认证委托人(证书持有人)名称：＊＊＊＊＊＊＊＊＊＊＊＊＊＊＊＊＊＊＊＊

地址：　　　　　　　＊＊＊＊＊＊＊＊＊＊＊＊＊＊＊＊＊＊＊＊

生产(加工/经营)企业名称：　＊＊＊＊＊＊＊＊＊＊＊＊＊＊＊＊＊＊＊＊

地址：　　　　　　　＊＊＊＊＊＊＊＊＊＊＊＊＊＊＊＊＊＊＊＊

有机产品认证的类别：生产/加工/经营(生产类注明植物生产、野生采集、食用菌栽培、畜禽养殖、水产养殖具体类别)

认证依据：《有机产品　生产、加工、标识与管理体系要求》(GB/T 19630—2019)

认证范围：

序号	基地(加工厂/经营场所)名称	基地(加工厂/经营场所)地址	基地面积	产品名称	产品描述	生产规模	产量

(可设附件描述,附件与本证书同等效力)

注:1. 经营是指不改变产品包装的有机产品贮存、运输和/或贸易活动。

2. 产品名称是指对应产品在《有机产品认证目录》中的名称;产品描述是指产品的商品名(含商标信息)。

3. 生产规模适用于养殖,指养殖动物的数量。

以上产品及其生产(加工/经营)过程符合有机产品认证实施规则的要求,特发此证。

初次发证日期：　　年　月　日

本次发证日期：　　年　月　日

证书有效期：　　　年　月　日至　　年　月　日

负责人(签字)：　　　　　　　　　　　　(认证机构印章)

认证机构名称：

认证机构地址：

联系电话：

(认证机构标识)　　　　　　　(认可标志)

附件3 有机转换认证证书基本格式

证书编号：＊＊＊＊＊＊＊＊＊＊＊＊＊

有机转换认证证书

认证委托人（证书持有人）名称：＊＊＊＊＊＊＊＊＊＊＊＊＊＊＊＊＊＊＊＊

地址：＊＊＊＊＊＊＊＊＊＊＊＊＊＊＊＊＊＊＊＊

生产（加工）企业名称：＊＊＊＊＊＊＊＊＊＊＊＊＊＊＊＊＊＊

地址：＊＊＊＊＊＊＊＊＊＊＊＊＊＊＊＊＊＊

有机产品认证的类别：生产/加工（生产类注明植物生产、野生采集、食用菌栽培、畜禽养殖、水产养殖具体类别）

认证依据：《有机产品　生产、加工、标识与管理体系要求》（GB/T 19630—2019）

认证范围：

序号	基地（加工厂）名称	基地（加工厂）地址	基地面积	产品名称	产品描述	生产规模	产量

（可设附件描述，附件与本证书同等效力）

注：1. 产品名称是指对应产品在《有机产品认证目录》中的名称；产品描述是指产品的商品名。

2. 生产规模适用于养殖，指养殖动物的数量。

以上产品及其生产（加工）过程符合有机产品认证实施规则的要求，特发此证。

初次发证日期：　　　年　月　日

转换期起始时间：　　年　月　日

本次发证日期：　　　年　月　日

证书有效期：　　　年　月　日　至　　　年　月　日

负责人（签字）：　　　　　　　　　　　　（认证机构印章）

认证机构名称：

认证机构地址：

联系电话：

（认证机构标识）　　　　　（认可标志）

注：依据《有机产品认证管理办法》规定，获得有机转换认证的产品不得使用中国有机产品认证标志及标注含有"有机""ORGANIC"等字样的文字表述和图案。

附件4　有机产品销售证基本格式

有机产品销售证

编号（TC♯）：

认证证书编号：

认证类别：

认证委托人（证书持有人）名称：

产品名称：

产品描述：

购买单位：

数（重）量：

产品批号：

发票号：

合同号：

交易日期：

售出单位：

此证书仅对购买单位和获得中国有机产品认证的产品交易有效。

发证日期：　　　年　月　日

负责人（签字）：　　　　　　　　（认证机构印章）

认证机构名称：

认证机构地址：

联系电话：

附件5 有机产品认证证书编号规则

有机产品认证采用统一的认证证书编号规则。认证机构在食品农产品系统中录入认证证书、检查组、检查报告、现场检查照片等方面相关信息后，经格式校验合格后，由系统自动赋予认证证书编号，认证机构不得自行编号。

一、认证机构批准号中年份后的流水号

认证机构批准号的编号格式为"CNCA-R/RF-年份-流水号"，其中 R 表示内资认证机构，RF 表示外资认证机构，年份为 4 位阿拉伯数字，流水号是内资、外资分别流水编号。

内资认证机构认证证书编号为：该机构批准号的 3 位阿拉伯数字批准流水号；外资认证机构认证证书编号为：F＋该机构批准号的 2 位阿拉伯数字批准流水号。

二、认证类型的英文简称

有机产品认证英文简称为 OP。

三、年份

采用年份的最后 2 位数字，例如 2019 年为 19。

四、流水号

为某认证机构在某个年份该认证类型的流水号，5 位阿拉伯数字。

五、子证书编号

如果某张证书有子证书，那么在母证书号后加"-"和子证书顺序的阿拉伯数字。

六、其他

再认证时，证书号不变。

附件6　国家有机产品认证标志编码规则

　　为保证国家有机产品认证标志的基本防伪与追溯,防止假冒认证标志和获证产品的发生,各认证机构在向获证组织发放认证标志或允许获证组织在产品标签上印制认证标志时,应赋予每枚认证标志一个唯一的编码(有机码),其编码由认证机构代码、认证标志发放年份代码和认证标志发放随机码组成。

　　一、认证机构代码(3位)

　　认证机构代码由认证机构批准号后3位代码形成。内资认证机构为该认证机构批准号的3位阿拉伯数字批准流水号;外资认证机构为:9+该认证机构批准号的2位阿拉伯数字批准流水号。

　　二、认证标志发放年份代码(2位)

　　采用年份的最后2位数字,例如2019年为19。

　　三、认证标志发放随机码(12位)

　　该代码是认证机构发放认证标志数量的12位阿拉伯数字随机号码。数字产生的随机规则由各认证机构自行制定。

附件7　有机枸杞认证补充要求(试行)

本附件是按照本规则对枸杞实施有机产品认证的补充要求。

一、生产单元要求

(一)有机枸杞生产单元与周边常规农业缓冲带的设置,应充分考虑环境因素(如有机生产单元在山坡中的位置、周边常规农业的施药情况等)和气候条件(如高风险季节的风速、风向等),以保证有机生产的完整性。如地势平坦、周边为常规粮食作物的,缓冲带应大于30 m;地势平坦,周边为常规果树和常规枸杞园的,缓冲带应大于50 m。

(二)认证委托人应提供每个有机枸杞生产单元边界的四至地理坐标信息,周边500 m范围内存在常规枸杞生产单元的,还应提供常规枸杞生产单元的地理坐标信息。

(三)有机生产单元内应配备可识别的专用生产工具,包括专用植保机械、采摘箱(筐)、晾晒(烘干)果毡子(果盘)等。

二、文件和记录要求

(一)认证委托人应在有机枸杞生产技术规程中针对主要病虫草害制定有效的防治措施,包括但不限于:

1. 枸杞木虱、枸杞瘿螨、枸杞蚜虫、枸杞负泥虫、枸杞红瘿蚊、枸杞实蝇、枸杞蓟马等虫害的防治措施;

2. 枸杞黑果病(炭疽病)、枸杞白粉病等病害的防治措施;

3. 草害的防治措施。

(二)认证委托人应建立并保留以下生产过程中的记录及相关符合性文件,除符合GB/T 19630—2019要求,还应符合以下要求:

1. 自制堆肥的原料采购记录(至少包含原料名称、销售单位名称与联系方式等信息)、采购票据、堆制过程照片(含操作人姓名及联系方式、堆制时间、经纬度信息)等。

2. 外购土壤培肥和改良物质的采购记录(至少包含生产厂家及联系方式、出厂日期/批次号等信息)、有机生产中允许使用的符合性文件、包装物照片等。

3. 外购植保产品的采购记录(至少包含生产厂家名称及联系方式、出厂日期/批次号等信息)、有机生产中允许使用的符合性文件、包装物照片等。

4. 在认证机构现场检查前,认证委托人应保留所有外购土壤培肥和改良物质、植保产品的包装物,销毁或处理投入品包装物时,应保留销毁/处理记录(包括操作人姓名及联系方式、处理时间、产品名称、数量、产品批次号等信息)及销毁/处理照片(含时间、经纬度信息)等。

5. 相关照片不得使用软件处理,保存期至少为5年。

三、认证后的管理

对获证产品在市场上有销售情形的,认证机构应从市场销售渠道购买至少3个不同产品(生产日期/销售来源/包装规格),进行等比例混样后送检。检测项目按照产品检测的要求执行。

四、认证实施要求

（一）现场检查时间应安排在枸杞生产的高风险时期。认证机构应每年对获证组织至少实施一次不通知检查，通常情况下，青海、新疆、西藏枸杞产区的高风险时期为 6 月 1 日至 7 月 1 日，宁夏、甘肃、内蒙古及其他枸杞产区的高风险时期为 5 月 1 日至 6 月 1 日。

（二）除实施规则 5.5.1 要求的内容外，现场检查时还应包括以下内容：

（1）对自制有机肥堆肥场所的检查（适用时）。

（2）采用滴灌设施的，应检查滴灌系统是否有混肥装置及施用肥料种类。

（3）根据投入品建议使用浓度和种植面积，核算采购量是否符合生产实际需要。

（4）核实认证委托人实际使用投入品的品种、成分、数量与生产技术规程的一致性。

（三）产量衡算要求

认证机构应在充分考虑种植品种、种植模式、树龄、管理水平、当年气候条件和前几年的产量等因素的基础上，对枸杞进行产量衡算。

枸杞种植品种为宁杞 1 号，1 年生苗定植建园，种植模式为每亩（667 m^2）220～280 株时，每亩干果产量估算如下：放弃管理的枸杞园和建园第一年产量可以忽略不计；第二年产量不宜超过 15 kg/亩，第三年产量不宜超过 30 kg/亩，第四年产量不宜超过 50 kg/亩，第五年产量不宜超过 100 kg/亩，第六年及以后产量不宜超过 200 kg/亩。

（四）样品检测

认证机构应对申请生产、加工认证的所有产品及其生长期植物组织抽样检验检测，在风险评估基础上确定需检测的项目。认证机构应保留备用枸杞干果样品至少 1 kg，至少低温（－18℃）保存 12 个月。

必要时，认证机构可对认证委托人生产单元的枸杞植物组织、土壤、生产中使用的肥料和植保投入品等进行抽样检测，其检测结果可作为认证机构判定的参考。检测项目应由检查组现场在风险评估的基础上确定，至少包含规定的检测内容。取样方式和检测项目可参考：

（1）土壤抽取样品为枸杞树冠垂直投影范围内表层 3～5 cm 土壤，且至少为 5 个样品的混合样。检测项目应包含产品的农残检测种类，禁用物质不得检出。

（2）肥料抽取样品可于高风险期不通知现场检查时从生产单元内的枸杞树下施肥点实地取样，且至少为 5 个样品的混合样。检测项目至少包括速效氮、磷、钾，与同类发酵有机肥做比对。

（3）植保投入品抽取样品可从用过的植保机械药箱残液中取样，取样时覆盖所有的植保机械，等比例混合。以混合的药箱残液浸泡低温保存留样的枸杞干果至少 5 秒，取出控水，现场干燥后送检，禁用物质不得检出。

参考文献

杜相革,王慧敏. 有机农业概论. 北京:中国农业大学出版社,2002.

杜相革. 有机农业原理和技术. 北京:中国农业大学出版社,2008.

杜相革,董民. 有机农业导论. 北京:中国农业大学出版社,2006.

杜相革,石延霞,王恩东.叶类蔬菜病虫害非化学防治技术. 北京:中国农业科学技术出版社,2020.

《有机产品　生产、加工、标识与管理体系要求》(GB/T 19630—2019).

《标准化工作导则　第 1 部分:标准化文件的结构和起草规则》(GB/T 1.1—2020).

《管理体系审核指南》(GB/T 19011—2013).

《食品安全国家标准　食品中农药最大残留限量》(GB 2763—2021).

《食品安全国家标准　食品中污染物限量》(GB 2762—2017).

有机产品认证(蔬菜类)抽样检测项目指南(试行).

有机产品认证(水果类)抽样检测项目指南(试行).

有机产品认证(茶叶类)抽样检测项目指南(试行).

国家认证认可监督管理委员会. 有机产品认证实施规则,2019.

国家市场监督管理总局,总局令第 155 号,有机产品认证管理办法,2013.

国家认证认可监督管理委员会. 中国有机产品认证与有机产业发展报告. 北京:中国农业科学技术出版社,2019.

国家认证认可监督管理委员会. 中国有机产品认证与有机产业发展报告. 北京:中国农业科学技术出版社,2020.